普通高等教育"十一五"国家级规划教材

工业和信息化人才培养规划教材

Technical And Vocational Education

高职高专计算机系列

实用数据库技术（第2版）

The Utility Database Technology

罗勇胜 张志强 李俊 ◎ 编著

人 民 邮 电 出 版 社

北 京

图书在版编目（CIP）数据

实用数据库技术 / 罗勇胜，张志强，李俊编著. -- 2版. -- 北京 : 人民邮电出版社，2013.2
工业和信息化人才培养规划教材. 高职高专计算机系列
ISBN 978-7-115-30549-7

Ⅰ. ①实… Ⅱ. ①罗… ②张… ③李… Ⅲ. ①数据库系统－高等职业教育－教材 Ⅳ. ①TP311.13

中国版本图书馆CIP数据核字(2013)第004616号

内 容 提 要

本书主要讲解数据库的基础概念、SQL、数据库设计等数据库技术的核心内容，并以两个实用案例“教学管理”、“图书进销存”为主线，把这些内容贯穿起来。本书对数据库设计等较难懂又很实用的内容，皆以通俗易懂的案例解析代替了晦涩难懂的数学表达，习题也直接放在正文中，便于读者学完一个知识点后马上练习。

本书可作为高职院校计算机应用、软件技术、电子商务等专业的教材，也可作为计算机爱好者学习数据库技术的参考书。

工业和信息化人才培养规划教材——高职高专计算机系列

实用数据库技术（第 2 版）

◆ 编　　著　罗勇胜　张志强　李　俊
　 责任编辑　王　平
◆ 人民邮电出版社出版发行　　北京市崇文区夕照寺街 14 号
　 邮编　100061　　电子邮件　315@ptpress.com.cn
　 网址　http://www.ptpress.com.cn
　 北京铭成印刷有限公司印刷
◆ 开本：787×1092　1/16
　 印张：13.5　　　　2013 年 2 月第 2 版
　 字数：346 千字　　2013 年 2 月北京第 1 次印刷

ISBN 978-7-115-30549-7

定价：29.80 元

读者服务热线：(010)67170985　印装质量热线：(010)67129223
反盗版热线：(010)67171154

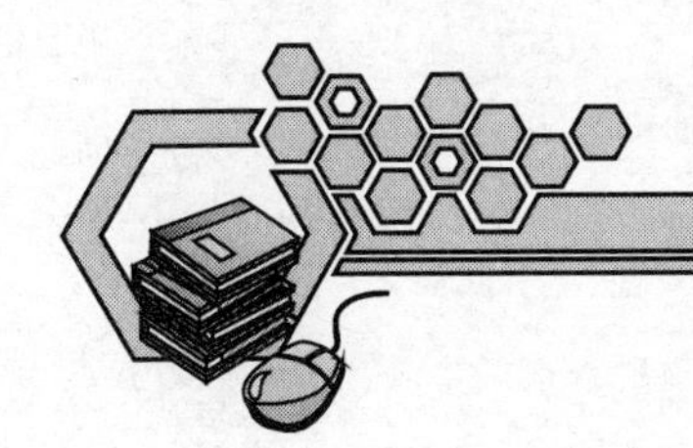

前　言

目前，数据库技术广泛应用于各个行业中，数据库技术的不断发展为人们的生活、工作带来了方便、快捷，因此掌握数据库技术也是适应企业对员工的技术要求，为以后顺利走向工作岗位打下基础。

本书是作者多年来面向企业研发和面向学生教学的经验总结，第 1 版教材使用多年，得到了广大老师的认可。随着高等职业院校教学改革不断深入，此次改版教材更突出教学改革思想，体现“工学结合”的教学理念。改版教材主要特点如下。

（1）以人为本的核心理念。

学生和老师的精力是最宝贵的，所以内容讲解和编排尽力做到适合高职教学，做到教起来只需简单备课，学起来易于理解，且只需带一支笔和一个 U 盘就可以。

（2）编排适合教学。

每讲一个知识点，跟着练习就在下面排出，并且空出书写空间，学生可直接做在书上。练习是根据知识点的重要性和高职生的理解力安排的，重要的和难理解的，则安排多一些。经过多次的试用，我们发现这样的安排，可极大地带动学生学习，老师备课也简单，上课纪律也极好。每学习完一个知识点，学生不用带作业本，不用抄题，即时在书上练习，老师巡查，发现共同的问题则面向全班讲解，个性化的问题则单独辅导，整个教学如行云流水，效果极佳。

（3）精选内容。

牢牢抓住核心内容：基础概念、SQL、数据库设计等。一门 70 学时左右的课程，是不可能把大量细枝末节的东西放进来的。核心内容学会了，其余内容则可自学，尤其是具体数据库产品的操作性内容。

（4）强调自主学习。

大量的练习，要求学生自行网络搜索或查阅在线帮助来完成；大量的练习，需要自主的思考才能完成。但是，一切都有足够的提示，一切都在大部分学生的能力范围之内。

（5）讲解通俗，循序渐进，案例说话，学以致用。

深入浅出，去掉所有数学表达，大量使用实际可用的案例，把理论讲得通俗易懂，并能真正用起来。

不罗列语法，知识和技能在一个个的例题和练习中推进。

对于在多年的教学中发现的高职学生难以理解的地方，如表间的内联外联、范式等，精耕细作，以独特的案例和练习，帮助学生理解。

（6）针对性强。

针对高职学生的理解能力，针对高职学生未来工作对数据库的需要，针对高职学生学习环境等来安排本书的一切，而不是针对学科知识的完备性来安排。

本书由罗勇胜、张志强和李俊编著，在编写的过程中，陈遵德教授为本书的案例选用、总体构思提出了不少指导性的意见；试用讲义的各位专业老师，反馈了很多使用心得，并提出了不少改进建议。在此，谨向每一位曾经关心和支持本书编写工作的各方人士表示衷心的感谢。

本书着眼于数据库的实用，希望读完本书的读者，都能够把数据库用起来。我们希望本书的出版，能够助益于高职的数据库教学，书中的不足，请各位读者和同仁不吝批评指正。

编　者

2012 年 12 月

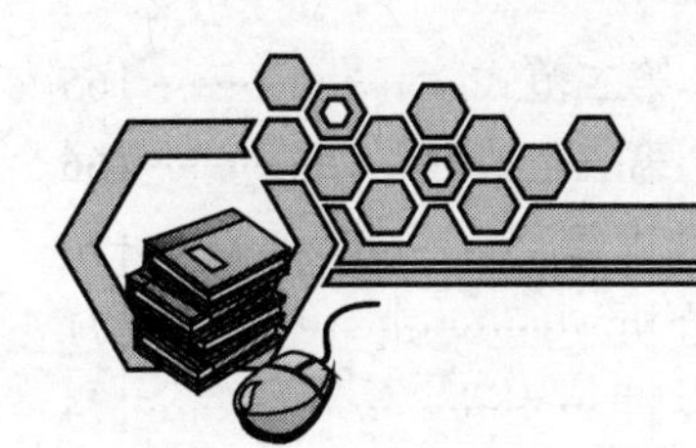

目录

第0章 导言

0.1 什么是数据库

什么是数据库？简单地说，就是存放数据的仓库。正如图书放在书库中一样，数据放在数据库中。为了找书，书库中的书一定要按规律排放，同样地，为了快速定位数据，数据库中的数据也要有规律地排放。数据库在磁盘上占据一定的空间，大多数据情况下，表现为若干个文件。

书库有管理员，图书馆有规章制度，同样地，计算机中的数据需要软件系统来操纵和管理。组织和管理数据库的软件系统被称作数据库管理系统。

假如QQ有2亿个会员，当你登录的时候，QQ怎样才能在0.1秒以内，找出你的信息？这其中采用了很多技术，最重要的就是数据库。只要运行这样一条命令，你的信息有可能在0.01秒内找到：select * from 会员表 where QQ号='190963346'。不仅QQ，其他应用系统，如企业管理系统、银行存款和转账系统、购书网站、交友网站、图书馆借还书系统、财务管理系统等，其中关键数据的存储、检索、修改等，全部由数据库来完成。现在，可以说各行各业的计算机应用，都离不开数据库。

当深入地考查数据库时会发现，对大多数的数据库应用开发和维护人员而言，就数据库本身，有两个方面的内容，一方面是数据库通用的基础，包括基本概念、结构化查询语言、数据库设计、基本的数据库产品操作等，核心目标是数据库设计；另一方面，则是数据库管理：企业级的数据库产品的安装部署、安全、备份和恢复、复制、数据迁移、优化、各种工具的使用、各种问题的排查等，这一方面的知识和技能，主要针对具体的主流产品，如Oracle、SQL Server等，核心目标是数据库管理。想更深入地学习，则可学习数据库系统的理论、内在的机理和算法、数据仓库等。

目前有很多数据库管理系统的产品，如Oracle公司的Oracle、IBM公司的DB2（收购了Informix）、微软公司的Access和SQL Server、Sybase公司的Sybase、开源数据库

MySQL（已被 Oracle 收购）等。

数据库应用技术发源于 IBM，但目前市场上 Oracle 使用最广泛，IBM 其次，微软第三。其中 Oracle、DB2、Sybase 等商业数据库产品广泛应用在金融、电力、电信、跨国公司等企业级市场，相配的操作系统主要是 UNIX。微软公司从初始与 Sybase 合作开发数据库，到发布 SQL Server 2000，其在中小型企业市场的占有率越来越高，2005 年底推出 SQL Server 2005，2008 年推出 SQL Server 2008，进一步推动其向高端市场发展。

MySQL（www.mysql.org）是在互联网世界最受欢迎的开源数据库，常用来建构 Linux 上的基于数据库的动态网站。

PostgreSQL（www.postgreSQL.org）是另一个开源数据库，它比 MySQL 历史更久，受到大学研究人员的追捧。

至于数据库应用系统的开发，则是多种知识和技能的融合。例如，用 Visual Basic、PowerBuilder、Delphi、ASP、JSP、Java 等开发数据库应用，那不仅是数据库的问题，更多的是软件开发的问题，是用程序设计实现业务逻辑的问题。

另外，也不能把数据库技术变成一种数据库产品的操作。仅仅学习具体的数据库产品的操作，是永远无法真正把数据库用起来的。如果想用数据库来解决生产和商务中的实际事务，你就必须懂得数据库的一些原理。

本书把学习内容定位于数据库的通用基础，我们的核心目标是：如何把数据库知识和技能，应用于数据库设计中。要知道，好的数据库设计，是一切数据库应用系统的基础。所以，概括地说，本书重点讲述 3 个主题：基础、SQL、设计。作为重点，这 3 个方面都在各章的知识拓展节列出了参考资料。存储过程、触发器、并发控制、事务等也是极重要的，但限于篇幅，只能作入门性的介绍，读者可参考相关资料做进一步的学习。

0.2 如何学好这门课

数据库是一门实践性实用性很强的课程。本课程重思考、重操练、轻记忆，上课时应跟着老师来思考，笔记只记疑点难点就可以了。

课后在自己的计算机上安装好实验系统，多上机操作。当然，最重要的还是要先做好纸上工夫，先想好，再动手。是用人脑操作计算机，而不是用手。

上机时多使用在线帮助。遇有疑难问题，请使用自顶向下的分析方法，按以下步骤解决。

（1）可直接解决吗？还是再分成几个小问题？把小问题一一写出来。

（2）查找在线帮助、查找图书资料，问同学、问老师，把小问题逐一解决。

（3）如果小问题还解决不了，对小问题再进行细分。

上机时，非不得已，最好不要按照参考书的步骤操作，而是先确定目标，然后自己想方设法进行操作达至目标。

上机时，最好先浏览一下当次上机的操作提示，然后想尽办法完成任务，而不是亦步亦趋跟着某些书的步骤去做，那样会让自己的思路僵化愚钝。

0.3 学好数据库的意义

（1）为开发打基础。现在，大部分企业应用，都是数据库的应用，不学习数据库，是不可能做这样的开发的。将来在企业里做开发也好，做系统维护也好，数据库都是不可或缺的。

（2）有助于深入理解各种应用系统，以使自己在工作中有更出色的表现。现在，每个企业或多或少都有应用系统在运作。好的企业，尤其是大型企业，几乎都有完整的管理信息系统。将来即使你不做技术工作，但学好数据库，亦有助于你的工作。你能深刻理解这些系统的运作机理，理解数据的采集、规范、输入、计算、传送、输出等，工作起来必然更快入手，比没有学过数据库的人更胜一筹。

（3）在工作中使用数据库，提高工作效率。办公室中常用 Excel 等电子表格软件处理少量数据，但 Excel 难以应付数据量大，如上千行、上万行的表；数据种类多，且数据不断变化，如销售数据，涉及供应商、客户、商品，并且每天的销售情况都在变化等。Excel 不能应付的，却正是数据库擅长的，几十万条数据对于数据库来说，不过是小菜一碟。

学好数据库，你就可以用数据库来处理和分析数据，例如，做一个小型的图书管理、影碟出租管理、进销存管理、会员消费管理、出纳管理、财务管理、会务管理、社团管理等，可以极大地提高工作效率，让许多琐屑费时的事，弹指间完成。做这样的系统并不难，利用微软公司的办公组件之一——Access 数据库，你甚至可以在一周之内完成。

第1章 数据库基础

本章重点

掌握数据库的基本概念，如关系、表、记录、字段、键、约束、关系模型等；了解关系数据库系统；掌握如何恰当地选择字段的类型和大小；理解数据的规范、排序、索引等；掌握 SQL Server 基本的使用方法。

本章难点

通过在 SQL Server 上的操练，掌握数据库的基础知识和技能，学会以恰当的字段类型和大小设计表。

教学建议

按序讲解，每讲一个知识点，则让学生把练习直接做在课本上，老师巡查记分。对于关系数据库管理系统、表间联系、完整性与约束等的讲解，可以稍快。SQL Server 这一节，其核心目标是用来验证所学数据库知识的，并非为学习操作而设。

1.1 关系

表 1-1 所示为学生的信息，下面通过对该表的分析，介绍什么是关系。

表 1-1 学生

学号	姓　名	性　别	出生年月日	宿舍电话	Email
100101001	李　勇	男	1992-9-10	28885692	liyong@21cn.com
100101002	欧阳晨	女	1992-8-6	28885567	liuchen@126.com
100101003	王　敏	女	1992-5-30	28885567	wangming@21cn.com
110102001	欧小立	男	1993-1-2	28885692	zhangli@126.com
110102002	欧小立	男	1993-7-16	28885692	chenhui@21cn.com

1.1.1　实体和属性

我们把需要研究的某类事物称作实体，把实体的一些需要研究的特性，称为属性，具体的实体称为实例。

表 1-1 中，学生是实体，学号、姓名、性别等特性是学生的属性，而每一行数据表示一个具体的学生，便是一个学生实例，这里共有 5 个学生实例。

【练习 1-1】学生这一实体，还有什么属性？

【练习 1-2】完成以下 3 个表：列举 3 种实体，每种实体给出 4 种属性，同时给出 3 个实例。

实体 1：图书

中国标准书号	书　名				

实体 2：网友

姓　名				

实体 3：高等院校

1.1.2　表、行、列

表用来记录实体的实例数据。

我们日常所使用的二维表，在数据库的世界中，也称作关系。严格意义上的关系具备以下特征。

（1）每一行记载了一个实例的数据，称为这个表的一条记录，或者就叫一行。

如表 1-1 中，每一行是一个学生的数据，共 5 个学生，5 条记录。

（2）每一列数据统称为这个表的一个字段，或者就叫一列。

如表 1-1 中，共有 6 个字段：学号、姓名、性别、出生年月日、宿舍电话和 Email。

（3）表中单元格存储单个值。

如表 1-1 中，学号只记录一个学号，姓名只记录一个学生的姓名。

（4）每列的所有数据项类型一致，语义一致。

例如，第 1 行的电话列，是一个字符串，记录的是电话信息，第 2 行、第 3 行亦如此，都是电话，而不是 QQ 号，或者是别的什么数据。

（5）列的名称不能重复。

列不能重名，否则不能区分一个表中的列。但列中的数据是可以重复的，例如，性别字段中，就只有两种可能，男或女，重复不可避免。

（6）列的顺序无关紧要。

例如，表 1-2 中虽然列的顺序变了，但和表 1-1 是等价的。

表 1-2　列的顺序不同的学生表

姓　名	学　　号	性　别	宿舍电话	出生年月日	Email
李　勇	100101001	男	28885692	1992-9-10	liyong@21cn.com
欧阳晨	100101002	女	28885567	1992-8-6	liuchen@126.com
王　敏	100101003	女	28885567	1992-5-30	wangming@21cn.com
欧小立	110102001	男	28885692	1993-1-2	zhangli@126.com
欧小立	110102002	男	28885692	1993-7-16	chenhui@21cn.com

（7）行的顺序无关紧要。

例如，表 1-3 虽然行的顺序变了，但和表 1-1 是等价的。

表 1-3　行的顺序不同的学生表

学　　号	姓　名	性　别	出生年月日	宿舍电话	Email
100101002	欧阳晨	女	1992-8-6	28885567	liuchen@126.com
110102001	欧小立	男	1993-1-2	28885692	zhangli@126.com
100101001	李　勇	男	1992-9-10	28885692	liyong@21cn.com
110102002	欧小立	男	1993-7-16	28885692	chenhui@21cn.com
100101003	王　敏	女	1992-5-30	28885567	wangming@21cn.com

（8）任意两行互不重复。

虽然列中的数据可以重复，但两行的数据完全一模一样是不允许的，因为那样意味着两个实例是一样的。

表 1-1 符合上述特征，是一个严格意义上的关系。但表 1-4 和表 1-5 则是非关系。

表 1-4 中，宿舍电话列中的某些单元格内包含了多个条目，李勇和欧阳晨拥有 2 个电话号码，而关系的设计中，不允许包含多个条目，只允许单值。

表 1-4　非关系表（单元格内包含多个条目）

学　　号	姓　名	性　别	出生年月日	宿舍电话	Email
100101001	李　勇	男	1992-9-10	28885692 77668899	liyong@21cn.com

续表

学　　号	姓　名	性　别	出生年月日	宿舍电话	Email
100101002	欧阳晨	女	1992-8-6	28885567 55667788	liuchen@126.com
100101003	王　敏	女	1992-5-30	28885567	wangming@21cn.com
110102001	欧小立	男	1993-1-2	28885692	zhangli@126.com
110102002	欧小立	男	1993-7-16	28885692	chenhui@21cn.com

表 1-5 中，第一，行的顺序不再是无关紧要的。李勇的下两行包含他的小灵通号和手机号，如果将行重排，可能使得他的小灵通和手机不再排在他的信息的后面，从而失去和姓名的关联。对欧阳晨亦有同样的问题。第二，有的列的数据项类型不一致，语义不一致。出生年月日列中所有值的类型并不一致，其中有一些是出生年月日，另一些是号码的类别；宿舍电话列中所有值在意义上也不一致，其中有一些是真正的宿舍电话，有的是个人的小灵通，有的是手机，还有 QQ 号。

表 1-5　　非关系表（行顺序，值类型）

学　　号	姓　名	性　别	出生年月日	宿舍电话	Email
100101001	李勇	男	1992-9-10	28885692	liyong@21cn.com
			小灵通	22778899	
			手机	13923266118	
100101002	欧阳晨	女	1992-8-6	28885567	liuchen@126.com
			QQ	2221314	
			手机	13825521288	
100101003	王敏	女	1992-5-30	28885567	wangming@21cn.com
110102001	欧小立	男	1993-1-2	28885692	zhangli@126.com
110102002	欧小立	男	1993-7-16	28885692	chenhui@21cn.com

注意

这里的关键是：列中的数据，要符合设计的原意。既然宿舍电话这个字段设计的原意就是记录宿舍的电话，那么，单元格内的数据就应该遵从这一原意。如果把宿舍电话改为“联络信息”，记录 Email 之外的联络号码，则表 1-6 虽然不是一个好的设计，但依然是一个严格意义上的关系。

表 1-6　　改变设计原意后的学生表

学　　号	姓　名	性　别	出生年月日	联络信息	Email
100101001	李　勇	男	1992-9-10	宿舍 28885692 灵通 22778899 手机 13923266118	liyong@21cn.com
100101002	欧阳晨	女	1992-8-6	宿舍 28885567 QQ 2221314 手机 13825521288	liuchen@126.com

续表

学 号	姓 名	性 别	出生年月日	联络信息	Email
100101003	王 敏	女	1992-5-30	宿舍 28885567	wangming@21cn.com
110102001	欧小立	男	1993-1-2	宿舍 28885692	zhangli@126.com
110102002	欧小立	男	1993-7-16	宿舍 28885692	chenhui@21cn.com

如表 1-7 所示，有几套术语，在不同的背景下产生，原先是有一些区别的，但在大量的文献资料中，被等价地使用。其中，表、行、列、记录、字段等在数据库编程中大量使用，而关系、元组、属性则一般在数据库理论中使用。

表 1-7　等价的几套术语

表（Table）	行（Row）	列（Column）
文件（File）数据文件（DataFile）（注意，现在较少使用）	记录（Record）	字段（Field）
关系（Relation）	元组（Tuple）	属性（Attribute）

【练习 1-3】指出表 1-8、表 1-9 两个表中，各有几条记录？几个字段？把字段名称写下来。

表 1-8　图书

ISBN	书 名	出版社	单 价	当前销售折扣
7-115-08115-6	数据库系统概论	清华大学出版社	40.00	9
7-115-08216-6	大学英语	人民邮电出版社	20.00	8
7-302-09285-0	网页制作与设计	清华大学出版社	23.00	8
7-5024-3117-9	计算机网络与应用基础	冶金工业出版社	16.00	8
7-5045-3903-1	SQL Server 2008 标准教程	中国劳动社会保障出版社	35.00	7
8-4066-2901-3	数据结构	科学出版社	29.00	9
8-589-78969-5	高等数学	高等教育出版社	30.00	9
8-689-06576-5	自动化原理	电子工业出版社	25.00	9

记录条数：

字段名称：

表 1-9　供应商

编号	名 称	联系人	地 址	电 话	邮 编	其他联络信息	备注
101	新华书店	陈旺兴	广州北京南路 12 号	020-88836256	510000	QQ 8643259	
102	南华书店	李心怡	广州北京南路 12 号	020-88836256	510000	QQ 98754621	

续表

编号	名　称	联系人	地　　址	电　　话	邮　编	其他联络信息	备注
103	科技书店	王　灵	深圳大梅沙二街 5 号	0755-83762495	518031	QQ 56987365	
104	青年书店	张清	深圳小梅沙二街 30 号	0755-83789556	518031	QQ 10256789	

记录条数：

字段名称：

一个表的字段一旦设计好，一般情况下很少变动。当系统已经设计好的时候，字段的变动，可能会牵涉到程序，使得已有的程序不能运行。

但记录和字段不同，可以随时增删记录、修改记录，这并不会影响程序的正确性。例如，新学期增加 3000 个新生，数据全部放入学生表；可以新增 300 种图书，数据全部放入图书表，这都不会影响程序的运行。事实上，这正是程序要处理的业务。

数据库管理系统对一个关系的字段数和记录数一般都会有一定的限制，例如，SQL Server 2008 表中的字段数不超过 1024 个，记录数则只受存储资源和性能要求的限制。一个表中存放几十万条记录并没有什么大不了的。

关系的字段是基本不变的，叫做关系的结构。一个关系的结构可以描述为：表名（字段名 1，字段名 2，……）。学生表可以表示为：学生表（学号，姓名，性别，出生年月日，宿舍电话，Email）。

【练习 1-4】 用表名（字段名 1，字段名 2，……）的格式描述表 1-9 供应商表的结构。

1.2 键

1. 唯一键与非唯一键

键（key）是关系中用来标识行的一列或多列。键可以是唯一的（uniqe）的，也可以是不唯一（nonunique）的。例如，对于表 1-1，学号是一个唯一键，因为一个学号可以唯一地确定一行。这样，一条“显示所有学号为 110102001 的学生”的查询将返回唯一的一行。另一方面，宿舍电话就是非唯一键。它属于键，因为它可以用于标识行，但是因为一个宿舍电话的值可能会确定多行（宿舍住了几个人就有几行），所以它是不唯一的。这样，一条“显示所有宿舍电话为 28885692 的行”的查询将返回多行。

对于学生表的数据来说，学号、姓名、Email 可能都是唯一键。然而要判断它们是否真的是唯一键，仅仅靠对示例数据的检查是不够的。相反地，数据库开发者必须询问用户或其他相关专家，某一列是否唯一。在这里，姓名就是一个重要的例子。在一个家庭的范围内，姓名是不可能重复的，在一个宿舍中重复的可能性也比较小，但在一个班或一个学校，重复的可能性就很大。即使现在没有重复，将来也可能重复。

2. 复合键

虽然姓名不是唯一的，但是将姓名与宿舍电话结合起来就是唯一的了，那么（姓名，宿舍电话）就是唯一键了。但是经过检查，有同名同姓的人住同一宿舍，这时有两个解决方法：一是调整住宿人员，让同名同姓的人不要同宿舍；另一个解决方法是，数据库中不要把（姓名，宿舍电话）设为唯一键。从现实情况看，不把（姓名，宿舍电话）设为唯一键会简单得多。

包含两个或更多属性的键被称为复合键，（姓名，宿舍电话）就是一个复合键。

同名、同姓、同班、同宿舍、同出生年月日这样的情况出现的概率很小，可以人为地不让它发生，那么，（姓名，宿舍电话，出生年月日）就构成了唯一键，这是由 3 个字段构成的复合键。

如果(姓名，宿舍电话，出生年月日)是复合的唯一键，那么（姓名，宿舍电话，出生年月日，性别）肯定也是可以唯一地确定一行的。一般会规定：键应该保持最少的字段数。（姓名，宿舍电话，出生年月日）是复合的唯一键，那么，再加入一个字段则是多余的，从中减少一个字段则不能保证唯一性。

3. 主键与候选键

现在假设学号是唯一键，Email 是唯一键，而（姓名，宿舍电话，出生年月日）也是唯一键。那么在设计数据库的时候，需要从这些唯一键中选出一个作为主键（primary key），而其他唯一键都是主键的候选，所以它们就被称为候选键。

【练习 1-5】分析表 1-10 课程表，你认为哪些字段可以作为候选键？候选键中，你想指定哪个作为主键？

表 1-10　　课程

课程号	课程名	学　时	学　分
001	数据库	72	4
002	数学	72	4
003	英语	64	4
004	操作系统	54	3
005	数据结构	54	3.5
006	软件工程	52	3
007	计算机网络应用	60	3.5

候选键：

主键：

对于有主键的表，可在主键字段下加上下画线来描述关系的结构。例如，以学号为主键，则学生表可以描述为：学生表（<u>学号</u>，姓名，性别，出生年月日，宿舍电话，Email）。如果以（姓名，宿舍电话，出生年月日）为主键，则描述为学生表（学号，<u>姓名</u>，性别，<u>出生年月日</u>，<u>宿舍</u>

电话，Email）。

主键的重要性不仅在于它可以被用来唯一标识行，而且还可以表示表之间的关联。例如，为了记录学生选课的行为，也就是某学生选修某门课，我们增设一个选修表（见表 1-11），选修表中学号的数据，就来自学生表，这样，选修表和学生表就关联起来了。而通过课程号，选修表又和课程表关联起来了。通过选修表，学生表和课程表关联在一起。关联意味着什么呢？以选修表为例，选修表中有学号，可以通过关联，在学生表中找出学生的所有信息。

表 1-11　　选修

学　号	课程号	成　绩	选修日期
100101001	001	95	2011-2-1
100101001	004	90	2011-9-1
100101001	005	85	2011-9-1
100101002	001	56	2011-2-1
100101002	002	76	2011-9-1
100101003	001	80	2011-2-1
100101003	003	93	2011-9-1
110102001	002	90	2011-2-1
110102002	007	85	2011-2-1

【练习 1-6】选修表中，可以有哪些候选键？你想指定哪个候选键为主键？

【练习 1-7】请用本节所述的方式写出课程表和选修表的结构。

4. 外键与参照完整性约束

正如上文所提到的，为了表示关联，可以将一个表的主键作为列放入另外一个表中。此时，第 2 个表中的那些列就被称为外键（foreign）。例如，在表 1-11 所示的选修表中，学号和课程号都是外键。之所以称其为“外”，就是因为选修表中的学号在学生表中是主键，课程号在课程表中是主键。

因为选修表中学号的数据来自于学生表，那么，选修表中的学号字段的数据，一定要在学生表中预先存在。同样，选修表中的课程号字段的数据，也必须在课程表中预先存在。这是很自然的，没有学生和课程，哪来学生选修课程呢？

这种外键的数据必须在主键中存在对应项的关联规则被称为参照完整性（referential integrity constraint）。这种规则在一定程度上保证了选修表中的每一条记录的正确性：的确有那样的学生存在，也的确有那样的课程存在，否则，就违反了参照完整性规则。

在前文中，我们提到，学生表也可以以（姓名，宿舍电话，出生年月日）为主键，此时，选修表就变为：

选修表（姓名，宿舍电话，出生年月日，课程号，成绩，选修日期）

其中（姓名，宿舍电话，出生年月日）是外键，其参照完整性规则是：选修表中的（姓名，宿舍电话，出生年月日）的值必须在学生表（姓名，宿舍电话，出生年月日）中存在对应项。

【练习 1-8】假如我们除了要管理学生外，还要管理宿舍,此时，可增加一个宿舍表（见表 1-12），并修改学生表（见表 1-13），指出两表的主键和外键。在已有的数据中，是否违反了参照完整性规则？你认为，外键及其相应的主键，列名称一定要相同吗？

表 1-12　宿舍

序　号	所在楼	门　牌	电　话	房　型	床位数	月　租
1	7	7-692	28885692	A	4	30.00
2	7	7-693	28885693	A	4	30.00
3	3	3-567	28885567	B	3	50.00
4	4	4-444	28885444	B	3	40.00

表 1-13　学生

学　号	姓　名	性　别	出生年月日	宿舍序号	Email
100101001	李　勇	男	1992-9-10	6	liyong@21cn.com
100101002	欧阳晨	女	1992-8-6	3	liuchen@126.com
100101003	王　敏	女	1992-5-30	3	wangming@21cn.com
110102001	欧小立	男	1993-1-2	1	zhangli@126.com
110102002	欧小立	男	1991-7-16	1	chenhui@21cn.com

答：

1.3 表间联系

1. 一对多联系

一对多联系（表示为 1：*N*, 1：*M* 等）如图 1-1 所示，学生表中含有宿舍序号这一外键，其对应宿舍表中的主键序号。现实的情况是：一个学生住在一间宿舍，一间宿舍可以住多名学生，或者一名学生都不住。反应在表上，对于学生表，每条记录有一个宿舍序号；宿舍表（序号为主键）一条记录对应学生表（宿舍序号为外键）0 条或多条记录。这种表间联系，称作一对多，其中宿舍表是父表，学生表是子表。图 1-1 所示的一对多联系可表示为：

宿舍表（序号）┼──< 学生表（宿舍序号）

或　　宿舍表（序号）　1：*N*　学生表（宿舍序号）

【练习 1-9】一对多联系是最重要的联系方式。请指出李勇和王敏每个月要交多少房租？学校从这 5 个学生中每月共收得多少租金？

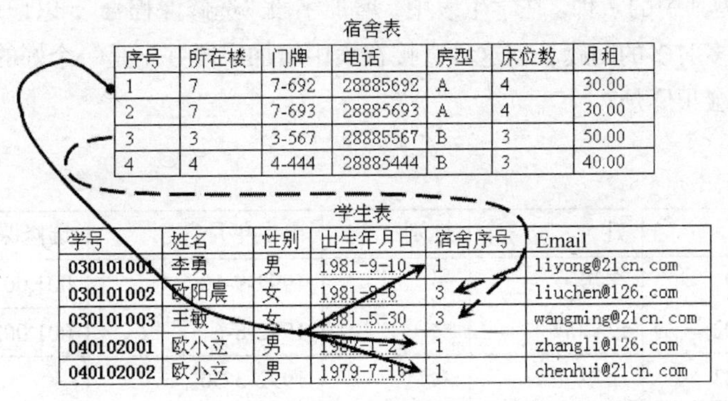

宿舍表

序号	所在楼	门牌	电话	房型	床位数	月租
1	7	7-692	28885692	A	4	30.00
2	7	7-693	28885693	A	4	30.00
3	3	3-567	28885567	B	3	50.00
4	4	4-444	28885444	B	3	40.00

学生表

学号	姓名	性别	出生年月日	宿舍序号	Email
030101001	李勇	男	1981-9-10	1	liyong@21cn.com
030101002	欧阳晨	女	1981-8-6	3	liuchen@126.com
030101003	王敏	女	1981-5-30	3	wangming@21cn.com
040102001	欧小立	男	1982-1-2	1	zhangli@126.com
040102002	欧小立	男	1979-7-16	1	chenhui@21cn.com

图 1-1　一对多联系

2. 一对一联系

一对一联系表示为：1∶1。如果第 1 个表的一条记录仅关联到第 2 个表的一条（或 0 条）记录，并且第 2 个表的一条记录也仅关联到第 1 个表的一条记录（注意，此时必须有一条关联记录，不能是 0 条），就称这对表之间存在一对一联系。这时，第 1 个表为父表，第 2 个表为子表。

图 1-2 所示为一对一的联系，其中员工表是父表，工资表为子表。这样做，可能出于以下原因：安全需要，不想把财务数据和员工基本信息放在一起；也可能是因为数据库的分布式存放所致。图 1-2 所示的一对一联系可表示为：

员工表（工号）┼──┼工资表（工号）

或　　员工表（工号）　1∶1　工资表（工号）

员工表

工号	姓名	家庭电话	入职日期	当前岗位	备注
100	张三	22266777	1999-01-01	经理	
101	李四	22266333	2000-12-01	部长	
102	王二麻子	22266444	2005-08-20		新进，未定岗

工资表

工号	底薪	津贴
100	2000.00	6000.00
101	1000.00	4000.00

图 1-2　一对一联系

3. 多对多联系

多对多联系表示为：M∶N。如果第 1 个表的一条记录可以关联到第 2 个表的一条或多条记录，并且第 2 个表的一条记录，也可关联到第 1 个表的一条或多条记录，或者更精确地说，第 1 个表与第 2 个表一对多，第 2 个表与第 1 个表也是一对多，就称这对表之间存在多对多联系。例如，现实中，一个学生可以选修多门课，一门课亦可被多个学生选修，这样，学生表和课程表之间应该是多对多的联系。多对多可按如下方式表示：

学生表 >──< 课程表

或　　学生表　M∶N　课程表

多对多联系难以在数据库中直接表示，一般要转换成两个一对多。多对多联系，如何在表中体现以便方便地知道一个学生选修了哪些课程，一门课程被哪些学生选修？有很多方法解决这一问题，图 1-3 所示为其中的一种。在学生表中，增加字段“选修课程号”，以记录学生所选的课程。虽然看上去解决了多对多的问题，但这种直接在表中增加字段并不是一个好的设计，增删统计学生的选课信息，都会很麻烦。

学生表

学号	姓名	性别	出生年月日	选修课程号
100101001	李勇	男	1992-9-10	001,002
100101002	欧阳晨	女	1992-8-6	001,002,003
100101003	王敏	女	1992-5-30	

课程表

课程号	课程名	学时	学分
001	数据库	72	4
002	数学	72	4
003	英语	64	4
004	操作系统	54	3

图 1-3　直接用字段记录多对多关系

最有效、最恰当的解决办法是在学生表和课程表之间增设一个连接表，记录学生选修课程的信息。如图 1-4 所示，选修表是一个连接表，它把一个多对多变成两个一对多：学生表（学号）一对多选修表（学号），课程表（课程号）一对多选修表（课程号）。

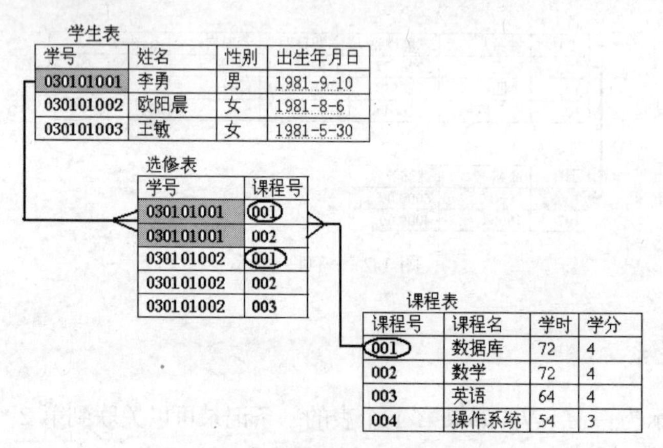

学生表

学号	姓名	性别	出生年月日
030101001	李勇	男	1981-9-10
030101002	欧阳晨	女	1981-8-6
030101003	王敏	女	1981-5-30

选修表

学号	课程号
030101001	001
030101001	002
030101002	001
030101002	002
030101002	003

课程表

课程号	课程名	学时	学分
001	数据库	72	4
002	数学	72	4
003	英语	64	4
004	操作系统	54	3

图 1-4　用连接表解决多对多的问题

【练习 1-10】无涯书社为了快速地掌握图书的销售情况，设计了一个数据库系统来管理图书的进出。请分析表 1-14 至表 1-18，指出各表的主键、外键、表间联系，分析计算库存的方法。

表 1-14　　图书表

ISBN	书　名	出版社	单　价	当前销售折扣
7-115-08115-6	数据库系统概论	清华大学出版社	40.00	9
7-115-08216-6	大学英语	人民邮电出版社	20.00	8

续表

ISBN	书　名	出版社	单　价	当前销售折扣
7-302-09285-0	网页制作与设计	清华大学出版社	23.00	8
7-5024-3117-9	计算机网络与应用基础	冶金工业出版社	16.00	8
7-5045-3903-1	SQL Server 2008 标准教程	中国劳动社会保障出版社	35.00	7
8-4066-2901-3	数据结构	科学出版社	29.00	9
8-589-78969-5	高等数学	高等教育出版社	30.00	9
8-689-06576-5	自动化原理	电子工业出版社	25.00	9

主键：

外键：

表 1-15　　进货单据表

单　号	进货日期	供应商编号	经办人
000001	2011-1-2	101	陈红
000002	2011-2-4	101	陈红
000003	2011-3-4	102	王琴
000004	2011-4-6	103	金孙博
000005	2011-5-18	103	胡勇锋
000006	2011-6-1	103	林志聪
000007	2011-6-25	104	孙晓红
000008	2011-6-30	104	王琴

主键：

外键：

表 1-16　　进货明细表

进货单号	明细号	ISBN	数量	进货单价
000001	1	7-115-08115-6	10	30
000001	2	7-115-08216-6	10	12
000002	1	7-302-09285-0	15	15
000003	1	7-5024-3117-9	15	10
000003	2	7-5045-3903-1	5	20
000004	1	7-115-08115-6	10	30
000005	1	7-5045-3903-1	5	20

续表

进货单号	明细号	ISBN	数量	进货单价
000006	1	8-4066-2901-3	15	25
000006	2	8-589-78969-5	15	23
000006	3	8-689-06576-5	10	18
000007	1	7-5045-3903-1	10	20
000008	1	8-4066-2901-3	30	23

主键：

外键：

表 1-17　　销售表

ISBN	数　量	销售单价	销售时间
7-115-08115-6	5	36	2011-2-1
7-115-08115-6	2	36	2011-2-25
7-115-08115-6	3	36	2011-4-1
7-115-08216-6	2	16	2011-3-20
7-5045-3903-1	5	24	2011-5-1
7-5045-3903-1	5	24	2011-6-1
8-589-78969-5	3	27	2011-6-30
8-689-06576-5	5	23	2011-7-2
7-115-08115-6	3	36	2011-7-10
7-115-08216-6	5	16	2011-7-19

主键：

外键：

表 1-18　　供应商表

编号	名　称	联系人	地址	电　话	邮　编	其他联络信息	备注
101	新华书店	陈旺兴	广州北京南路12号	020-88836256	510000	QQ 8643259	
102	南华书店	李心怡	广州北京南路12号	020-88836256	510000	QQ 98754621	
103	科技书店	王灵	深圳大梅沙二街5号	0755-83762495	518031	QQ 56987365	
104	青年书店	张清	深圳小梅沙二街30号	0755-83789556	518031	QQ 10256789	

主键：

外键：

以上各表之间的联系：

计算库存的方法：

1.4 关系数据库管理系统

以表来记录数据，通过字段实现表间联系，这种组织数据的方式称作关系模型。

以关系模型组织数据的数据库称之为关系数据库。

用来创建、维护、修改和操纵关系数据库的软件系统被称为关系数据库管理系统（RDBMS）。

有的 RDBMS 适用于个人用户，帮助处理少量数据，如微软公司的 Access，一般称作桌面数据库。

有的 RDBMS 存放大量的商业数据，成千上万的人同时使用，每天 24 小时、每周 7 天不停地运作，想做一下拷贝都很艰难，需要很专业的技术进行维护，这样的大型数据库一般称作企业数据库管理系统，如 Oracle 公司的 Oracle、微软公司的 SQL Server、IBM 公司的 DB2 等。

其实，除了关系模型外，还有其他的数据模型，如网状模型、层次模型、对象模型等，基于各种数据模型皆有相应的数据库管理系统（DBMS）。

基于数据库技术实现的应用软件系统称作数据库系统。数据库系统是一个广泛使用的概念，一般包含 4 个基本元素：用户 、数据库应用程序、DBMS、数据库。

如图 1-5 所示，从左边开始，用户使用数据库系统进行工作，输入新数据，修改或删除老数据。

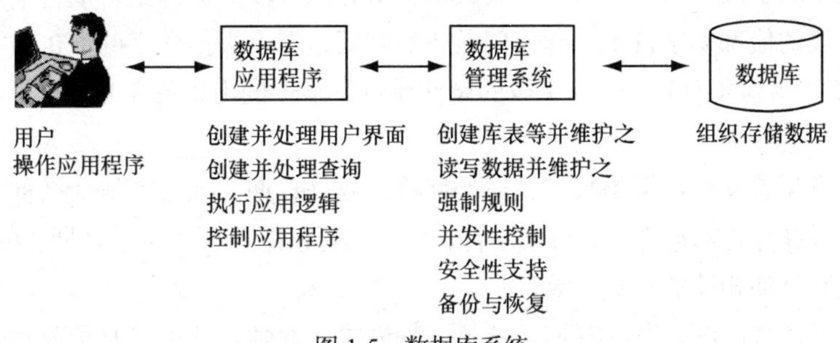

图 1-5　数据库系统

数据库应用程序是一组计算机程序，充当用户和数据库管理系统（DBMS）的中介，这些应用程序生成窗体、查询、报表等，向用户发送并接收数据，并接受用户的操作，将之转换成 DBMS 中数据管理活动的请求命令。

DBMS 的作用在于从应用程序接收请求并把这些请求转换成对数据库文件的读写操作。DBMS 从数据库应用程序接收到请求，然后把这些请求转换成调用操作系统的指令，从而在数据库文件中读、写数据。

图 1-6 所示为大型 Web 站点和传统客户端/服务器系统的数据库服务器。

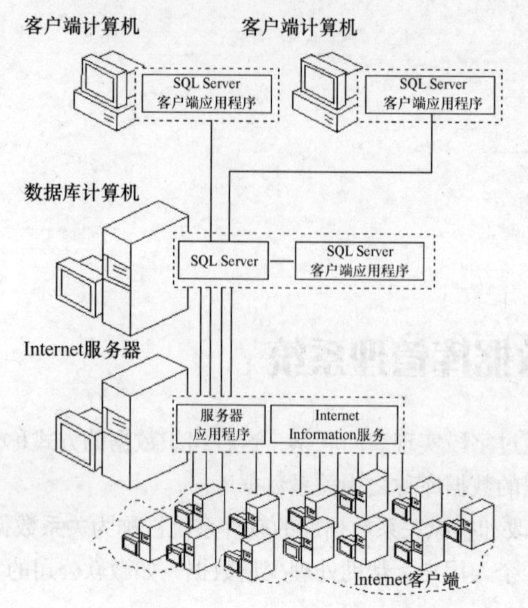

图 1-6　大型 Web 站点和传统客户端/服务器系统

1.5 字段的类型和大小

表由字段构成，字段有名称、大小和类型。

一个字段具有一个名称，名称一般用汉字、英文字母等组成。名称的规范，可参见具体的数据库产品的说明，但所有的数据库都支持使用英文字母和下画线起名，而使用汉字则要小心。

表中同一字段下的数据是同一种类的，正如前文所述，这有两个含义：一是内容的类型是一样的，如学生表中的字段“出生年月日”是日期，所有该字段的值都是日期；字段“姓名”为字符串，所有该字段的值都是字符串，即使值是“23456”，看上去是数字的值也是字符串。二是值的意义是一致的，“出生年月日”这一字段的设计原意是学生的出生的年月日这一日期，则所有该字段的值都是这样的日期。

数据的种类意味着某个数据是数字，还是字符，或是日期，或是其他什么种类。对于数字一类的数据，是可以进行算术运算的；对于字符，可以进行模式匹配；对于日期，可以取其中的年、月、日，可以进行日期相关的一些计算。

简单解释一下模式匹配。“姓王的”，这是一种模式，而姓名“王二麻子”、“王明”都是匹配这一模式的。“姓名中包含建国二字的”，这是一种模式，而姓名“张建国”、“欧阳建国”等都匹配这一模式。

不同的产品对数据类型的支持有所不同。下面从联机丛书直录了 SQL Server 2000 中的数据类型。

1. 整数

- bigint

从 -2^{63}（-9223372036854775808）到 $2^{63}-1$（9223372036854775807）的整型数据（所有数字）。

- int

从-2^{31}（$-2,147,483,648$）到 $2^{31}-1$（2,147,483,647）的整型数据（所有数字）。

- smallint

从-2^{15}（$-32,768$）到 $2^{15}-1$（32,767）的整数数据。

- tinyint

从 0 到 255 的整数数据。

2. bit

可以取值为 1、0 或 NULL 的整数数据类型。

3. decimal 和 numeric

带定点精度和小数位数的 numeric 数据类型。

decimal[(*p*[, *s*])]和 numeric[(*p*[, *s*])]

定点精度和小数位数。使用最大精度时，有效值从$-10^{38}+1$ 到 $10^{38}-1$。decimal 的 SQL-92 同义词是 dec 和 dec(*p*, *s*)。numeric 在功能上等价于 decimal。

p（精度）：最多可以存储的十进制数字的总位数，包括小数点左边和右边的位数。该精度必须是从 1 到最大精度 38 之间的值。默认精度为 18。

s（小数位数）：小数点右边可以存储的十进制数字的最大位数。小数位数必须是从 0 到 *p* 之间的值。仅在指定精度后才可以指定小数位数。默认的小数位数为 0；因此，$0 <= s <= p$。最大存储大小基于精度而变化。

存储字节数与精度的关系如表 1-19 所示。

表 1-19　存储字节数与精度的关系

精度	存储字节数
1～9	5
10～19	9
20～28	13
29～38	17

4. money 和 smallmoney

- money

货币数据值介于-2^{63}(-922 337 203 685 477.5808)与 $2^{63}-1$(+922 337 203 685 477.5807)之间，精确到货币单位的千分之十。

- smallmoney

货币数据值介于-214 748.3648 与+214 748.3647 之间，精确到货币单位的千分之十。

5. 浮点数

- float

从-1.79E + 308 到 1.79E + 308 的浮点精度数字。

- real

从-3.40E + 38 到 3.40E + 38 的浮点精度数字。

6. datetime 和 smalldatetime

- datetime

从1753年1月1日到9999年12月31日的日期和时间数据，精确到百分之三秒（或3.33ms）。

- smalldatetime

从1900年1月1日到2079年6月6日的日期和时间数据，精确到分钟。

7. 字符串

- char

固定长度的非Unicode字符数据，最大长度为8 000个字符。

- varchar

可变长度的非Unicode数据，最长为8 000个字符。

- text

可变长度的非Unicode数据，最大长度为$2^{31}-1$（2 147 483 647）个字符。

8. Unicode 字符串

- nchar

固定长度的Unicode数据，最大长度为4 000个字符。

- nvarchar

可变长度Unicode数据，其最大长度为4 000字符。sysname是系统提供用户定义的数据类型，在功能上等同于nvarchar(128)，用于引用数据库对象名。

- ntext

可变长度Unicode数据，其最大长度为$2^{30}-1$（1 073 741 823）个字符。

9. 二进制字符串

- binary

固定长度的二进制数据，其最大长度为8 000个字节。

- varbinary

可变长度的二进制数据，其最大长度为8 000个字节。

- image

可变长度的二进制数据，其最大长度为 $2^{31}-1$（2 147 483 647）个字节。

10. 其他数据类型

- cursor

游标的引用。

- sql_variant

一种存储SQL Server支持的各种数据类型（text、ntext、timestamp和sql_variant除外）值的数据类型。

- table

一种特殊的数据类型，存储供以后处理的结果集。

- timestamp

数据库范围的唯一数字，每次更新行时也进行更新。

- uniqueidentifier

全局唯一标识符（GUID）。

字段的大小指字段的取值范围。有的类型一经确定，所能表示的数据的大小便已确定，例如bigint，int，bit，float，datetime 等。一般需要在指定类型的同时指定大小的有两种，一种是 decimal（numeric 和 decimal 同义），如 decimal(5,2)，则 999.99、-999.99、0、100 等都是可以存储的。还有一种是 char，nchar，varchar，nvarchar 字符类型，如 varchar(5)，char(5)表明可以容纳最多 5 个字符。

char(1)只能保存一个单字节字符，如英文字母。因为一个汉字至少要 2 个字节，因而 char(2)才能保存一个汉字。nchar(1)因为可保存一个 Unicode 字符，故可以保存任意一个字符，如一个英文字母，或一个汉字等。如果数据只是一种语言的，则可用 char 类型，如果是多种语言的，则可用 nchar 类型。

另外，char/nchar 和 varchar/nvarchar、binary/varbinary，加有“var”前缀的类型为变长类型，未加此前缀的类型为定长类型，在计算机中存储方式稍有不同。以 char(30)和 varchar(30)为例，指定 char(30)，则无论实际输入多少字符，系统都分配 30 个字符的空间，而 varchar(30)却是按实际输入的字符来分配存储空间，输入多少，分配多少，但最多不超过 30 个。

因而，如果预期列中的数据值大小接近一致，请使用定长类型；如果预期列中的数据值大小显著不同，请使用变长类型。

前述的定长和变长类型，数据都存放在同一表内，而 text/ntext、image 类型，数据则可以存放在别处。

对一个字段，选用适当的类型和大小，是数据库技术的基本功。

确定字段的数据类型的重要原则是：根据该字段将进行什么样的操作，以及数据在实质意义上是什么来确定。

如果要做算术运算，则以数值型为宜，可根据实际情况选用整型、定点数或浮点数，如身高、长度、个数、重量等。

如果是日期或时间，则以日期时间型为宜，如出生年月日。

如果只有两种可能，则可用 bit 型，一种用 0 代表，一种用 1 代表，如婚否。

如果可做模式匹配，则以字符型为宜，如地址、名称、电话、邮编等。

如果是大量的文本，可用 text 类型。

如果是图像，可用 image。

……

确定字段大小的重要原则是：根据该字段的数据最有可能出现的最大值来确定。如身高，如果精确到厘米，一般不会超出 255cm，则可用 tinyint 来表示。成绩，如果最高不超过 100 分，并且可能有两位小数，则可用 decimal(5，2)。地址，则可用 nvarchar(30)。中国人的姓名，最长不过 5 个汉字，则可用 char(10)或 nchar(5)来表示。

表 1-20 所示为常见字段的类型和大小。在以后的开发设计中，可以参照此表来设计字段的类型和大小。

表 1-20　　常见字段的类型和大小

字　段	类型和大小	说　明
出生年月日，节日，入职日期，上课时间，开会时间，报警时间	datetime smalldatetime	根据精度和范围要求，适当在 datetime 和 smalldatetime 中选用一个
身高	int，smallint，tinyint decimal(5,2)	根据数据单位，从中适当选一个
姓名	char(10)，nchar(5)	中国人的姓名，一般不超过 5 个汉字。如果在外企，或少数民族等有特例，可用 nchar(k)，k 取一个恰当的数
姓	char(4), nchar(2)	注意有复姓
名	char(6), nchar(3)	姓名之名
称呼	char(6), nchar(3)	先生，女士等
底薪，奖金，收入，年金，预算，价格，总金额	money, smallmoney	当凡是钱一类的，根据实际情况选一种类型
性别	bit char(2), nchar(1)	如果想用 1 代表男，0 代表女这样来表示，可用 bit 型；如果直接使用“男”、“女”，可选用 char(2)或 nchar(1)
婚否	bit char(2), nchar(1)	
婚姻状态	tinyint char(4), nchar(2)	表达已婚、未婚、离婚、再婚、丧偶等各种状态。如果用数字来代表各状态，则可用 tinyint 类型
家庭人数	tinyint	家庭人数不会超过 255 且一定是正数
长途区号	char(4)	0797，021，010 之类
家庭电话，单位电话，传真	char(8)	电话不会用来计算，但可能会用来模式匹配，例如，一般前 3 个数字表明是同一个电话局的。注意这里只含电话本身，不包括区号、国家代码之类
手机号码	char(11)	手机号码 11 个，但如果升位就不适用了
省份	char(6)，nchar(3)	内蒙古、广东等
城市	char(10)，nchar(5)	因为是全国城市命名，可以稍微设长一些
地址	varchar(40), nchar(20)	
邮编	char(6)	邮编是固定长度的字符
身份证号	char(16)	
QQ 号	char(12)	
Email	varchar(50)	Email 长短不一，故不用 char(50)
联络信息	varchar(256)	可把电话、QQ、手机等号码，全部放在一个字段内
密码	char(10)	根据密码长度确定字符长度取值
工号，单号，部门编号，学号	char(k)	根据实际情况确定 k。例如，工厂只有 1000 人，则用 char(5)，但如果有 9000 人，则应该用 char(6)

续表

字　段	类型和大小	说　明
公司名称，书名，地名	Varchar(40)，nvarchar(20)	
计量单位	char(6)，nchar(3)	m，m^3，kg 等
图书借阅流水号	bigint identity(1,1)	在 bigint 的整数范围内，自动产生 1，2，3，…这样的序列数字
网站地址，网页地址	varchar(255)	地址长短不一
课程学分	decimal(3,1)	3.5，10.5，4 等数字
频率（MHz）	decimal(12, 6)	以 MHz 为单位
头像图片	image	如果图像较小，可考虑 varbinary，或 binary
求职信	text, ntext	把整封求职信放入数据库内
单据备注	varchar(255)	不确定长度的少量文字

以学生选课与成绩管理数据库为例，有了字段的类型和大小，则表的结构可表示为：

学生表（学号 char(9)，姓名 nchar(5)，班级 char(20)，性别 nchar(1)，出生年月日 smalldatetime，电话 char(11)，email varchar(30)，备注 varchar(100)）

课程表(课程号 char(3)，课程名 varchar(30)，学时 smallint，学分 decimal(3,1))

选修表（学号 char(9)，课程号 char(3)，成绩 int，选修日期 datetime）

【练习 1-11】小书店图书进销存有表 1-21 至表 1-25 几个表，请确定每个字段的类型和大小，并以上述形式写出表的结构。

表 1-21　　图书表

ISBN	书　名	出版社	单　价	当前销售折扣
7-115-08115-6	数据库系统概论	清华大学出版社	40.00	9
7-115-08216-6	大学英语	人民邮电出版社	20.00	8.5

表 1-22　　进货单据表

单　号	进货日期	供应商编号	经办人
000001	2011-1-2	101	陈红
000002	2011-2-4	101	陈红

表 1-23　　进货明细表

进货单号	明细号	ISBN	数量	进货单价
000001	1	7-115-08115-6	10	30
000001	2	7-115-08216-6	10	12

表 1-24　　销售表

ISBN	数　量	销售单价	销售时间
7-115-08115-6	5	36	2011-2-1
7-115-08216-6	2	16	2011-3-20

表 1-25　　供应商表

编号	名　称	联系人	地　址	电　话	邮　编	其他联络信息	备注
101	新华书店	陈旺兴	广州北京南路 12 号	020-88836256	510000	QQ 8643259	

1.6 数据的规范

数据应该以规范的形式输入表中。规范的数据意味着数据符合字段设计的原意。如果数据不规范，则会影响查找、统计的结果，后果是相当严重的。下面简述相关的几个主题。

1. 空值

空值是一个微妙但又十分重要的问题。假如有表：选修（学号，课程号，成绩，选修日期），其实例数据如表 1-26 所示。

表 1-26　　选修

学　　号	课程号	成　绩	选修日期
100101001	001	95	2011-2-1
100101001	004		2011-9-1

表中有一条记录成绩是空的，有可能是因为选修后还没有考试，所以没有成绩。当然，也有可能是别的原因造成。

空值，只是一个位置的占用，从数据库内部来说，空值是歧义的，所以空值和任意数据的算术运算，结果是空值，这一点，在对表进行查询统计时一定要小心。

设计表时，应尽量不允许为空。例如，为了避免成绩为空，可让没有成绩的填为 0、-1 之类的数。如果允许一个字段为空，则必须为空值指定某种确定的意义。如上例中，成绩为空表示选修后成绩未出来。空常用 NULL 来表示。

2. 空格及其他空白字符

空格不是空值，空格相当于一个英文字母。另外，ASCII 码中还有其他不可见的空白字符，这些空白字符也都相当于一个英文字母，这和空值是不一样的。

空白字符尤其是空格，由于不可见，常常由于输入时不小心而影响数据的规范。如表 1-27 所示，第 1 行的课程名“数据库”前面不应该有空白；第 2 行的课程号是“002”而非“00 2”，

2 之前不应有空白；同一行的“数 学”也不应该有空格，除非设计时说明：凡两个字的课程名，中间加空格（这样对字段的额外规定并不好！）……

表 1-27　课程

课程号	课程名	学 时	学 分
001	数据库	72	4
00 2	数 学	72	4

3. 英文大小写、全角半角

对于英文和符号，应规定大小写规则，不应该随意地大写或小写。另外，还要注意全角和半角的问题，不要一会儿用全角，一会儿用半角，建议如无特别需求，只用半角。

【练习 1-12】指出表 1-28 中不符合规范之处，并为学时、学分的空值指定一种现实意义。

表 1-28　课程

课程号	课程名	学 时	学 分
003	英语	64	4
004	操作系统	54	3
00 5	C 语言	54	3
006	C++语言	54	3
007	英 语口语 abc	30	2
008	c/c++指南		

1.7 排序与索引

1. 排序

数据通过比较大小，按大小顺序排列，称为排序。为什么数据可以排序呢？这是因为：对于数值，数据本身是有大小的；对于字符，每一个字符在码表中有一个编码，编码是数值型的，可以比较大小；日期内部实际上是一个整数，也是可以比较大小的。显然，一种数据如果不能映射为一种可比较大小的数值，那么这种数据是不能排序的。

在数据库中，常规的排序规则如下。

（1）数值：按值的大小进行排序。

（2）英文字符：按英文码表内的编码进行排序，如 ASCII。

（3）ASCII 中从小到大的顺序是：…空格…0123456789…ABC…XYZ…abc…xyz。

（4）中文字符：按中文码表内的编码进行，一般是按拼音的字典顺序进行。

（5）英文符号比中文小，中文符号比中文字小，而空值是最小的。

（6）在数据库系统中，可指定别的排序规则，如按汉字笔画顺序。也可能在已有的排序规则上，加上更多的规则，如加上一条“英文不区分大小写”。

（7）字符串确定大小：逐个比较相应位置的字符，先出现大字符的较大。

（8）不同类型的数据无法正确比较大小。

【练习 1-13】升序排列下面的字符。

1，q，QQ，空格

【练习 1-14】下面是一些数值，请升序排列。如果把它们看做字符而非数字呢，升序排列的结果将是什么？

10，1，100，111，12，21

【练习 1-15】按年龄从小到大排列表 1-29。

表 1-29　学生

学　号	姓　名	性　别	出生年月日	宿舍电话	Email
100101001	李　勇	男	1992-9-10	28885692	liyong@21cn.com
100101002	欧阳晨	女	1992-8-6	28885567	liuchen@126.com
100101003	王　敏	女	1992-5-30	28885567	wangming@21cn.com
110102001	欧小立	男	1993-1-2	28885692	zhangli@126.com
110102002	欧小立	男	1991-7-16	28885692	chenhui@21cn.com

结果：

学　号	姓　名	性　别	出生年月日	宿舍电话	Email

【练习 1-16】对表 1-29 所示的学生表，先按姓名的升序排，对于同名同姓的学生，再按年龄升序排。

结果：

学　号	姓　名	性　别	出生年月日	宿舍电话	Email

【练习 1-17】按什么字段排序，可把同名、同姓、同宿舍、同出生年月日的学生排在一起？

2. 索引

索引本质上来说，是一种排序。在已排序中的表中查找，通常速度会更快。索引的目的，主要是为了加快数据的检索定位。有时，有索引和没有索引，性能相差极远，足以影响用户的体验。比如，要查找姓王的学生，如果对学生表的姓名做了索引，通常速度就会更快。

但并不是索引越多越好，通常情况下，只有当经常查询索引列中的数据时，才需要对该列创建索引。索引数据会占用磁盘空间，过度索引可能降低数据添加、删除和更新的速度。不过在多数情况下，索引所带来的数据检索速度的优势大大超过它的不足之处。另外，如果列的数据大量重复，则索引的效果将不明显，如性别只有“男”和“女”两种取值，则做索引的作用不大。

如果对课程表的课程名做索引，将会产生怎样的索引数据呢？要查找“数据库课程的学分”，又是一个怎样的过程呢？

图 1-7 所示为索引原理的简单示意图。在索引数据中，课程名已经按拼音的字典顺序排列，查找起来非常快。假如现在要找“数据库”课程的学分，则先从索引数据中找到“数据库”，得到指针值后，再从表中数据取得“数据库”的学分：4。

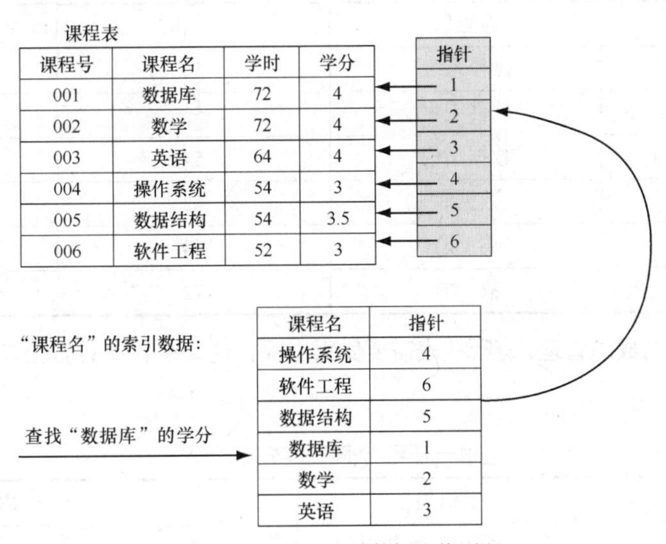

图 1-7　索引数据及其数据查找原理

在创建索引前，必须确定要使用的列和要创建的索引类型。

可基于数据库表中的单列或多列创建索引。这里的“列”即字段。用于索引的列称作索引列。当某些行中的某一列具有相同的值时，多列索引能区分开这些行。如果经常在同时搜索两列或多列或按两列或多列排序时，索引也很有帮助。例如，如果经常在同一查询中为姓和名两列设置准则，那么在这两列上创建多列索引将很有意义。

根据数据库的功能，可在数据库设计器中创建 3 种类型的索引：唯一索引、主键索引和聚集索引。

唯一索引不允许两行具有相同的索引值。如果现有数据中存在重复的键值，则大多数数据库都不允许将新创建的唯一索引与表一起保存。当新数据将使表中的键值重复时，数据库也拒绝接受此数据。例如，如果在学生表中的姓名列上创建了唯一索引，则所有的学生不能同名同姓，这显示不符合实际情况，所以真正的应用不会把姓名设为唯一索引，但可以设为非唯一索引。

注意

如果某列有多行包含 NULL 值，则不能在该列上创建唯一索引。同样，如果列的组合中有多行包含 NULL 值，则不能在多个列上创建唯一索引。在创建索引时，这些被视为重复的值。

表定义时，指定列为主键将自动创建主键索引，主键索引是唯一索引的特殊类型。主键索引要求主键中的每个值是唯一的。当在查询中使用主键索引时，它还允许快速访问数据。

聚集索引与其他索引的区别体现在索引数据的存储上，在聚集索引中，表中各行的物理顺序与键值的逻辑（索引）顺序相同。表只能包含一个聚集索引。如果不是聚集索引，表中各行的物理顺序与键值的逻辑顺序不匹配。聚集索引比非聚集索引有更快的数据访问速度。

设置主键时，如果可行，系统把主键字段设置为聚集索引。

还以课程表的课程名为例，如果设为聚集索引，则数据库的数据和索引数据是合在一起的，两位一体。表 1-30 所示为以课程名聚集索引后课程表的数据库和索引数据，此时要查找“数据库课程的学分”，则无需通过额外的指针信息中转了，找到了“数据库”，即可找到它的学分。

表 1-30　　课程名聚集索引

课程号	课程名	学　时	学　分
004	操作系统	54	3
006	软件工程	52	3
005	数据结构	54	3.5
001	数据库	72	4
003	英　语	64	4
002	数　学	72	4

对于学生选课与成绩管理，有哪些表需要做索引呢？这要视软件的功能需求而定，初步分析，可得表 1-31。

表 1-31　　学生选课与成绩管理中的索引设计

表	索引列	索引类型	理　由
学生	学号	主键索引，聚集索引	作为主键，索引自动产生
	姓名	索引	经常按姓名查找
	出生年月日	索引	经常计算年龄，做与出生年月日相关的查找
	电话	索引	有按电话查找
课程	课程号	主键索引，聚集索引	作为主键，索引自动产生
	课程名	唯一索引	常按课程名查找，希望所有课程都有唯一名称，以示区分
选修	学号，课程号	主键索引，聚集索引	作为主键，索引自动产生
	选修日期	索引	选修时，需经常作时间判断，限定时间范围等

【练习 1-18】请对无涯书社图书进销存的几个表略加分析，指出需做索引的列、索引类型和理由。

1.8 数据完整性与约束

1.8.1 数据完整性

数据完整性是指存储在数据库中的所有数据值均处于正确的状态。所谓正确，是指符合设计的原意，符合指定的规则等。比如，大学里，专业代号的值的范围是 0～20，如果输入 21 就不对了。数据库管理系统可以便利地实施数据完整性规则，以保证数据的完整性。

数据完整性可分为实体完整性、域完整性、参照完整性和用户自定义完整性。下面一一细述，注意，其中所讲的“实施”，是指在实际工作中，使用数据库管理系统时如何实现。

1. 实体完整性

表的每一行定义了唯一一个实体，表中没有重复的记录，可以简单认为：实体完整性，就是保证主键字段的值唯一且不能为空。

实施：为每个表指定主键。字段一旦被指定为主键字段，数据库管理系统即可保证其值为唯一且不为空。

2. 域完整性

域指字段的取值范围。域完整性要求每个字段的值都在该字段定义的取值范围内。

实施：为字段指定恰当的字段；给出约束条件（后续章节会讲），让输入的数据满足约束的条件；注意数据的规范。

3. 参照完整性

保证外键字段的值预先存在于主键字段。这在前文已有讲述。

实施：指定一对多联系并实施参照完整性。

4. 用户自定义完整性

满足用户自己定义的条件或规则，这常常和实际的业务逻辑息息相关。例如，在放假日期的前一个月，学生必须把下学期的选课信息通过网络填好，过期不候。

实施：给出约束条件，使用触发器（后续章节会讲），使用程序。

从作用的范围来看，还可把完整性分为以下几种。

1. 库级完整性

保证数据完整性的规则涉及两个或两个以上的表或其他数据库对象。参照完整性可看做是其中的一种。由于外键引用主键的值是建立在两表之间的联系上的，有时也称作联系级完整性。但涉及多个表的完整性并非一定是基于键的，如选课的日期必在学期开始的日期之前。

2. 表级完整性

保证数据完整性的规则涉及一个表内的两个或两个以上的字段。

3. 字段级完整性

保证数据完整性的规则只涉及本字段。例如，保证学号全部由数字构成，保证身高在 150cm 以上等。域完整性是一种字段级完整性。

1.8.2 约束

所谓约束，就是条件、规则之意。对于数据库管理系统来说，约束就是保证数据完整性的机制。

例如，学号是唯一且由数字构成的字符串，这是字段级的约束。

要选课（在选修表内插入一条记录），必先有学号（学生信息要预先录入）和课程号（课程信息要预先录入），这是库级的约束。

选课必须在学期开始日期之前完成；学生必须先缴费，才可以选课。这是选课的业务规则。

要注意的是，有实在的意义的规则才是我们所需要的，规则必须在数据的有效性、一致性方面发挥确切有效的作用。例如，“出生年月日必在 1900 年以后及当前日期之前”，用这样的规则去约束学生的出生年月日作用不大。但如果学校要求入学年龄不能超过 30 岁，那便是有意义的规则了。

判断一个约束是否必要，可根据以下几个原则。

（1）可减少输入错误，保证数据的有效性。例如，学号必须是数字构成的字符串，键盘上到处都是字母，很容易在学号输入时不小心输入字母。

（2）规则能够满足用户的需求，是用户提出来的，不是自己硬找出来的。

（3）当指定一个键是主键或外键时，此处隐含了约束。

初步分析选课与成绩管理，可得约束如表 1-32 所示。其中主键约束、外键约束略去。

表 1-32　学生选课与成绩管理中的非主键/外键约束

表	约　束	级别	说　明
学生	“性别”取值为男或女	列级	性别只能有这两种取值，如果为空则不确定，所以这里不允许空
	入学时不可超过 30 岁	表级	这是用户自定义的业务规则，必须有入学时间和出生年月日，由此计算出入学时的年龄，以便与 30 岁比较
	“学号”由 9 个数字字符构成	列级	这也是用户自定义的规则
选修	成绩只能在 0～100	列级	因为很多时候会超出 100，甚至不用数值分而用五级制（优、良、中、差、不及格）未必实用

课程表和选修表暂时看不出有什么十分必要的非主/外键约束。

【练习 1-19】请分析无涯书社图书进销存的表，提出两个有用的约束（主外键约束除外）。

1.9 使用 SQL Server 2008

前面已介绍了数据库的基本概念：库、表、记录、字段、键、数据类型和大小、表间联系、数据的完整性和约束等，但没有经过实际软件的操作，读者难免心存疑虑。本节将带领大家，在真正的数据库平台上，操练我们已学习的知识。

再次强调：操作上尽量不要生搬书本上的内容，而是根据目标、参考书中的提示和联机丛书，使用 1.9.3 小节介绍的通用的操作方法自行完成。

1.9.1　安装

微软公司的软件都比较好安装，SQL Server 2008 亦不例外。但是要注意的是，真正的大型数据库的安装部署是复杂的。

1. 准备

（1）取得 SQL Server 2008 软件。

SQL Server 2008 针对不同的应用需求，设计了多个版本，包括企业版、标准版、工作组版、开发版、学习版、网络版、移动版等。这些版本既有 32 位的，也有 64 位的。本书操练使用企业评估版，该版本有 180 天的免费试用期。

（2）查看计算机是否满足要求，硬件要求如表 1-33 所示。

表 1-33　硬件要求

硬　件	最低要求
CPU	Pentium Ⅲ 1.0GHz 兼容处理器或更高，建议 2.0GHz
内存	企业版、标准版、工作组版、开发版及网络版：最小 512MB，建议 2GB 或更高 学习版：最小 256MB，建议 1GB 或更高
硬盘空间	数据库引擎和数据文件、复制以及全文搜索：280 MB Analysis Services 和数据文件：90 MB Reporting Services 和报表管理器：20MB Integration Services：120MB 客户端组件：850 MB 联机丛书：240 MB
监视器	VGA 或更高分辨率 SQL Server 图形工具要求 1024 像素 × 768 像素或更高分辨率
其他	CD-ROM、DVD-ROM 等，视情况而定

SQL Server 2008 各版本对操作系统的要求有所不同，通常包括：

- 32 位或 64 位操作系统；
- Microsoft.NET Framework 3.5；
- Windows Installer 4.5 或更新；
- IE 6.0 SP1 或更新版本；
- Microsoft 数据访问组件（Microsoft Data Access Compoents）2.8 SP1 或更高。

提示

实际上，详细的安装指导信息可在联机丛书上查到，可以先安装联机丛书。

（3）安装前的准备。

- 用具有本地管理权限的用户账户登录到操作系统，或者给域用户账户指定适当的权限。最简单的是以管理员身份登录。
- 关闭所有和 SQL Server 相关的服务，包括所有使用 ODBC 的服务，如 Microsoft Internet Information Service(IIS)等。

2. 步骤

一切准备就绪，即可启动安装程序。如果安装不能成功，除查阅在线帮助外，更好的办法是进入 www.baidu.com 或 www.google.com 等搜索引擎，把计算机的错误提示键入，搜索问题的解决办法。大多数情况，在网上都可搜到答案。

（1）插入 SQL Server 2008 安装光盘，然后双击根文件夹中的“setup.exe”。SQL Server 2008 要求系统中必须已经安装了 Microsoft.NET Framework 3.5 SP1 和 Windows Installer 4.5。如果没有安装，SQL Server 2008 的安装程序将首先安装它们，安装完成后，再次双击根文件夹中的“setup.exe”，将显示“SQL Server 安装中心”窗口，如图 1-8 所示。

（2）在“SQL Server 安装中心”中单击左侧窗格中的“安装”，在右侧窗格中单击“全新 SQL Server 独立安装或向现有安装添加功能”，如图 1-9 所示。

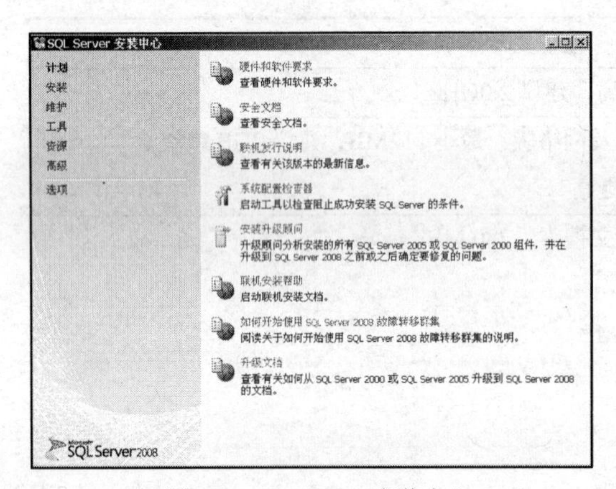

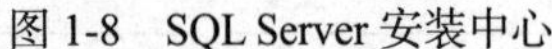
图 1-8　SQL Server 安装中心

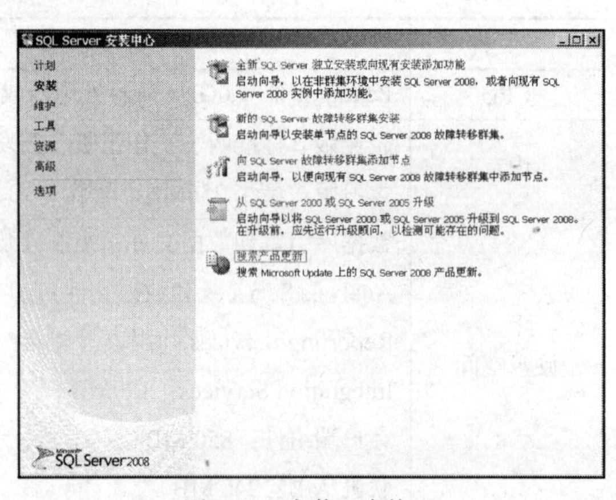

图 1-9　“安装”窗格

（3）显示“安装程序支持规则”窗口，如图 1-10 所示。安装程序支持规则将发现安装过程中可能发生的问题，更正所有失败后，单击“确定”按钮，安装程序将继续。

（4）显示“产品密钥”窗口，如图 1-11 所示。在此可输入产品密钥或选择使用 Enterprise Evaluation 版或 Express 版。这里选择 Enterprise Evaluation 版，单击“下一步”按钮。

（5）显示“许可条款”窗口，如图 1-12 所示。勾选“我接受许可条款”，单击“下一步”按钮。

（6）显示“安装程序支持文件”窗口，如图 1-13 所示。如计算机中尚未安装 SQL Server 2008 必备的组件，将在此安装它们。单击“安装”按钮。

（7）组件安装完成后，将显示“安装程序支持规则”窗口，如图 1-14 所示。此处检查计算机的系统状态，通过后，单击“下一步”按钮。

（8）显示“功能选择”窗口，如图 1-15 所示。此处可选择要安装的组件。对本书的学习内容而言，不需要安装全部组件，可选装一部分，单击“下一步”按钮。

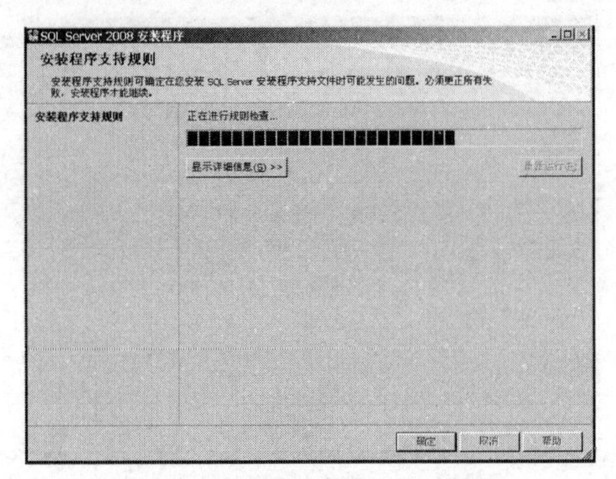

图 1-10　“安装程序支持规则”窗口

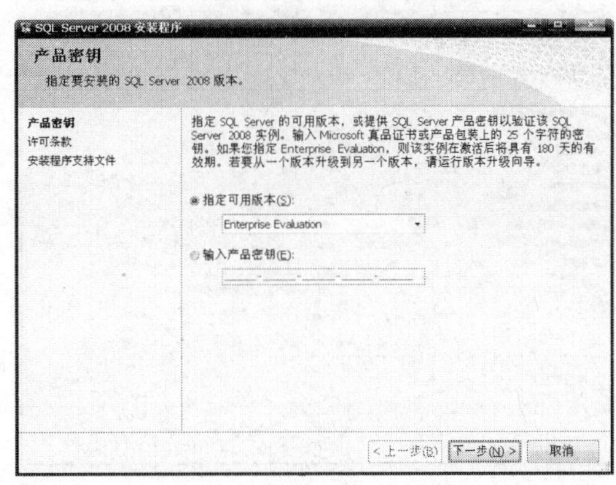

图 1-11　“产品密钥”窗口

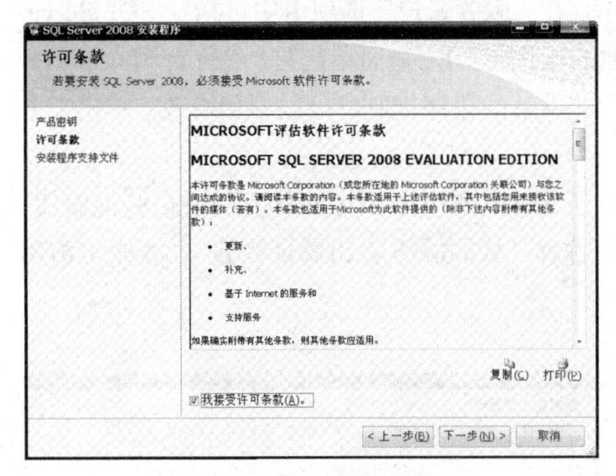

图 1-12　“许可条款”窗口

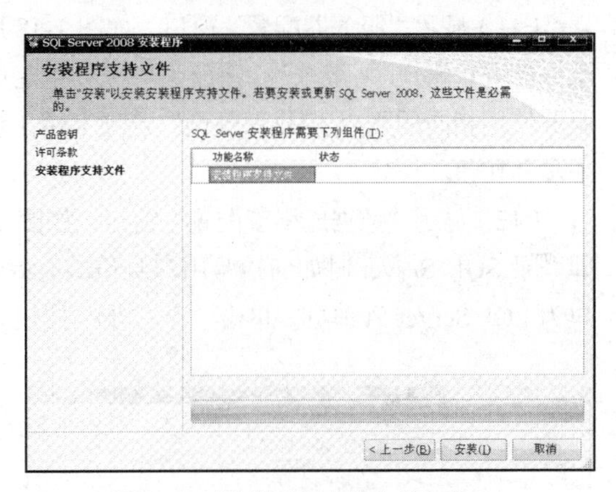

图 1-13　“安装程序支持文件”窗口

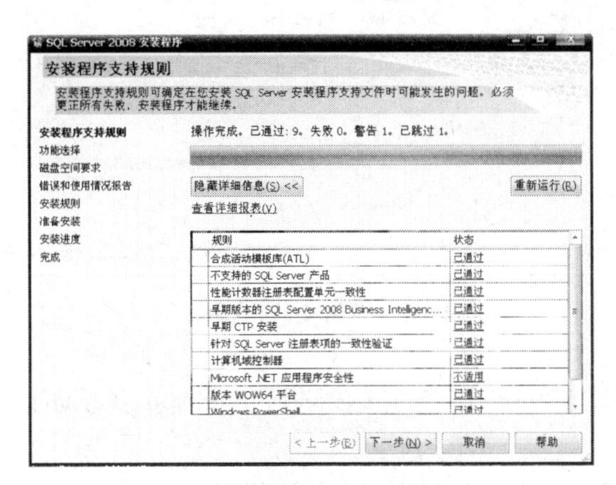

图 1-14　“安装程序支持规则”窗口

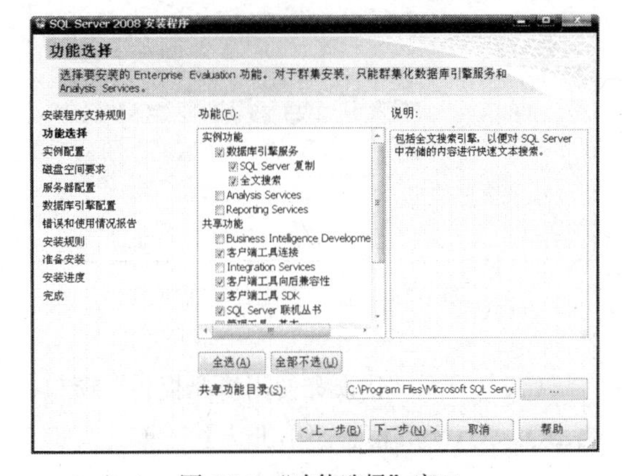

图 1-15　“功能选择”窗口

（9）显示“实例配置”窗口，如图 1-16 所示。此处可指定安装默认实例还是命名实例。选择“默认实例”，单击“下一步”按钮。

（10）显示“磁盘空间要求”窗口，如图 1-17 所示。此处计算安装程序所需要的磁盘空间。单击“下一步”按钮。

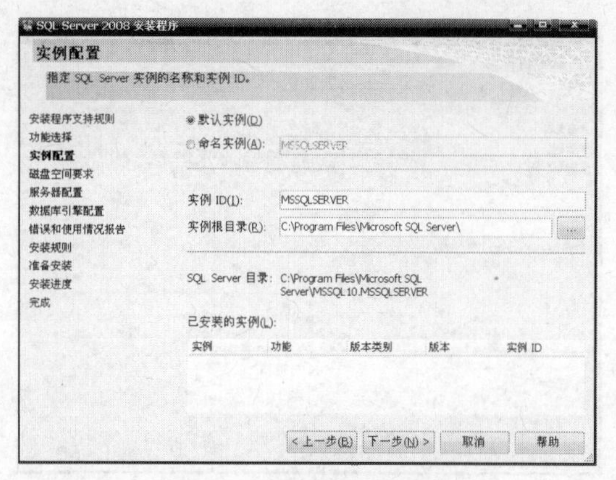

图 1-16 “实例配置”窗口

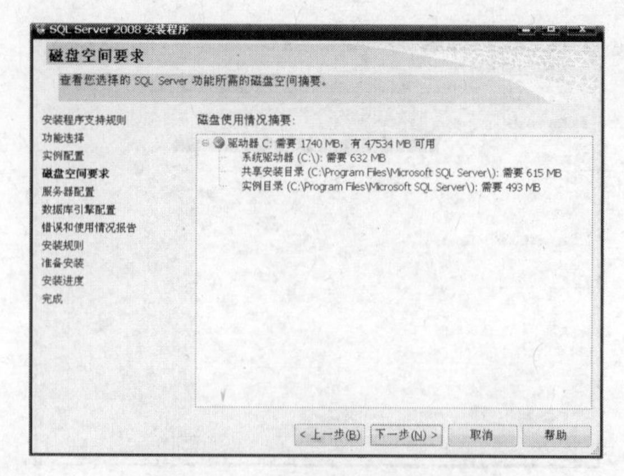

图 1-17 “磁盘空间要求”窗口

（11）显示“服务器配置”窗口，如图 1-18 所示。在“服务账户”选项卡中可指定 SQL Server 服务的登录账户。一般来说，建议为各服务指定单独的账户。这里，为简单起见，对所有 SQL Server 服务使用相同的账户。“排序规则”选项卡用于设置非默认的排序规则，可以不用修改。单击“下一步”按钮。

（12）显示“数据库引擎配置”窗口，如图 1-19 所示。此处选择 SQL Server 的身份验证模式，即登录 SQL Server 时如何检验用户身份的有效性。选择“Windows 身份验证模式”，指定当前用户为 SQL Server 管理员。单击“下一步”按钮。

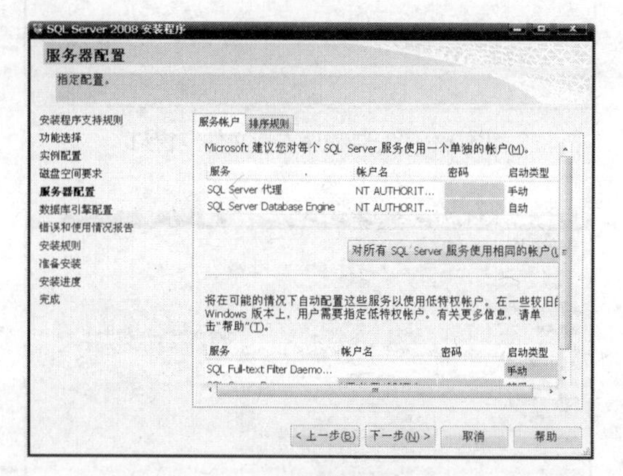

图 1-18 “服务器配置”窗口

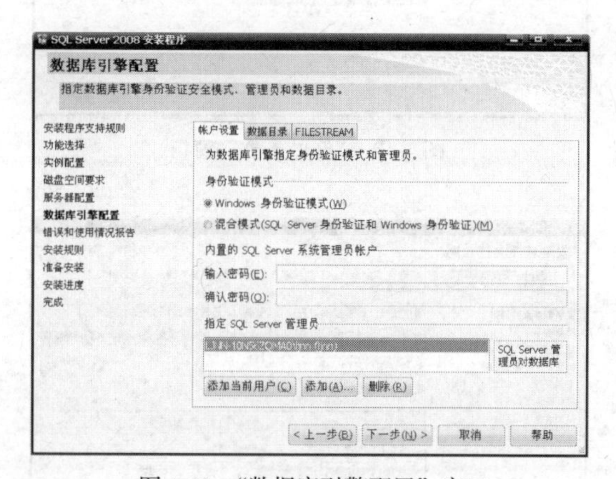

图 1-19 “数据库引擎配置”窗口

（13）显示“错误和使用情况报告”窗口，如图 1-20 所示。指定要发送到 Microsoft 以帮助改善 SQL Server 的信息。单击“下一步”按钮。

（14）显示“安装规则”窗口，如图 1-21 所示。安装程序将再一次检查计算机系统的配置。单击“下一步”按钮。

（15）显示“准备安装”窗口，如图 1-22 所示。如没有问题，单击“安装”按钮。

（16）显示“安装进度”窗口，如图 1-23 所示。安装成功后，将显示如图 1-24 和图 1-25 所示的窗口。单击图 1-25 中的“关闭”按钮，关闭“SQL Server 安装中心”，安装过程结束。

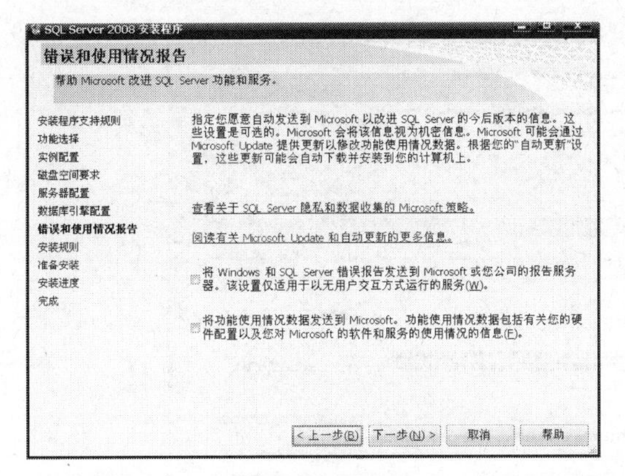

图 1-20　“错误和使用情况报告”窗口

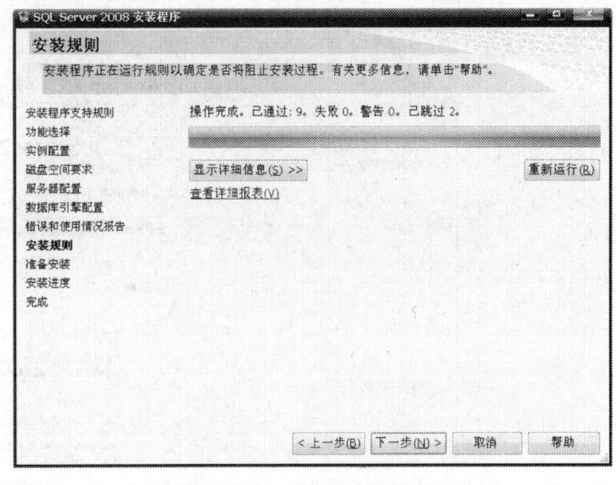

图 1-21　“安装规则”窗口

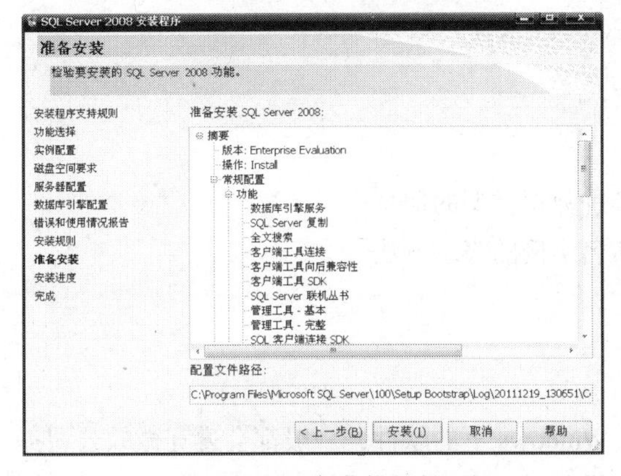

图 1-22　“准备安装”窗口

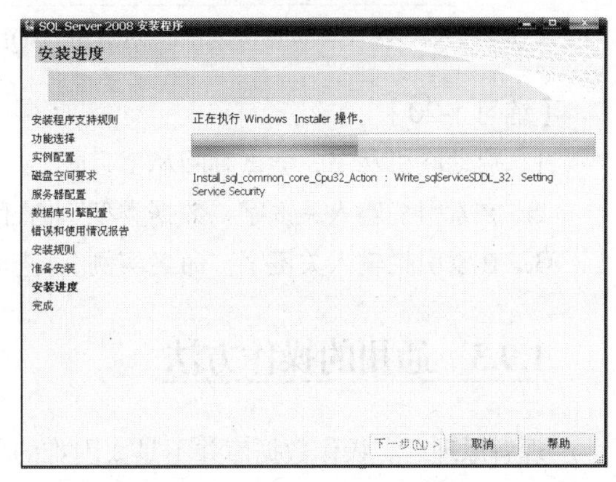

图 1-23　“安装进度”窗口

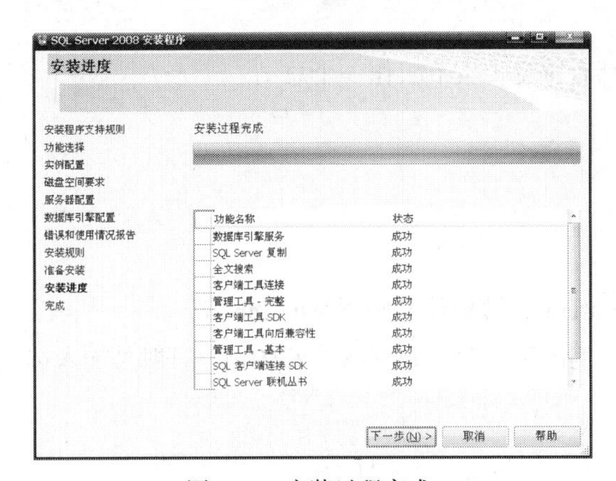

图 1-24　安装过程完成

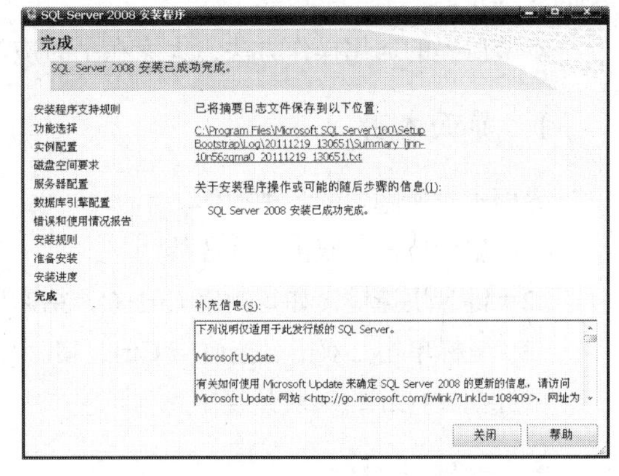

图 1-25　“完成”窗口

1.9.2　使用联机丛书

联机丛书是极其重要的参考资源，一定要学会使用。联机丛书可单独安装。如图 1-26 所示，如想翻阅，可使用“目录”；如果知道关键字，可使用“索引”；如果知道个别字句，可使用“搜索”进行全文检索。

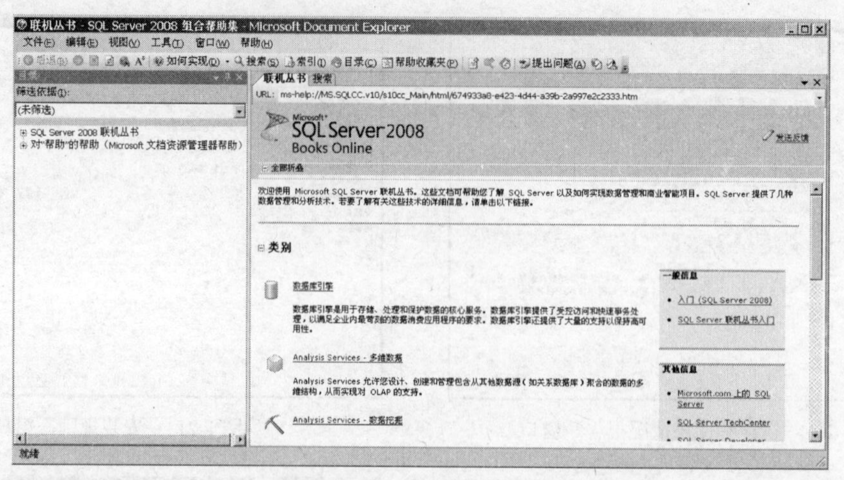

图 1-26　SQL Server 联机丛书

【练习 1-20】

1. 启动联机丛书，尝试翻阅丛书目录。
2. 在索引栏输入关键字“数据类型”，查阅各种数据类型的信息。
3. 在索引栏输入关键字“命名实例”，查阅命名实例的表示方法。

1.9.3　通用的操作方法

理解原理后，操作数据库并不是太困难的事。Windows 下的软件，一般都会遵守微软公司提出的界面标准，操作有规律可循。当需要完成某个任务时，可逐一从下面 4 个方面着手，直到解决问题为止。

本节所提的通用操作方法，大家在平时应该都有感觉，本节权作一个总结。

1. 界面本身

界面本身所隐含的各种操作。

（1）鼠标单击、双击、拖放等。

（2）键盘快捷键，如复制用 Ctrl+C，粘贴用 Ctrl+V，转换任务则用 Alt+Tab 等。

（3）鼠标单击、双击、拖放与 Ctrl、Alt、Shift 键的组合等，如鼠标单击+Ctrl，一般是加入选定；鼠标拖放+Ctrl，一般是复制。

2. 右键菜单

鼠标指向对象，或者单击对象，然后按右键，则在此对象下的常用操作，一般都会在弹出的菜单中出现。

大家务必牢记，右键菜单是 SQL Server Management Studio 工具最常用的操作入口。

3. 工具栏

在工具栏的各个按钮中寻找解决问题的操作入口。这在 SQL Server Management Studio 中，是仅次于右键菜单的操作入口。

4. 菜单栏

浏览菜单栏中各个菜单项，寻找解决问题的操作入口。记住：微软公司的软件，几乎所有操作都可以从菜单栏找到入口，因为“菜单栏包含所有操作”是微软公司的界面标准。

5. 即时帮助

无论正在哪个操作界面，如有疑问，按 F1 键试一试，看能否得到在线帮助。

1.9.4　工具与服务

SQL Server 2008 是基于 Client/Server 架构的关系数据库系统，支持 Transaction SQL 结构化查询语言，是微软公司的主打产品之一。

安装后，在程序组中包含如图 1-27 所示的项目，这些项目在联机丛书中有详细的解释，如图 1-28 所示。

图 1-27　安装后程序组中的项目

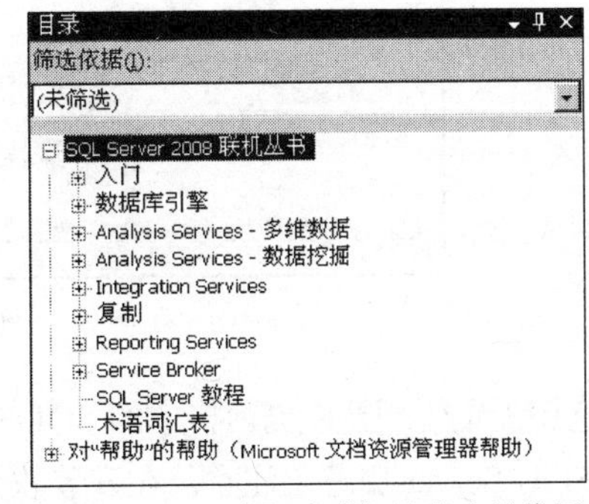

图 1-28　工具介绍在联机丛书中的位置

其中，SQL Server Management Studio 将早期版本 SQL Server 中包含的企业管理器和查询分析器的各种功能，组合到一个单一的环境中。SQL Server Management Studio 提供了图形界面来操纵各种数据库对象，可完成诸如建库、建表、输入数据、数据的备份与恢复等任务，同时，也可以运行各种 T-SQL 代码，是数据库管理员最常用的客户端工具。启动 SQL Server Management Studio，选择要连接的服务器类型、服务器名称和身份验证方式后，单击“连接”按钮（见图 1-29），即可打开 SQL Server Management Studio（见图 1-30）。

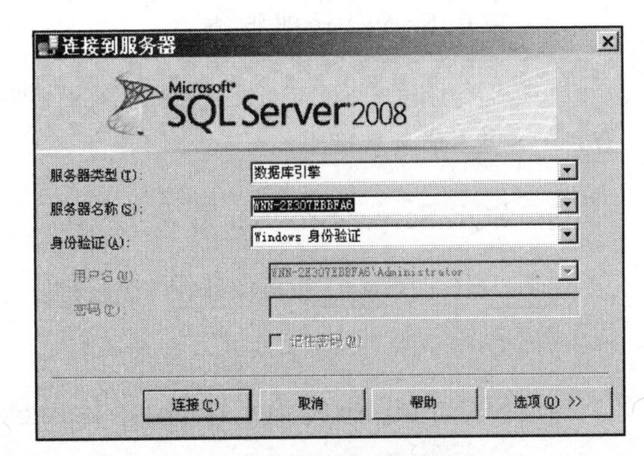

图 1-29　连接到服务器

【练习 1-21】尝试运行各个工具。

SQL Server 配置管理器可用于启动、停止和暂停服务器上的 SQL Server 2008 组件，以及配置 SQL Server 使用的网络协议。可指示是否在操作系统启动时自动启动相应的服务。图 1-31 所示为 SQL Server 配置管理器的界面。

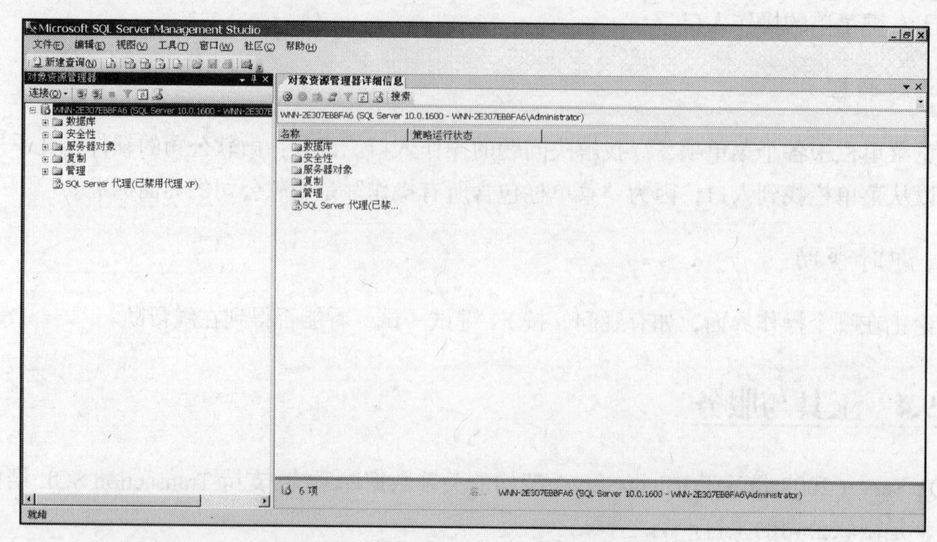

图 1-30　SQL Server Management Studio

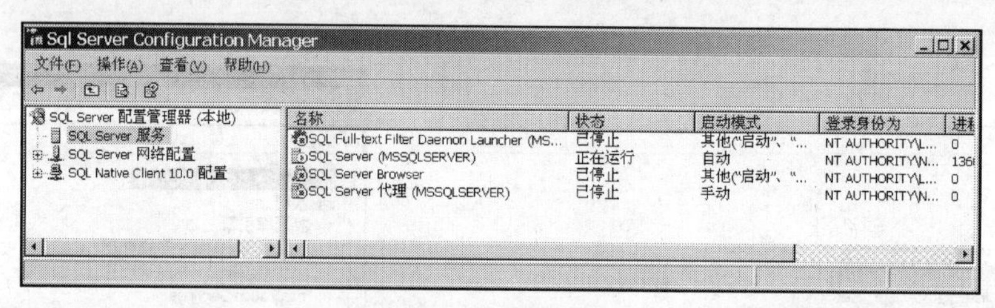

图 1-31　配置管理器

选中配置管理器左侧窗格中的 SQL Server 服务，在右侧窗格中将显示当前服务器中已安装的各种 SQL Server 服务（注意，在安装软件时选装的组件不同，这里能看到的服务也不同）。其中的服务有以下几项。

1. SQL Server 服务

实现 SQL Server 数据库引擎。在计算机上运行的每个 SQL Server 实例都有一个 SQL Server 服务，且可以同时运行。图 1-31 表示默认实例的 SQL Server 服务正在运行。

2. SQL Server 代理服务

实现运行调度的 SQL Server 管理任务的代理程序。在计算机上运行的每个 SQL Server 实例都有一个 SQL Server 代理服务。

3. SQL Server Browser 服务

SQL Server Browser 服务保证在一个物理服务器上有多个 SQL Server 实例时，客户端能访问到正确的实例。

4. SQL Full-text Filter Daemon Launcher 服务

SQL Full-text Filter Daemon Launcher 服务用于全文检索。

1.9.5　注册服务器

通过 SQL Server Management Studio 可完成绝大部分数据库管理任务。SQL Server Management Studio 可管理本机的数据库服务器或网络上其他的数据库服务器。服务器必须先在 SQL Server Management Studio 中注册，才可进行管理。所谓注册即把连接做好，起个名称，记录在 SQL Server Management Studio 内，SQL Server Management Studio 启动时即可运行连接。

一般安装程序会把实例注册好，如果有问题，可启动 SQL Server Management Studio 重新设置。注册服务器的步骤如下。

（1）启动 SQL Server Management Studio，在“视图”菜单下选择“已注册的服务器”，如图 1-32 所示，打开“已注册的服务器”窗口。

图 1-32　选择“已注册的服务器”

（2）选中“Local Server Groups”，右键单击，选择“新建服务器注册”（见图 1-33），系统弹出如图 1-34 所示的对话框。在“服务器名称”中输入名称，选择身份验证方式。“测试”按钮用于测试服务器是否连接成功。测试成功后，单击“保存”按钮即可。

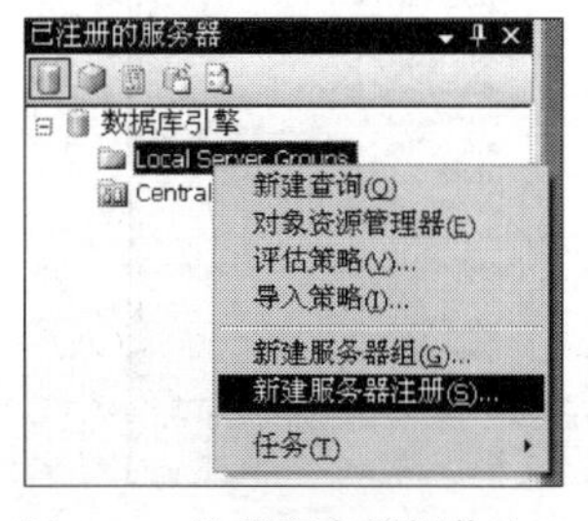

图 1-33　注册服务器操作入口

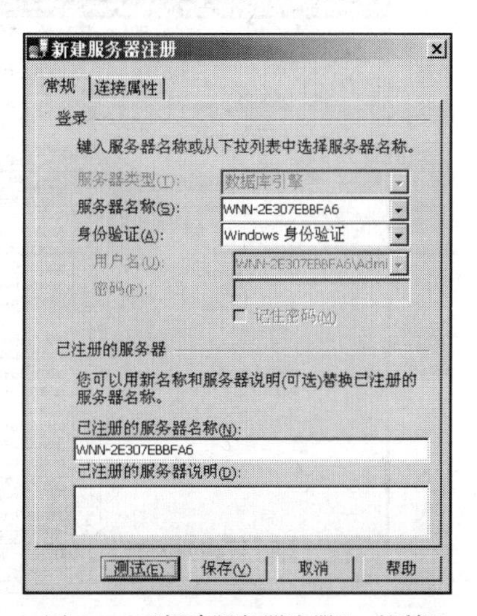

图 1-34　“新建服务器注册”对话框

1.9.6 数据库简介

1. 数据库中的对象

回顾以前的理论知识：数据库中不仅仅有数据，还有管理规章等。在 SQL Server Management Studio 中展开目录，可看到数据库管理系统中包含了大量的内容，其中最重要的是数据库，数据库内主要包含以下几种数据库对象：

（1）表（Table）;
（2）索引（Index）;
（3）视图（View）;
（4）默认（Default）;
（5）自定义数据类型（User Defined Datatype）;
（6）自定义函数（User Defined Function）;
（7）约束（Constraints）;
（8）存储过程（Store Procedures）;
（9）触发器（Trigger）。

2. 文件

SQL Server 2008 数据库以文件形式存放物理数据，一个数据库至少有两个文件，一个是数据库文件，保存常规数据；另一个是日志文件，保存数据库管理系统对数据库的操作，如创建数据库对象、插入数据、修改数据、删除数据等。日志文件的扩展名为“.ldf”。

【练习 1-22】如有兴趣，可查看事务日志到底记录了一些什么。如图 1-35 所示，打开 SQL Server 2008，单击窗口左上方的“新建查询”按钮，在代码编辑窗口中键入：DBCC log(Master)，然后按 F5 键运行，便可看到 Master 库的日志内容。

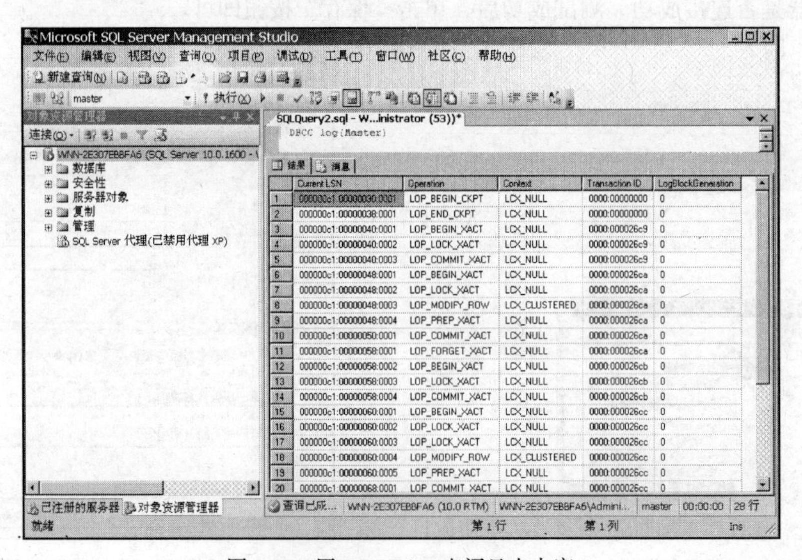

图 1-35　用 DBCC log 查阅日志内容

一个数据库可以有一个或多个数据库文件，但一个文件只能属于一个数据库。数据库文件中，必有一个定义为主数据库文件（Primary Database File），扩展名为“.mdf”，它用来存储数据库的启动信息以及部分或全部数据。一个数据库只能有一个主数据库文件。其他数据称为次数据库文件（Secondary Database File），扩展名为“.ndf”，用来存储主数据库文件没有存储的数据。采用多个数据库文件来存储数据的优点是：可以通过增加文件来方便地扩充存储空间；可将文件分散在各个磁盘，达到并行存储提高性能的目的。

文件可组合在一起形成文件组（File Group），文件组亦分为主文件组（Primary File Group）和次文件组（Secondary File Group）。一个文件只能属于一个文件组，一个文件组只能属于一个数据库。

3. 系统数据库

SQL Server 2008 中，数据库分为两类：系统数据库和用户数据库。系统数据库和数据库系统的运行息息相关，最好不要在系统数据库中定义用户表之类的对象。

SQL Server 2008 启动后，会看到 4 个系统数据库。表 1-34 列出了这 4 个系统数据库的文件名称。

表 1-34　　系统和样本库及其文件

数据库	数据库文件	日志文件
主系统库：master	Master.mdf	Mastlog.ldf
模板库：model	Model.mdf	Modellog.ldf
临时库：tempdb	Tempdb.mdf	Templog.ldf
代理服务库：msdb	Msdbdata.mdf	Msdblog.ldf

（1）master 数据库。master 数据库记录 SQL Server 系统的所有系统级别信息。它记录所有的登录账户和系统配置设置。master 数据库是这样一个数据库，它记录所有其他的数据库，其中包括数据库文件的位置。master 数据库记录 SQL Server 的初始化信息，它始终有一个可用的最新 master 数据库备份。

（2）tempdb 数据库。tempdb 数据库保存所有的临时表和临时存储过程。它还满足任何其他的临时存储要求，如存储 SQL Server 生成的工作表。tempdb 数据库是全局资源，所有连接到系统的用户的临时表和存储过程都存储在该数据库中。tempdb 数据库在 SQL Server 每次启动时都重新创建，因此该数据库在系统启动时总是干净的。临时表和存储过程在连接断开时自动除去，而且当系统关闭后将没有任何连接处于活动状态，因此 tempdb 数据库中没有任何内容会从 SQL Server 的一个会话保存到另一个会话。

在默认情况下，在 SQL Server 运行时 tempdb 数据库会根据需要自动增长。不过，与其他数据库不同，每次启动数据库引擎时，它会重置为其初始大小。如果为 tempdb 数据库定义的大小较小，则每次重新启动 SQL Server 时，将 tempdb 数据库的大小自动增加到支持工作负荷所需的大小，这一工作可能会成为系统处理负荷的一部分。为避免这种开销，可以使用 ALTER DATABASE 语句增加 tempdb 数据库的大小。

（3）model 数据库。model 数据库用作在系统上创建的所有数据库的模板。当发出 CREATE DATABASE 语句时，新数据库的第一部分通过复制 model 数据库中的内容创建，剩余部分由空页填充。由于 SQL Server 每次启动时都要创建 tempdb 数据库，model 数据库必须一直存在于 SQL Server 系统中。

（4）msdb 数据库。msdb 数据库供 SQL Server 代理程序调度警报和作业以及记录操作员时使用。

1.9.7 创建数据库

下面演示如何在 SQL Server Management Studio 中建立数据库“学生选课与成绩管理”，其中主数据库文件是：D:\LearningRDB\学生选课与成绩管理.mdf，日志文件是：D:\LearningRDB\学生选课与成绩管理_log.ldf。注意，在真正的数据库应用中，数据文件和日志文件不应该放在同一个物理磁盘，以免磁盘损坏时同时受损，并且这样做还可以提高性能。现在为方便操练而放在同一个文件夹中。

操作步骤如下。

（1）启动 SQL Server Management Studio，展开要创建数据库的实例。

（2）如图 1-36 所示的右键菜单中，选择“新建数据库（N）...”命令。

（3）如图 1-37 所示，为数据库命名为“学生选课与成绩管理”，填入预想好的数据库文件。

注意

位置可以通过单击其内的...按钮，在随后弹出的对话框中选定路径。

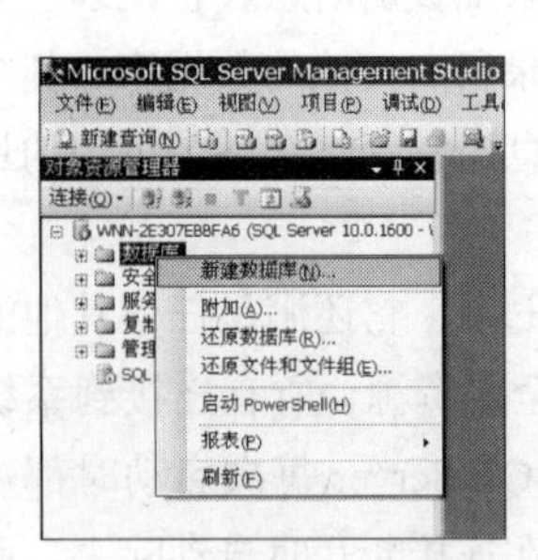

图 1-36　新建数据库操作入口

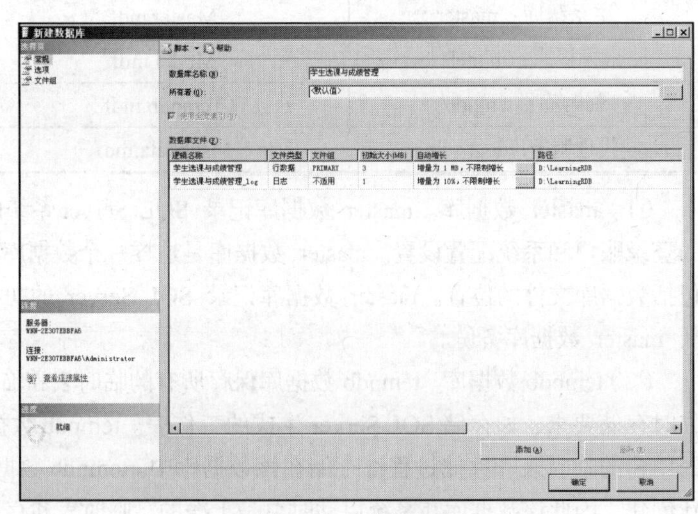

图 1-37　为数据库命名

数据库在运行过程中，文件可能需要不断地增大，以保存不断增加的数据，那到底如何增长呢？是自动还是手工？在默认情况下，数据库会使文件自动增长，以减少日常维护的工作量。图 1-37 所示为默认值，对于我们用于操练的数据库，这已足够。同时从图中亦可看到，可以为数据库添加多个文件，并把文件归入某个文件组，而文件组的名称可以自己定。

（4）单击“确定”按钮，完成数据库的创建。

以上步骤完成后，如图 1-38 所示，可在 SQL Server Management Studio 的对象资源管理器窗口中看到“学生选课与成绩管理”数据库，同时，在 D:\LearningRDB 文件夹内看到“学生选课与成绩管理.mdf”和“学生选课与成绩管理_log.ldf”两个文件。

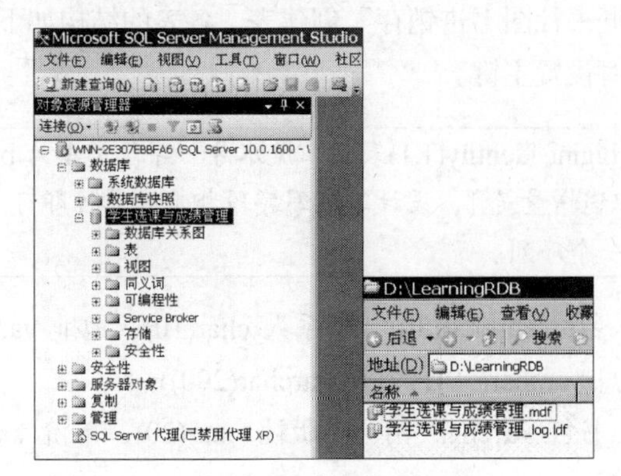

图 1-38　数据库创建之后的情形

【练习 1-23】请在可以支配的有足够空闲空间的盘区上建立自己的文件夹，以文件“无涯书社图书进销存.mdf”和“无涯书社图书进销存_Log.ldf”创建数据库“无涯书社图书进销存”，并保存在自己的文件夹内。

1.9.8　创建表

在 SQL Server Management Studio 中，展开新建的数据库“学生选课与成绩管理”，用鼠标右键单击条目“表”，在弹出的快捷菜单中选择“新建表...”命令（见图 1-39），则弹出如图 1-40 所示的表设计器，在此可以逐一建立表的每一个字段，填入字段名，选择字段的类型，设置大小以及是否为空，如有必要的话，还可在其下边的卡片内，设置字段的各种属性。

图 1-41 所示为设置主键的方法。如要对多个字段设置主键，可把那些字段依次置于一起，然后再设置。或者进入“索引/键...”对话框进行设置。工具栏上亦有相应的完成主键设置功能的按钮。设计中途或完成后，保存，在命名对话框中填入“学生”。整个设计完成后，保存，关闭数据库。

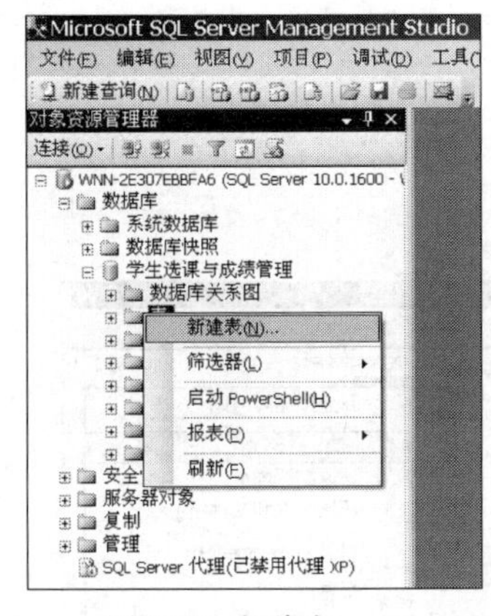

图 1-39　新建表

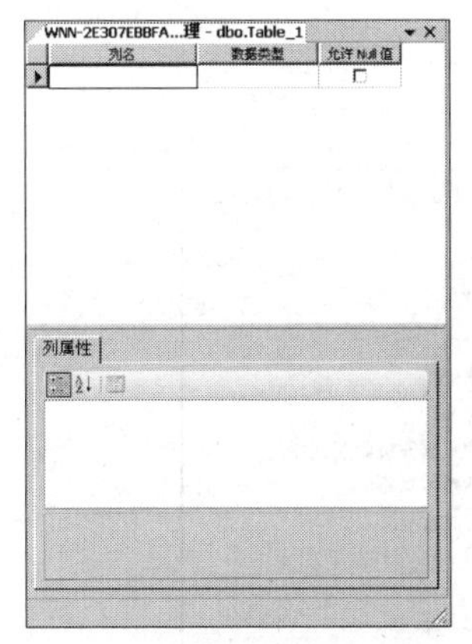

图 1-40　表设计器

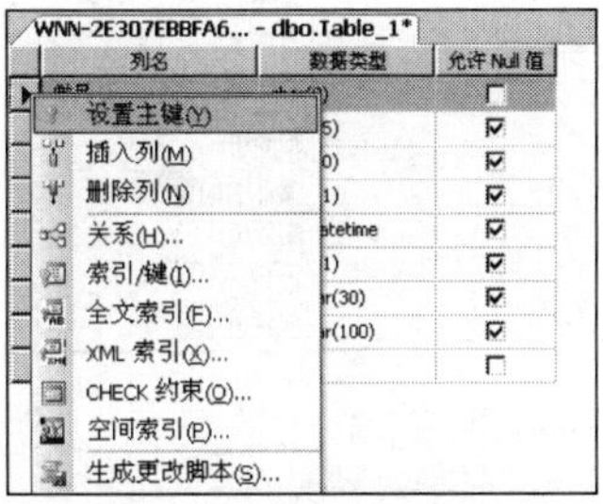

图 1-41　设置主键

对于已有的表，如果想修改设计，可展开数据库，在表的列表中，找到想修改的表，用鼠标右键单击，从弹出的快捷菜单中选择“设计”命令，进入设计界面。

【练习 1-24】为“无涯书社图书进销存”创建表。各表的结构如下所示，请以正确的字段类型和大小创建各个表，同时设置主键。

其中流水号 bigint identity(1,1)表示“流水号”字段类型为 bigint，并且是标识，标识的种子是 1，标识递增量是 1，设计时填写字段相应的属性即可。这种类型的值自动填充为 1,2,3,4,…这样一个序列。

供应商(编号 char(3)，名称 varchar(30)，联系人 char(10)，地址 varchar(30)，电话 char(12)，邮编 char(6)，其他联络信息 varchar(50)，备注 varchar(200))

图书(ISBN char(13)，书名 varchar(30)，出版社 char(20)，单价 smallmoney，当前销售折扣 decimal(3,1))

销售(流水号 bigint identity(1,1)，ISBN char(13),数量 int,销售单价 smallmoney,销售时间 datetime)

进货单据(单号 char(6),进货日期 datetime,供应商编号 char(3),经办人 char(10))

进货明细(进货单号 char(6),明细号 smallint,ISBN char(13),数量 int,进货单价 money)

1.9.9 库的分离与附加

数据库文件不可以简单地拷贝取走，但可通过数据库的分离与附加来移动数据库，以便在不同的位置学习。例如，上完课后，分离数据库，压缩后拷贝取走，下次上课时，再拷入计算机，解压附加。图 1-42 所示为分离数据库的操作入口。

图 1-43 所示为附加数据库的操作入口，单击“附加”菜单，弹出“附加数据库”窗口（见图 1-44），单击其中的“添加”按钮，在接下来的对话框中，选择需要附加的数据库的主文件即可，如图 1-45 所示。

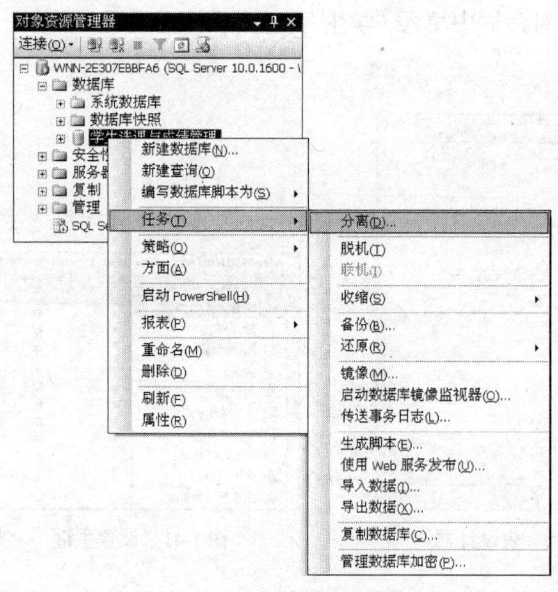

图 1-42 分离数据库的操作入口

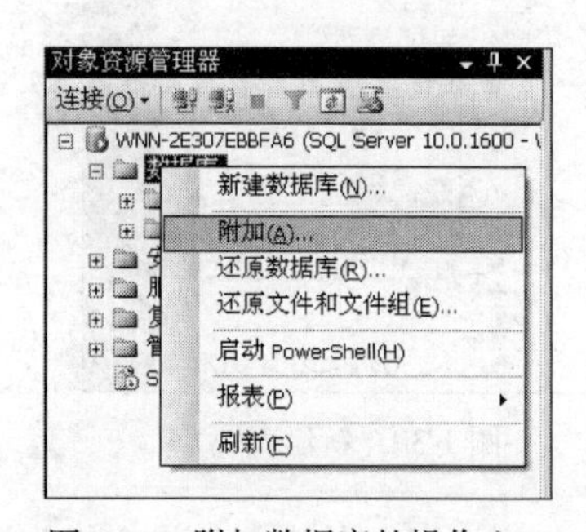

图 1-43 附加数据库的操作入口

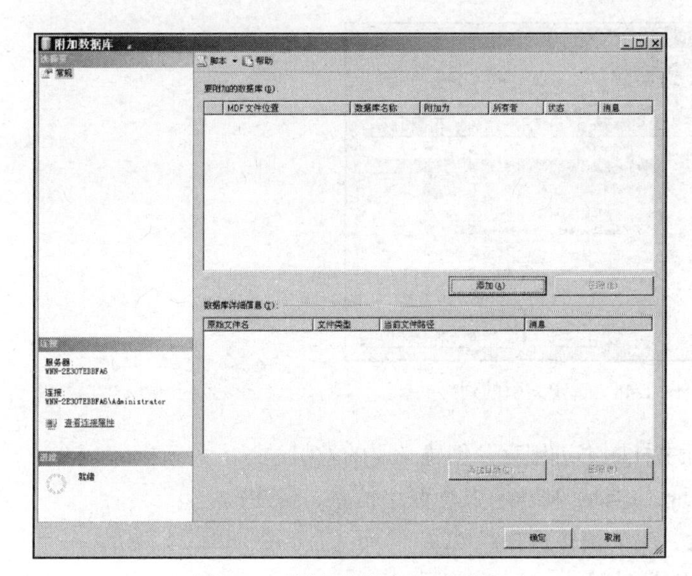

图 1-44　“附加数据库”对话框

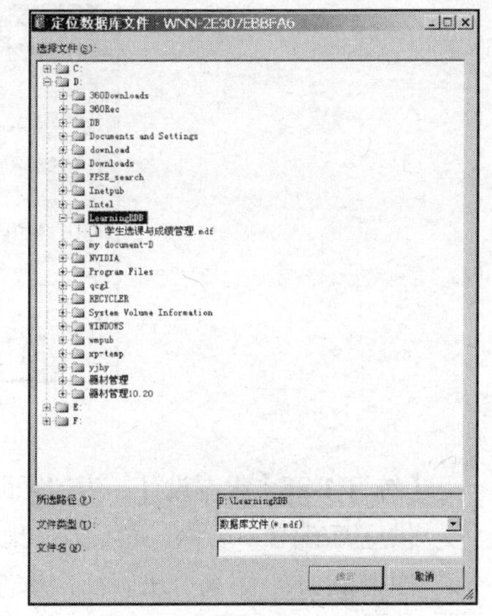

图 1-45　选择需要附加的数据库的主文件

（1）数据库文件内一般有较多的空白，压缩后文件一般会明显减小。

（2）附加时，可以修改数据库的名称，如将“学生选课与成绩管理”改为“学生选课与成绩”。

1.9.10　创建索引

打开 SQL Server Management Studio，在对象资源浏览器中展开相应的表，选择索引目录，打开右键菜单，选择“新建索引”命令（见图 1-46），进入如图 1-47 所示“新建索引”窗口。输入索引的名称，单击“添加”按钮，选择在表的哪些列上建立索引即可，如图 1-48 所示。学生表创建主键学号时系统自动生成聚集主键索引。

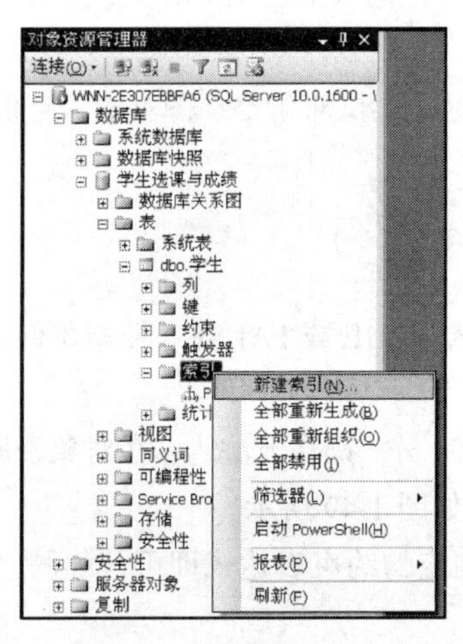

图 1-46　“新建索引”入口

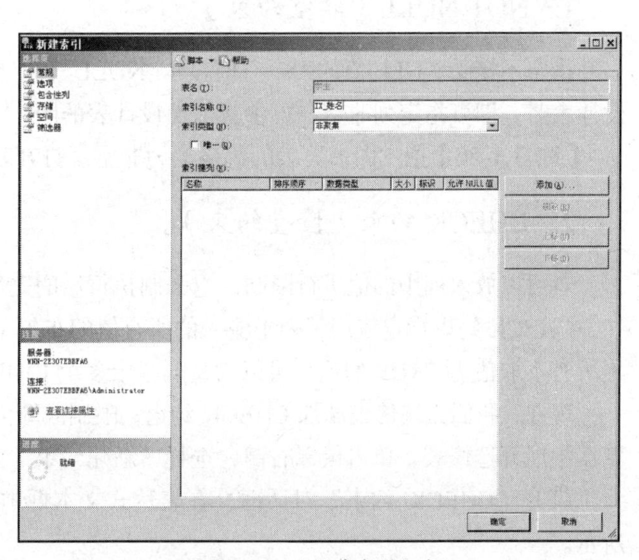

图 1-47　“新建索引”窗口

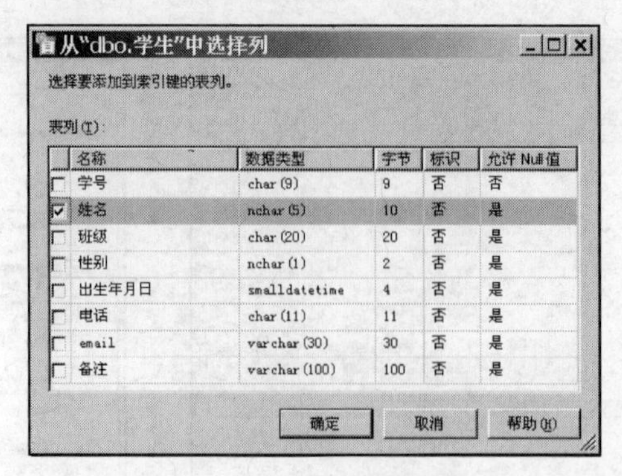

图 1-48　选定索引的列

【练习 1-25】根据设计，为“无涯书社图书进销存”创建必要的索引。

供应商(编号，名称，联系人，地址，电话，邮编，其他联络信息，备注)

图书(ISBN，书名，出版社，单价，当前销售折扣)

销售(流水号，数量，销售单价，销售时间)

进货单据(单号，进货日期，供应商编号，经办人)

进货明细(进货单号，明细号，ISBN，数量，进货单价)

看看哪些字段查询得多，如供应商的名称、电话；图书的书名、单价、销售表的销售数量；进货单据的进货日期等。

1.9.11　实施约束

在前面我们讲到为保证数据的完整性，数据库系统会提供约束机制。SQL Server 2008 支持 5 类约束。

1. NOT NULL（非空约束）

指定不接受 NULL 值的列。空值显示<NULL>，但是要注意，输入空值用 Ctrl+0 组合键。在设计表时，即可指定列非空，可参看前面设计表的图。

【练习 1-26】把“图书”表的价格改为非空。打开表的数据，尝试对价格、图书输入空值。

2. CHECK 约束（检查约束）

对可以放入列中的值进行限制，以强制执行域的完整性。

CHECK 约束指定应用于列中输入的所有值的布尔（取值为 TRUE 或 FALSE）搜索条件，拒绝所有不取值为 TRUE 的值。可以为每列指定多个 CHECK 约束。

现在，我们为选修表添加 CHECK 约束，限制成绩为 0～100 分。操作方法为：在对象资源浏览器中展开选修表，单击鼠标右键，选择“新建约束”命令，如图 1-49 所示。

打开“CHECK 约束”对话框，在表达式文本框中输入相应的约束表达式即可，如图 1-50 所示。

对话框中有几个复选框，解释如下。

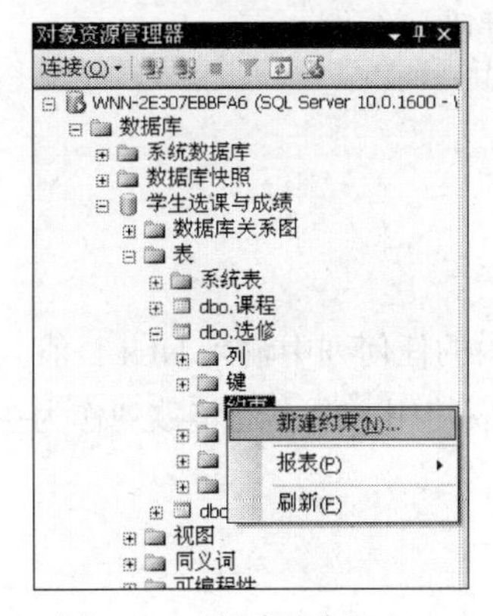

图 1-49　“新建约束”入口

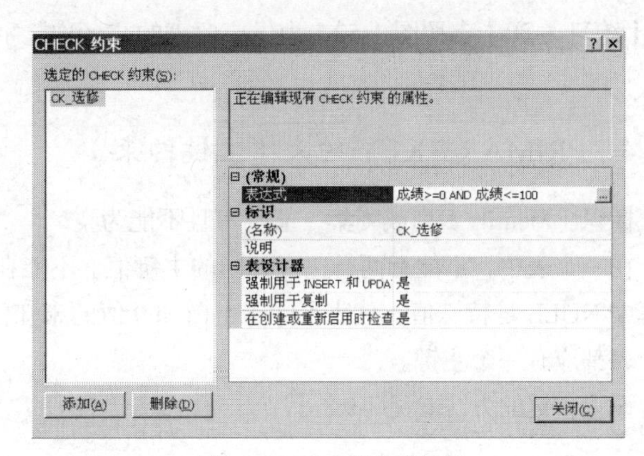

图 1-50　对成绩实施约束

在创建或重新启用时检查现有数据：选择该选项将确保根据约束对表中所有在创建该约束前存在的数据进行验证。

强制用于复制：在将表复制到另一个数据库中时强制该约束。

强制用于 INSERT 和 UPDATE：在将数据插入表中或更新表中的数据时强制该约束。

这些信息是通过单击对话框上的“帮助”按钮得到的。

【练习 1-27】限定供应商“邮编”，使其只能接收 0～9 的数字输入。

使用“邮编 like'[0-9][0-9][0-9] [0-9][0-9][0-9]'”表达式。

3. UNIQUE 约束（唯一值约束）

在表的列集内强制执行值的唯一性。对于 UNIQUE 约束中的列，表中不允许有两行包含相同的非空值。主键也强制执行唯一性，但主键不允许空值。

对课程表中的课程名列实施 UNIQUE 约束的操作方法为：打开课程表的设计视图，右键单击“索引/键”命令，如图 1-51 所示。弹出“索引/键”对话框，在“类型”中选择“唯一键”，在“列”中选择“课程名”，修改约束的名称即可，如图 1-52 所示。

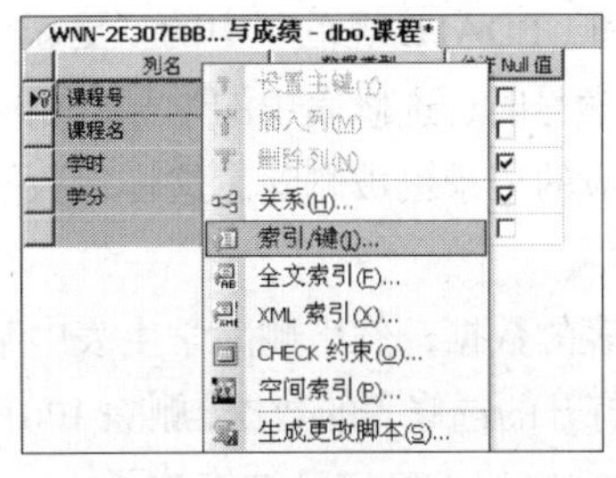

图 1-51　“索引/键”操作入口

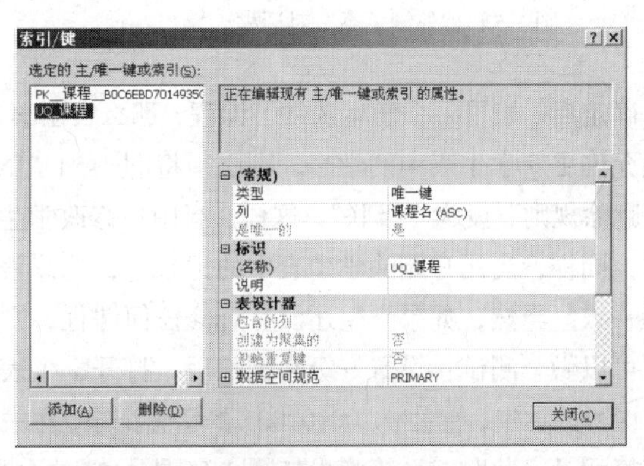

图 1-52　为课程名列实施 UNIQUE 约束

【练习 1-28】参照图 1-52，为供应商表的“名称”字段创建唯一约束。

4. PRIMARY KEY 约束（主键约束）

标识（Identity）列或列集，值唯一且不能为空。

在一个表中，不能有两行包含相同的主键值。不能在主键内的任何列中输入 NULL 值。在数据库中 NULL 是特殊值，代表不同于空白和 0 值的未知值。建议使用一个小的整数列作为主键。每个表都应有一个主键。

设置主键的方法参见 1.9.8 小节。

5. FOREIGN KEY 约束（外键约束）

标识表之间的关系，外键字段的值预先存在于被引用的主键字段。

这里，我们以为选修表创建外键为例进行讲解。选修表中，学号列为外键，参照学生表的主键学号。打开对象资源浏览器，展开“选修—键”目录。右键单击“新建外键”命令，如图 1-53 所示。

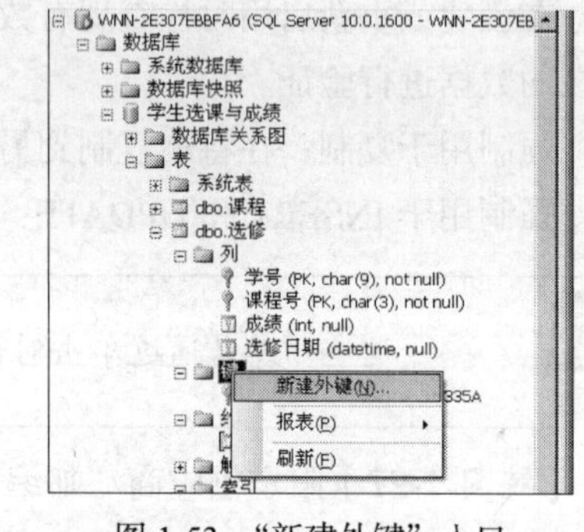

图 1-53 “新建外键”入口

打开“外键关系”对话框，如图 1-54 所示。单击“表和列规范”右边的 ... 按钮，打开“表和列”对话框，如图 1-55 所示。选择主键表和外键表中对应的列即可。

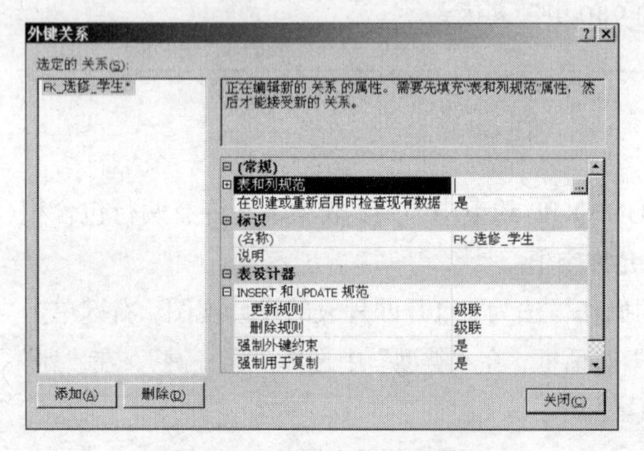

图 1-54 “外键关系”对话框

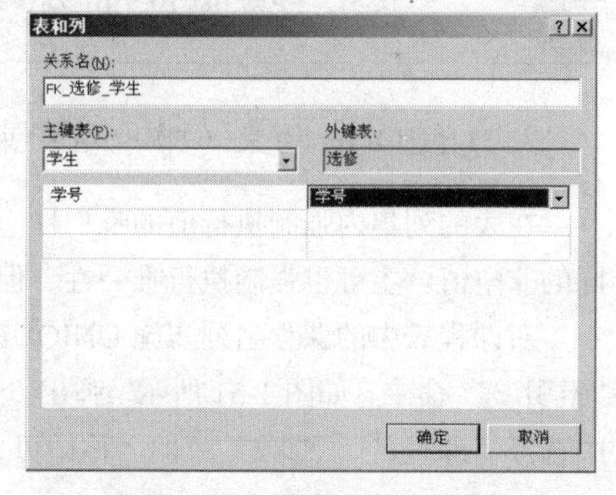

图 1-55 “表和列”对话框

确定后，如果一个学生选修了课程，那么，在学生表中，其学号便不可以随意修改和删除了。如想允许更新学生表中的学号，则必须将图 1-54“INSERT 和 UPDATE 规范”中的“更新规则”和“删除规则”设为“级联”。这样，当用户修改学生表中的学号时，选修表中的学号也相应得到修改，同样，当用户删除学生表中的记录时，选修表中的相应的记录也被删除。这样，数据还是保持一致。当然，如果学生还没有选修任何课程，则不受此限。

可以做个测试：设置好级联删除后，打开学生表和选修表的数据，然后删除学生表中某个选修了课程的学生，如学号 100101001 的学生记录，再去到原来打开的选修表的数据，删除 100101001 的选修记录，此时，系统弹出如图 1-56 所示的对话框，表明选修记录确实已被修改了。

【练习 1-29】

1. 为“无涯书社图书进销存”创建关系图，自己可适当起一个名称。

2. 实施“无涯书社图书进销存”中的主外键约束，为单据和单据明细之间的主外键约束实施级联删除和级联更新，其他约束只实施联级更新。

3. 输入“无涯书社图书进销存”各表的数据。

4. 针对进货单据表和进货明细表，尝试验证外键约束。

（1）已实施级联更新和级联删除时，尝试把进货单号“000001”改为“123456”，查看明细表中是否也已修改。然后再从进货单表中删除该单，查看明细表中是否也被删除。

（2）取消级联更新和级联删除，但实施参照完整性（即创建两表关系，把表联结上），尝试把进货单号“000003”改为“345678”，看看是否可行；尝试删除之，看看是否可行。

（3）取消关系，再做（2），看是否可行。

Microsoft SQL Server Management Studio

未删除任何行。

试图删除行 1 时发生问题。
错误源：Microsoft.SqlServer.Management.DataTools。
错误消息：自从上次检索数据后，更新的行已被更改或删除。

请更正错误并重试删除该行，或按 Esc 取消更改。

确定

图 1-56　删除已删除记录时的提示

无涯书社图书进销存

图书表

ISBN	书　名	出版社	单价	当前销售折扣
7-115-08115-6	数据库系统概论	清华大学出版社	40.30	9
7-115-08216-6	大学英语	人民邮电出版社	20.00	8
7-302-09285-0	网页制作与设计	清华大学出版社	23.00	8
7-5024-3117-9	计算机网络与应用基础	冶金工业出版社	16.50	8
7-5045-3903-1	SQL Server 2008 标准教程	中国劳动社会保障出版社	35.80	7
8-4066-2901-3	数据结构	科学出版社	29.20	9
8-589-78969-5	高等数学	高等教育出版社	30.00	9
8-689-06576-5	自动化原理	电子工业出版社	25.80	9

进货单据表

单　号	进货日期	供应商编号	经办人
000001	2011-1-2	101	陈　红
000006	2011-6-1	103	林志聪
000003	2011-3-4	102	欧阳志琴
000004	2011-4-6	103	金孙博
000008	2011-6-30	104	欧阳志琴
000007	2011-6-25	104	孙晓红
000005	2011-5-18	103	胡勇锋
000002	2011-2-4	101	陈　红

进货明细表

进货单号	明细号	ISBN	数　量	进货单价
000001	1	7-115-08115-6	10	28
000001	2	7-115-08216-6	10	12
000002	1	7-302-09285-0	15	15
000003	1	7-5024-3117-9	15	8
000003	2	7-5045-3903-1	5	20
000004	1	7-115-08115-6	10	28
000005	1	7-5045-3903-1	5	20
000006	1	8-4066-2901-3	15	26
000006	2	8-589-78969-5	15	23
000006	3	8-689-06576-5	10	23
000007	1	7-5045-3903-1	10	20
000008	1	8-4066-2901-3	30	23

销售表

ISB N	数　量	销售单价	销售时间
7-115-08115-6	5	36.27	2011-2-1
7-115-08115-6	2	36.27	2011-2-25
7-115-08115-6	3	36.27	2011-4-1
7-115-08216-6	2	16.00	2011-3-20
7-5045-3903-1	5	25.06	2011-5-1
7-5045-3903-1	5	25.06	2011-6-1
8-589-78969-5	3	27.00	2011-6-30
8-689-06576-5	5	23.22	2011-7-2
7-115-08115-6	3	36.00	2011-7-10
7-115-08216-6	5	16.00	2011-7-19

供应商表

编号	名　称	联系人	地　址	电　话	邮编	其他联络信息	备注
101	新华书店	陈旺兴	广州北京南路12号	020-88836256	510000	QQ 8643259	
102	南华书店	李心怡	广州北京南路123号	020-87814556	510000	FAX 88754621	
103	科技书店	司徒王灵	深圳大梅沙二街5号	0755-83762495	518031	QQ 56987365	
104	青年书店	张　清	深圳小梅沙二街30号	0755-83789556	518031	小灵通号码 86256789	将要迁移

续表

编号	名　称	联系人	地　址	电　话	邮编	其他联络信息	备注
105	创新书店	欧阳志雄	佛山市禅城区汾江中路 120 号	0757-85478925	528200	小灵通号码 87884256	将要迁移

1.10 小结

本章介绍了数据库的基本概念：库、表、记录、字段、键、数据类型和大小、表间联系、数据的完整性和约束等，在有所理解和思考之后，使用 SQL Server 加以操练，以便更深入地理解关系数据库，同时学会一些 SQL Server 的基本操作方法。

回顾本章内容，图 1-5 所示的数据库系统，可以具体化为图 1-57 所示的基于 SQL Server 的数据库系统。

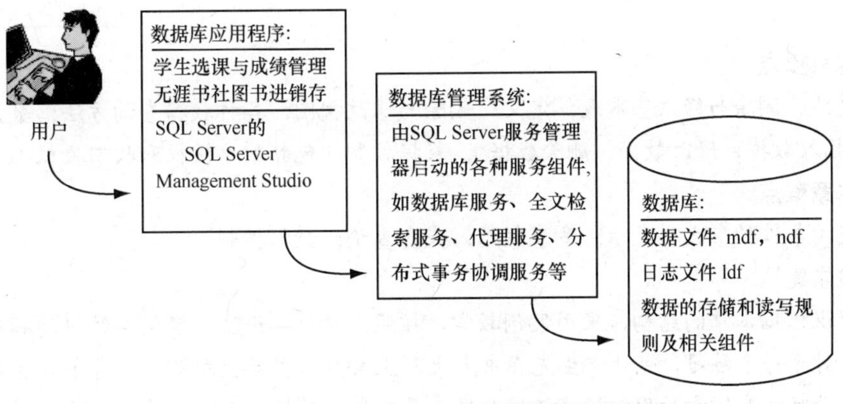

图 1-57　基于 SQL Server 的数据库系统

第2章 结构化查询语言（SQL）

本章重点

定义、删除与修改基本表；定义、删除与修改视图；各种数据查询方法；数据更新（包括插入数据、修改数据、删除数据）；数据控制（包括用户授权和收回授权）。

本章难点

查询条件的形式化表示；多表联结；嵌套查询；数据控制。

教学建议

建议根据本章的结构，采用案例教学，按照：举例→语法→实例→练习的顺序进行讲解。对于每个练习，可让学生先在书本上写上SQL，然后上机验证。每个学生备上红笔，在老师讲完答案后用红笔修正。如果不是在机房讲授，亦可让学生先写SQL，上机时再实际操练。

2.1 SQL概述

SQL（Structured Query Language）称为结构化查询语言，它专门应用于数据库中，实现对数据的各种操作。SQL的功能包括查询、操纵、定义和控制4个方面，是一个通用的、功能极强的数据库标准语言。

SQL的动词十分简洁，功能强大，但易学难精，要真正灵活应用它们还得下苦功。表2-1所示为SQL的动词。

表2-1　SQL的动词

SQL功能	动　词
数据定义	CREATE，DROP，ALTER
数据查询	SELECT
数据操纵	INSERT，UPDATE，DELETE

由于本书以 SQL Server 2008 作为平台来讲解实用数据库技术，而 SQL Server 2008 所使用的是 Transact-SQL（简称 T-SQL），所以我们在学习 SQL 语法之前先了解一下 T-SQL 语言的语法规则和 T-SQL 语句的运行环境。

1. T-SQL 语言的语法规则

T-SQL 语言是标准 SQL 的延伸，它增加了很多新的功能。我们通过 T-SQL 语言来学习标准 SQL 语言的语法和应用。T-SQL 语言的语法规则如表 2-2 所示。

表 2-2　T-SQL 语言的语法规则

<table>
<tr><th>规　范</th><th>用　于</th></tr>
<tr><td>大写</td><td>Transact-SQL 关键字</td></tr>
<tr><td>斜体</td><td>Transact-SQL 语法中用户提供的参数</td></tr>
<tr><td>|</td><td>（竖线）分隔括号或大括号内的语法项目。只能选择一个项目</td></tr>
<tr><td>[]（方括号）</td><td>可选语法项目。不必键入方括号</td></tr>
<tr><td>{}（大括号）</td><td>必选语法项。不要键入大括号</td></tr>
<tr><td>[,...n]</td><td>表示前面的项可重复 n 次。每一项由逗号分隔</td></tr>
<tr><td>[...n]</td><td>表示前面的项可重复 n 次。每一项由空格分隔</td></tr>
<tr><td>加粗</td><td>数据库名、表名、列名、索引名、存储过程、实用工具、数据类型名以及必须按所显示的原样键入的文本</td></tr>
<tr><td><标签> ::=</td><td>语法块的名称。此规则用于对可在语句中的多个位置使用的过长语法或语法单元部分进行分组和标记。适合使用语法块的每个位置由括在尖括号内的标签表示：<标签></td></tr>
</table>

2. T-SQL 语言的运行环境

在 SQL Server 2008 中，所有的 T-SQL 语句都在 SQL Server Management Studio 中运行，读者可以在 SQL Server Management Studio 中单击"新建查询"按钮 新建查询(N)，打开查询编辑界面，界面各部分的说明如图 2-1 所示。另外，联机丛书中有一章专门讲解查询界面的操作，读者可参考。

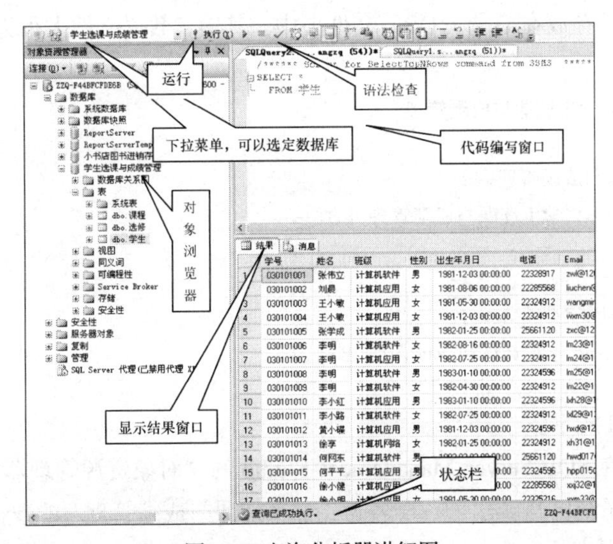

图 2-1　查询分析器讲解图

提示

（1）为了提高效率，也可以使用快捷方式，在键盘上按F5键来运行。

（2）有时，在一个代码窗口中写了好几批查询语句，如果只想运行其中某一批查询语句，可以用鼠标把该批语句选定，然后单击运行按钮或按F5键运行即可，这往往会为我们的工作带来方便。

2.2 定义与使用数据库

在建立数据库之前必须先对数据表中各字段类型、大小、索引等有所定义，SQL的数据定义部分包括对基本表（即第1章所讲到的关系，Table）、索引（Index）、视图（View）的创建和撤销操作。SQL对数据定义的语句十分简易，表2-3所示为SQL的数据定义语句。

表2-3　SQL的数据定义语句

操作对象	操作方式		
	创　建	删　除	修　改
数据库	CREATE DATABASE	DROP DATABASE	ALTER DATABASE
表	CREATE TABLE	DROP TABLE	ALTER TABLE
索　引	CREATE INDEX	DROP INDEX	
视　图	CREATE VIEW	DROP VIEW	UPDATE VIEW

2.2.1 定义数据库

小强所在的公司要为读富职业技术学院开发一个学生信息管理系统，该系统使用SQL Server数据库存储数据。小强需要用语言来实现数据库的初始化。现要定义一个名为“学生选课与成绩管理”的数据库。

【例2-1】定义一个名为“学生选课与成绩管理”的数据库，该数据库由数据文件和日志文件两个文件组成，它们都存放在D盘“DB”文件夹中。其中，数据文件大小为10MB，日志文件大小为5MB。

```
CREATE DATABASE 学生选课与成绩管理
ON
( NAME = 学生选课与成绩管理,
  FILENAME= 'D:\DB\学生选课与成绩管理.mdf',
  SIZE= 10)
LOG ON
( NAME=学生选课与成绩管理_Log,
  FILENAME= 'D:\DB\学生选课与成绩管理_Log.ldf',
  SIZE= 5)
```

运行结果如图2-2所示。

这时，读者通过在SQL Server Management Studio的“对象资源管理器”窗口中单击数据库展开页，就可以看到系统已经新建了一个名为“学生选课与成绩管理”的数据库，如图2-3所示。用鼠标右键单击该数据库的属性，从属性窗口中可以看到该数据库的中数据库文件和日志文件的名称、大小、存放地址都与SQL代码中的设置一致，如图2-4所示。

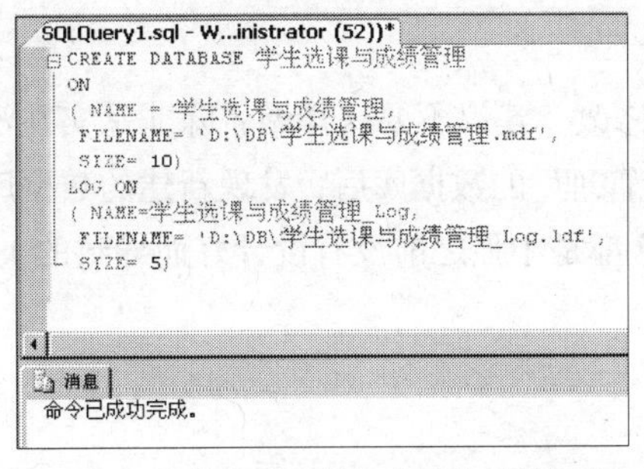

图2-2　创建学生选课与成绩管理数据库

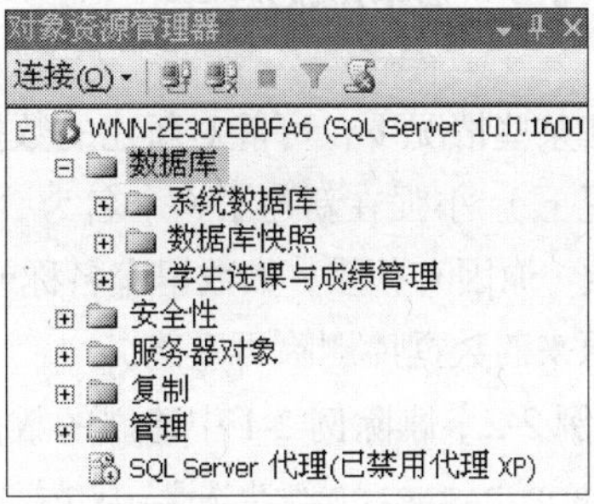

对象资源管理器
连接(O)
WNN-2E307EBBFA6 (SQL Server 10.0.1600
数据库
系统数据库
数据库快照
学生选课与成绩管理
安全性
服务器对象
复制
管理
SQL Server 代理(已禁用代理 XP)

图2-3　数据库展开页

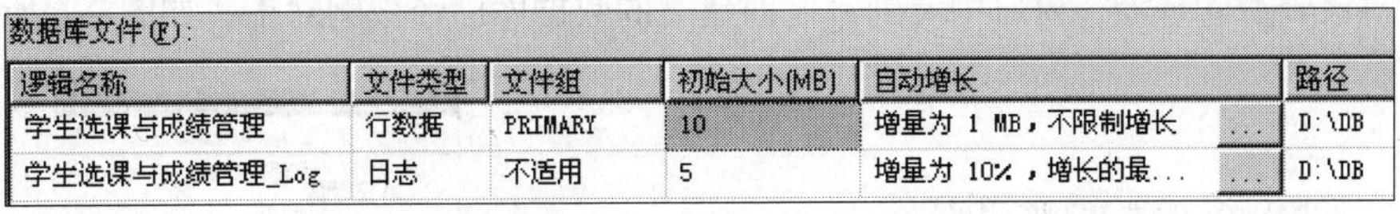

数据库文件(F):

逻辑名称	文件类型	文件组	初始大小(MB)	自动增长	路径
学生选课与成绩管理	行数据	PRIMARY	10	增量为 1 MB，不限制增长 ...	D:\DB
学生选课与成绩管理_Log	日志	不适用	5	增量为 10%，增长的最... ...	D:\DB

图2-4　数据库属性

由例2-1可以看到，定义数据库比较简单。然而，这一步骤又非常重要，数据库一旦定义好，一般情况下是不建议修改的。所以，在定义数据库时一定要对数据库的相关信息进行计划，包括数据库的名字、数据库存放的位置、数据库的大小等。

CREATE DATABASE语句定义数据库的一般格式为

```
CREATE DATABASE 数据库名称
[ ON
   ( [ NAME = 逻辑文件名,]
        FILENAME = '物理文件名'
     [ ,SIZE = 大小 ]) [ ,...n ]
[LOG ON
   ( [ NAME =逻辑文件名,]
        FILENAME = '物理文件名'
     [ ,SIZE =大小]) [ ,...n ]
```

各部分的参数解释如下。

- CREATE DATABASE：创建一个新数据库及存储该数据库的文件，或从先前创建的数据库的文件中附加数据库。
- 数据库名称：新数据库的名称。数据库名称在服务器中必须唯一，并且符合标识符的规则。
- ON：指定显式定义用来存储数据库数据部分的磁盘文件（数据文件）。
- NAME：为数据库数据文件或日志文件指定逻辑名称。
- FILENAME：为数据库数据文件或日志文件指定系统名称。
- SIZE：指定数据库数据文件或日志文件的大小。
- LOG ON：指定显式定义用来存储数据库日志的磁盘文件（日志文件）。

【练习2-1】定义一个数据库，名为“小书店图书进销存”，该数据库由数据文件和日志文件两个文件组成，都存放在D盘“DB”文件夹中，数据文件大小为20MB，日志文件大小为10MB。

2.2.2 删除数据库

在某些情况下，可能对新建的数据库进行删除或修改（建议不要这样做，除非是实在没办法的情况下）。小强在新建了一个名为“学生选课与成绩管理”的数据库后，发现新建的数据库不符合需要（原因有很多，如数据库名称或大小不对等，这都是小强之前没有设计好而导致的），于是他把原来的数据库删除再重建。

【例 2-2】删除例 2-1 中建立的数据库。

```
DROP DATABASE 学生选课与成绩管理
```

运行结果如图 2-5 所示。

从“对象资源管理器”窗口中看到，之前建立的数据库已经被删除了，如图 2-6 所示。

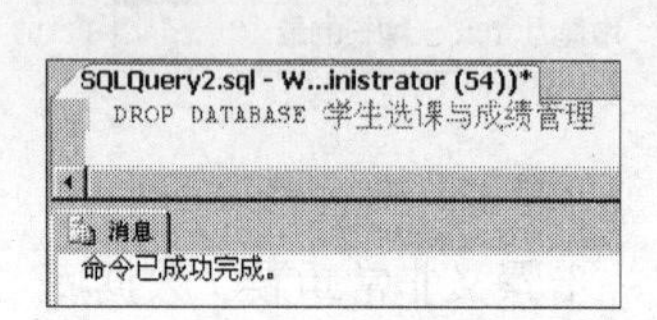

图 2-5 删除学生成绩管理数据库

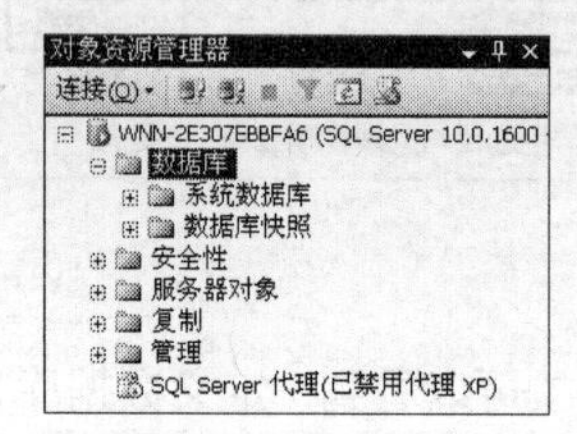

图 2-6 删除数据库后的对象资源管理器窗口

从上面的例子中可以看到，删除数据库的一般格式为

DROP DATABASE *数据库名称*

【练习 2-2】请写出删除数据库“小书店图书进销存”的 SQL 语句。

2.2.3 查看数据库

数据库建立好后，往往需要查看其信息，这就要用到 SQL Server 的系统存储过程 sp_Helpdb（有关存储过程的应用将在下一章详细介绍）。

【例 2-3】查看“学生选课与成绩管理”数据库的信息。

```
Sp_Helpdb '学生选课与成绩管理'
```

运行结果如图 2-7 所示。

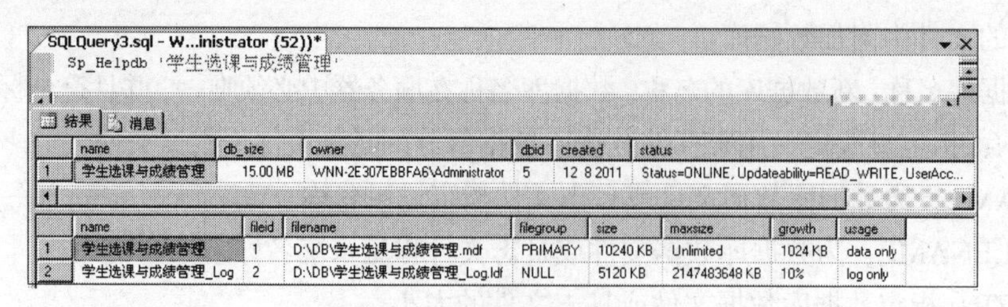

图 2-7 查看数据库的信息

从上面的例子中可以看到，查看数据库的一般格式为

Sp_Helpdb '*数据库名称*'

【练习 2-3】查看“小书店图书进销存”数据库的信息。

2.2.4　分离数据库

如果要将创建的数据库复制到其他计算机，在复制文件之前，必须先对数据库进行分离。

【例 2-4】将名为“学生选课与成绩管理”的数据库从数据库系统中分离出来。

```
USE MASTER
GO
SP_DETACH_DB '学生选课与成绩管理'
Go
```

运行结果如图 2-8 所示。

从 SQL Server Management Studio 中看到，之前建立的数据库已经被分离了，如图 2-9 所示。这时，就可以到硬盘上复制文件了。

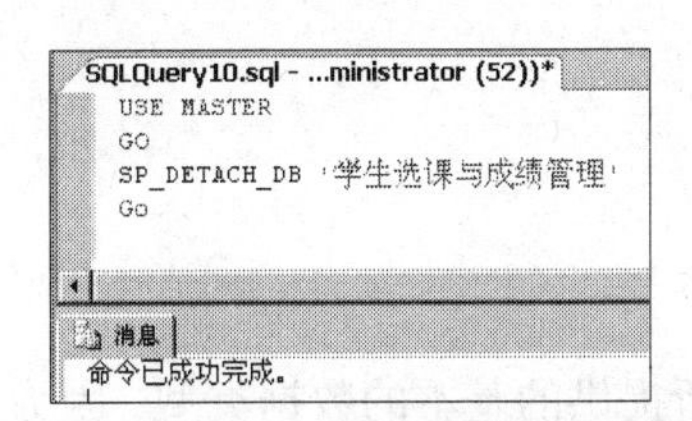

图 2-8　分离数据库

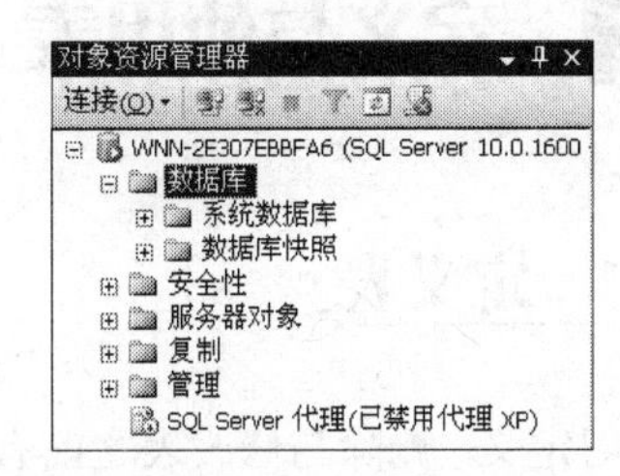

图 2-9　分离数据库的结果

从上面的例子中可以看到，分离数据库的 SQL 语句其一般格式为：

```
Sp_Detach_Db '数据库名称'
```

在上例中，用到短语 USE MASTER 和 GO，USE MASTER 表示打开 MASTER 数据库，随后的指令产生的动作都在 MASTER 数据库内执行。

【练习 2-4】把名为“小书店图书进销存”的数据库从数据库系统中分离出来。

2.2.5　附加数据库

小强从一台计算机中把“学生选课与成绩管理”数据库分离，复制了数据库文件后，将文件粘贴到另一台计算机中，为了正常使用该数据库，必须将数据库附加到 SQL Server 中。

【例 2-5】将“学生选课与成绩管理”数据库附加到数据库系统中。

```
USE MASTER
GO
CREATE DATABASE 学生选课与成绩管理
ON(FILENAME='D:\DB\学生选课与成绩管理.mdf')
FOR ATTACH
GO
```

运行结果如图 2-10 所示。

从 SQL Server Management Studio 中看到，数据库已经被附加到系统中，如图 2-11 所示。

从上面的例子中可以看到，附加数据库的一般格式为：

```
CREATE DATABASE '数据库名称'
```

```
ON(FILENAME='物理数据库名称')
FOR ATTACH
```

【练习 2-5】把名为“小书店图书进销存”的数据库附加到数据库系统中来。

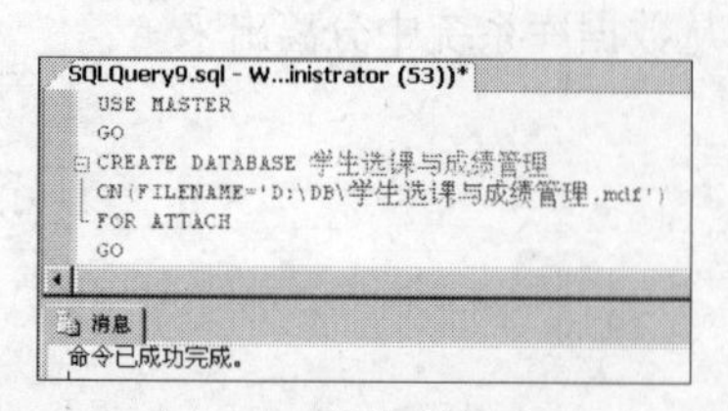

图 2-10　附加数据库

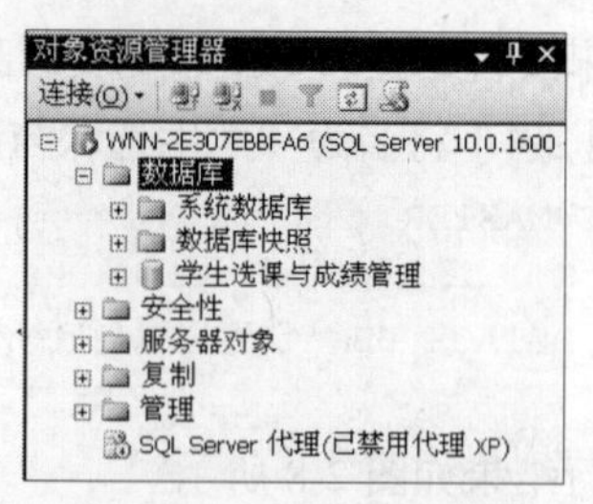

图 2-11　附加后的数据库

2.3 定义与使用表

2.3.1 定义表

在学习定义、删除与修改表之前有必要先了解 SQL 所提供的基本的数据类型，因为定义表的各个属性时需要指明其数据类型及长度（这一点非常重要，因为数据类型及长度定义的好坏直接影响到数据库的质量）。

了解了 SQL 所提供的基本数据类型后，我们就开始建立表，这是建立数据库最重要的一步。在学习用 SQL 创建表之前，先让我们看一个例子。

【例 2-6】在“学生选课与成绩管理”数据库中建立一个“学生”表，它由学号（定长字符串，大小为 9）、姓名（定长的 unicode 字符，大小为 4）、班级（定长字符串，大小 20）、性别（定长的 unicode 字符，大小为 1）、出生年月日（短日期型）、电话（定长字符串，大小为 11）、Email（变长字符串，大小为 30）和备注（变长字符串，大小为 100）8 个属性组成，其中学号为主键。

```
CREATE TABLE 学生(                              /*建立一个学生表*/
        学号  CHAR(9) PRIMARY KEY,              /*Primary Key 为设置主键*/
        姓名  NCHAR(5),
        班级  CHAR(20),
        性别  NCHAR(1),
        出生年月日 SMALLDATETIME,
        电话  CHAR(11),
        Email VARCHAR(30),
        备注  VARCHAR(100))
```

运行结果如图 2-12 所示。

图 2-12　学生数据表图

在上例中，学号字段的约束条件 PRIMARY KEY 为主键，代表该字段能唯一标识表中的不同记录，这是在数据库中建表时经常用到的。

由上例我们可以总结出 SQL 使用 CREATE TABLE 语句定义基本表，其一般格式为：

```
CREATE TABLE 表名（列名1 数据类型 [列级完整性约束条件],
                列名2 数据类型 [列级完整性约束条件],
                ......
                [表级完整性约束条件]）
```

各部分的参数解释如下。

- 表名：所要定义的基本表的名字。
- 列名：组成该表的各个属性（列）。
- 列级完整性约束条件：涉及相应属性列的完整性约束条件。
- 表级完整性约束条件：涉及一个或多个属性列的完整性约束条件。

要进一步了解相关知识可以查看 SQL Server 2008 的联机丛书或在线帮助。

了解了定义基本表的一般格式后，我们再看下面两个例子。

【例 2-7】在"学生选课与成绩管理"数据库中建立一个"课程"表，它由课程号（定长字符串，大小为 3，主键）、课程名（变长字符串，大小为 30）、学时（短整型）和学分（定点小数，大小为 3，保留 1 位小数）4 个属性组成。其中，课程号为主键，要求课程名不能为空且取值唯一。

```
CREATE TABLE 课程(                          /*建立一个课程表*/
      课程号 CHAR(3) PRIMARY KEY,
      课程名 VARCHAR(30) NOT NULL UNIQUE,
      学时   SMALLINT,
      学分   DECIMAL(3,1))
```

课程号	课程名	学时	学分

图 2-13　课程数据表图

运行结果如图 2-13 所示。

上例中，课程名字段条件 NOT NULL 为非空，UNIQUE 为取值唯一，这是在数据库建表时经常用到的。

【例 2-8】在"学生选课与成绩管理"数据库中建立一个"选修"表，它由学号（定长字符串，大小为 9）、课程号（定长字符串，大小为 3）、成绩（整型）和选修日期（日期时间型）4 个属性组成。其中，学号和课程号一起构成主键，学号为外键，参考学生表中的主键，课程号为外键，参考课程表中的主键。

```
CREATE TABLE 选修(                          /*建立一个选修表*/
学号 CHAR(9),
课程号 CHAR(3),
成绩 INT,
选修日期 DATETIME,
PRIMARY KEY(学号,课程号),                   /*Primary Key 为设置主键*/
FOREIGN KEY(学号) REFERENCES 学生(学号),
```

学号	课程号	成绩	选修日期

图 2-14　选修数据表图

```
FOREIGN KEY(课程号) REFERENCES 课程(课程号)) /*Foreign Key为设置外键*/
```

运行结果如图2-14所示。

由以上例题中，我们接触到几个常用的完整性约束条件，这些完整性约束条件在建立数据表时经常用到，它们的作用已在第1章中讲述过了。下面给出常用完整性约束，如表2-4所示。

表2-4　　常用完整性约束表

约束类型	约束名词
主键	Primary Key
外键	Foreign Key
唯一性	Unique
非空值	Not Null
参照完整性	References

注意

（1）当主键多于一个属性时，需把设置主键的语句放在后面。

（2）当某属性被设为主键时，它必定是非空且唯一的。

【练习2-6】在“小书店图书进销存”数据库中建立一个“图书”表，它由ISBN（定长字符串，大小为13个）、书名（变长字符串，大小为30个）、出版社（定长字符串，大小为20个）、单价（短货币型）和当前销售折扣（定点小数，大小为3个，保留1位小数）5个属性组成，其中ISBN为主键。

【练习2-7】在“小书店图书进销存”数据库中建立一个“供应商”表，它由编号（定长字符串，大小为3个）、名称（变长字符串，大小为30个）、联系人（定长字符串，大小为10个）、地址（变长字符串，大小为30个），电话（定长字符串，大小为11个）、邮编（定长字符串，大小为6个），其他联络信息（变长字符串，大小为50个）、备注（变长字符串，大小为200个）8个属性组成，其中编号为主键。

【练习2-8】在“小书店图书进销存”数据库中建立一个“进货单据”表，它由单号（定长字符串，大小为6个）、进货日期（日期时间型）、供应商编号（定长字符串，大小为3个）和经办人（定长字符串，大小为10个）4个属性组成，其中单号为主键，供应商编号为外键，它参照供应商表中的编号。

【练习2-9】在“小书店图书进销存”数据库中建立一个“进货明细”表，它由进货单号（定长字符串，大小为6个）、明细号（短整型）、ISBN（定长字符串，大小为13个）、数量（整型）和进货单价（短货币型）5个属性组成，其中进货单号和明细号一起作为主键，其中进货单号和ISBN为外键，分别参照进货单据表中的单号和图书表中的ISBN。

【练习2-10】在“小书店图书进销存”数据库中建立一个“销售”表，它由ISBN（定长字符串，大小为13）、数量（整型）、销售单价（短货币型）和销售时间（日期时间型）4个属性组成，其中ISBN为外键，其参照图书表中的ISBN。

2.3.2　修改表

建立基本表以后，设计人员可能会随着应用环境和应用需求的变化来修改已建立好的基本表

（其实这种事情不经常发生）。例如，对于学生选课与成绩管理系统，在建立数据库时，定义了例 2-6 中的学生信息表，但后来因为校方觉得有必要记录学生的入学时间，所以要求在学生信息表中加入入学时间一列，如例 2-9 所示。

【例 2-9】向“学生”表中增加“入学时间”列，其数据类型为日期时间型。

```
ALTER TABLE 学生 ADD 入学时间 DATETIME
```

运行结果如图 2-15 所示。

学号	姓名	班级	性别	出生年月日	电话	Email	备注	入学时间

图 2-15　增加“入学时间”列后的数据表图

运行上例后会发现，无论基本表中原来是否已有数据，新增加的列一律为空值。

当然，对表的修改也有可能是对表中某些属性进行删除。例如，校方觉得之前加入的“入学时间”一列作用不大，建议删去（事实上，这种情况属少数，因为在进行数据库设计时提倡与需求一方有充分的协商，以免出现数据表建好后反复修改），如例 2-10。

【例 2-10】将例 2-9 中增加的“入学时间”列删除。

```
ALTER TABLE 学生 DROP COLUMN 入学时间
```

运行结果如图 2-16 所示。

学号	姓名	班级	性别	出生年月日	电话	Email	备注

图 2-16　删除“入学时间”列后的数据表图

由上例可以看到，SQL 用 ALTER TABLE 语句修改基本表，其一般格式为：

```
ALTER TABLE 表名
[ADD 新列名 数据类型 [完整性约束]]
[DROP COLUMN 列名]
```

各部分的参数解释如下。

- 表名：要修改的基本表。
- ADD 子句：增加新列和新的完整性约束条件。
- DROP 子句：删除指定的列。

【练习 2-11】向“图书”表中增加“作者”列，其数据类型为可变字符型，大小为 30。

【练习 2-12】把练习 2-11 所增加的“作者”列删除。

2.3.3　删除基本表

有时，由于某种业务的需要，设计人员不再需要某些表（这样往往可以减轻系统的开支），就可以把这些表删除。但要注意，数据表一旦删除，就不能再恢复，所以要谨慎。一般删除表时要注意以下两种情况：

（1）在删除某个表时，如果这个表与其他的表有关联，那么在删除该表时，系统会查看该表中有没有主键与其他表的外键关联，如果有，一般要先把关联删除，才能成功把表删除；

（2）如果某数据表只有外键与其他表的主键关联，那么删除该表时，该关联也跟着一起删除。

因此，设计人员在删除表时应先查看该表的主键和外键的关联性。例如，小强要把学生管理系统数据库中的所有表都删除，但是因为学生表的主键（学号）与选修表的外键（学号）有关联，课程表的主键（课程号）与选修表的外键（课程号）有关联，所以小强要先删除选修表，再删除学生表和课程表（该操作可以在关系图中实现）。

【例 2-11】删除“选修”表。

```
DROP TABLE 选修
```

由上例可以看出，使用 DROP TABLE 语句删除表。其一般格式为：

```
DROP TABLE 表名
```

【例 2-12】删除“学生”表。

```
DROP TABLE 学生
```

基本表定义一旦删除，表中的数据、索引以及视图都将自动被删除掉。因此，执行删除表的操作一定要格外小心。

【练习 2-13】分别删除练习 2-6～练习 2-10 所建立的表，注意删除表的顺序。

2.3.4 初始化基本表

数据表被定义以后就需要对其初始化，所谓的初始化即在表中添加数据。SQL 中使用 INSERT 语句来初始化表中的数据。INSERT 语句属于数据更新的范围，我们把它放在这里介绍，目的是想让读者沿着建立数据库系统的路径来学习。至于 INSERT 语句的应用我们会在 2.4.1 节中详细讲述。

【例 2-13】将一个新学生记录（学号：100103001；姓名：陈冬伟；班级：计算机软件；性别：男；出生年月日：1989-4-18；电话：22894152；Email：Cdwei@163.Com；备注：转校生）插入学生表中。

```
INSERT INTO 学生
VALUES('100103001', '陈冬伟', '计算机软件', '男', '1989-4-18',
       '22894152', 'Cdwei@163.Com', '转校生')
```

运行结果如图 2-17 所示。

WNN-2E307EBB...绩管理 - dbo.学生

	学号	姓名	班级	性别	出生年月日	电话	Email	备注
▶	100103001	陈冬伟	计算机软件	男	1989-04-18 00:...	22894152	Cdwei@163.Com	转校生
*	NULL	NULL	NULL	NULL	NULL	NULL	NULL	NULL

图 2-17　插入一个新的学生记录

由上面的例子可以看到，插入单个记录的 INSERT 语句的格式为：

```
INSERT INTO 表名[(列1[, 列2, …])]
VALUES('常量1' [,'常量2'…])
```

其功能是将新记录插入指定表中。其中新记录列 1 对应的值为常量 1，列 2 对应的值为常量 2，…。INTO 子句没有出现的列名，新记录在这些列上将取空值。

注意

（1）在表定义时说明了 Not Null 的属性列不能取空值，否则会出错。

（2）如果 INTO 子句没有指明任何列名，则新插入的记录必须在每个属性列上均有值。

【小结】至此，已完成学生成绩管理系统的数据定义工作，数据定义的步骤一般为：建立（修改、删除）数据库→建立（修改、删除）数据表→数据表初始化。

【练习 2-14】把下面的内容插入“小书店图书进销存”数据库的各数据表中。

图书表

ISBN	书　名	出版社	单价（元）	当前销售折扣
7-115-08115-6	数据库系统概论	清华大学出版社	40.30	9
7-115-08216-6	大学英语	人民邮电出版社	20.00	8
7-302-09285-0	网页制作与设计	清华大学出版社	23.00	8
7-5024-3117-9	计算机网络与应用基础	冶金工业出版社	16.50	8
7-5045-3903-1	SQL Server 2008 标准教程	中国劳动社会保障出版社	35.80	7
8-4066-2901-3	数据结构	科学出版社	29.20	9
8-589-78969-5	高等数学	高等教育出版社	30.00	9
8-689-06576-5	自动化原理	电子工业出版社	25.80	9

供应商表

编号	名　称	联系人	地　　址	电　　话	邮编	其他联系信息	备注
101	新华书店	陈旺兴	广州北京南路 12 号	020-88836256	510000	QQ 8643259	
102	南华书店	李心怡	广州北京南路 12 号	020-88836256	510000	Fax 88754621	
103	科技书店	司徒王灵	深圳大梅沙二街 5 号	0755-83762495	518031	QQ 56987365	
104	青年书店	张清	深圳小梅沙二街 30 号	0755-83789556	518031	小灵通 86256789	将要迁移
105	创新书店	欧阳志雄	佛山禅城区汾江中路 120 号	0757-85478925	528200	小灵通 87884256	将要迁移
106	永新书店	张小强	顺德大良华盖路 12 号	0757-22324512	528300	QQ 56987361	
107	影艺书店	张学友	广州北京南路 19 号	020-257898452	528200	QQ 56987315	
108	士汉书店	刘德成	深圳小梅沙四街 134 号	0755-83789558	528123	QQ 569873752	

进货单据表

单　　号	进货时期	供应商编号	经办人
000001	2011-1-2	101	陈红
000002	2011-2-4	101	陈红
000003	2011-3-4	102	欧阳志琴
000004	2011-4-6	103	金孙博
000005	2011-5-18	103	胡勇锋
000006	2011-6-1	103	林志聪
000007	2011-6-25	104	孙晓红
000008	2011-6-30	104	欧阳志琴

进货明细表

进货单号	明细号	Isbn	数量	进货单价（元）
000001	1	7-115-08115-6	10	28
000001	2	7-115-08216-6	10	12
000002	1	7-302-09285-0	15	15
000003	1	7-5024-3117-9	15	8
000003	2	7-5045-3903-1	5	20
000004	1	7-115-08115-6	10	28
000005	1	7-5045-3903-1	5	20
000006	1	8-4066-2901-3	15	26

销售表

ISBN	数量	销售单价（元）	销售日期
7-115-08115-6	5	36.27	2011-2-1
7-115-08115-6	2	36.27	2011-2-25
7-115-08115-6	3	36.27	2011-4-1
7-115-08216-6	2	16	2011-3-20
7-5045-3903-1	5	25.06	2011-5-1
7-5045-3903-1	5	25.06	2011-6-1
8-589-78969-5	3	27	2011-6-30
8-689-06576-5	5	23.22	2011-7-2

2.4 数据查询

数据查询是在管理和应用数据库时使用最为频繁的操作，也是这一章学习的重点。学习 SQL 必须掌握数据查询操作，请读者努力掌握好该知识点。

我们在工作中往往会由于某个需要对数据库里的信息进行查询。例如，某工厂的仓库管理员每天需要查询产品的库存信息等，所以数据查询是数据库管理的核心操作。SQL 提供了灵活的使用方式和丰富的功能。

为了更好地了解数据查询的方法，下面还是以小强设计的“学生选课与成绩管理”数据库为例进行讲解。该数据库中包含 3 个表，如表 2-5、表 2-6 和表 2-7 所示。

表 2-5　学生表

学　号	姓　名	班　级	性别	出生年月日	电　话	Email	备注
100101001	欧阳志勇	计算机应用	男	1992-9-10	28885692	Liyong@21cn.Com	插班生
100101002	刘　晨	计算机应用	女	1992-8-6	22285568	Liuchen@126.Com	
100101003	王小敏	计算机应用	女	1992-5-30	22324912	Wangming@21cn.Com	
110102001	张　立	计算机网络	男	1993-1-2	25661120	Zhangli@126.Com	
110102002	陈志辉	计算机网络	男	1993-7-16	22883322	Chenhui@21cn.Com	转校生

表 2-6　课程表

课程号	课程名	学　时	学　分
001	数据库	72	4
002	数学	72	4
003	英语	64	4
004	操作系统	54	3
005	数据结构	54	3.5
006	软件工程	52	3
007	计算机网络应用	60	3.5

表 2-7　选修表

学　　号	课程号	成　绩	选修日期
100101001	001	85	2011-2-1
100101001	004	90	2011-9-1
100101001	005	55	2011-9-1
100101002	001	62	2011-2-1
100101002	002	76	2011-9-1
100101003	001	50	2011-2-1
100101003	003	93	2011-9-1
110102001	002	55	2012-2-1
110102002	007	85	2012-2-1

由于用户对数据查询的要求多样化，为了更好地涵盖这种多样化，做到多而不乱，让读者系统地、有层次地学习，我们把常用的数据查询分门别类，以方便学习。下面我们先大概了解 SQL 数据查询的一般格式。

SQL 用 SELECT 动词来进行数据查询，其一般格式为：

```
SELECT [ALL\DISTINCT] 目标列或表达式 1[, 目标列或表达式 2, …]
FROM 表名或视图名 [, 表名或视图名, …]
[WHERE 条件表达式]
[GROUP BY 列名 1 [HAVING 条件表达式]]
[ORDER BY 列名 2 [ASC\DESC] [,列名 2 [ASC\DESC],…]]
```

整个 SELECT 语句的含义是，根据 WHERE 子句的条件表达式，从 FROM 子句指定的基本表或视图中找出满足条件的记录，再按 SELECT 子句中的目标列表达式，选出记录中的属性值形成结果表。如果有 GROUP 子句，则将结果按列名 1 的值进行分组，该属性列值相等的记录为一个组。通常会在每组中作用聚合函数。如果 GROUP 子句带 HAVING 短语，则只有满足指定条件的组才予以输出。如果有 ORDER 子句，则结果表还要按列名的值升序或降序排序。

各部分的参数解释如下。

- SELECT 子句：指定要显示的属性列。
- FROM 子句：指定查询对象（基本表或视图）。
- WHERE 子句：指定查询条件。
- GROUP BY 子句：对查询结果按指定列的值分组，该列值相等的记录为一个组。通常会在每组中作用聚合函数。
- HAVING 短语：筛选出只有满足指定条件的组。
- ORDER BY 子句：对查询结果表按指定列值的升序或降序排序。

提示　要进一步了解相关知识可以查看 SQL Server 2008 的联机丛书或在线帮助。

SELECT 语句既可以完成简单的单表查询，也可以完成复杂的连接查询和嵌套查询。下面分别举例说明 SELECT 语句的各种用法。

2.4.1 单表查询

单表查询是指仅涉及一个表的查询。这种查询主要应用于一些小型数据库中简单的查询操作。

1. 查询用户指定的列

【例 2-14】查询全体学生的学号与姓名。

```
SELECT 学号, 姓名
FROM 学生
```

运行结果如图 2-18 所示。

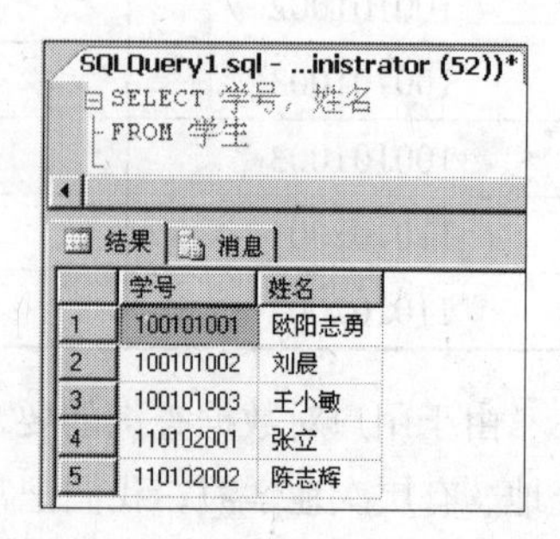

图 2-18　查询全体学生的学号与姓名

有时候读者可能会提出这样一个问题：用 SELECT 语句查询出来的结果，列的顺序能不能改变？例如，例 2-14 中，查询结果能不能把“姓名”列排在“学号”列之前？答案是可以的，请看下例。

【例 2-15】查询全体学生的姓名、出生年月日和学号。

```
SELECT 姓名，出生年月日,学号
FROM 学生
```

运行结果如图 2-19 所示。

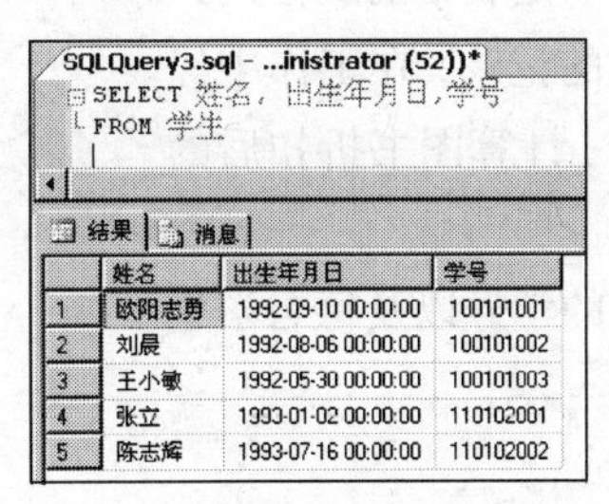
SQLQuery3.sql - ...inistrator (52))*

```
SELECT 姓名，出生年月日,学号
FROM 学生
```

结果 | 消息

	姓名	出生年月日	学号
1	欧阳志勇	1992-09-10 00:00:00	100101001
2	刘晨	1992-08-06 00:00:00	100101002
3	王小敏	1992-05-30 00:00:00	100101003
4	张立	1993-01-02 00:00:00	110102001
5	陈志辉	1993-07-16 00:00:00	110102002

图 2-19　查询全体学生的姓名、出生年月日和学号

提示

查询结果中各个列的先后顺序可以与表中的顺序不一致。用户可以根据应用的需要改变列的显示顺序，本例中先列出姓名和出生年月日，再列出学号。

【练习 2-15】查询图书表中的 ISBN、书名和出版社。

【练习 2-16】查询进货单据表中的进货日期、经办人和单号。

【练习 2-17】查询供应商表中的名称、联系人、电话和邮编。

2. 查询表中的所有列

将表中的所有列都查询出来，可以有以下两种方法：

（1）在 SELECT 关键字后面列出所有列名；

（2）如果列的显示顺序与其在表中的顺序相同，也可以简单地将<目标列表达式>指定为“*”。一般情况下，我们更推荐使用“*”，因为即使表的字段发生了改变，使用*依然可以正确运行。

【例 2-16】查询全体学生的详细记录。

```
SELECT 学号，姓名，班级，性别，出生年月日，电话，Email，备注
FROM 学生;
```

或

```
SELECT  *
FROM 学生
```

运行结果如图 2-20 所示。

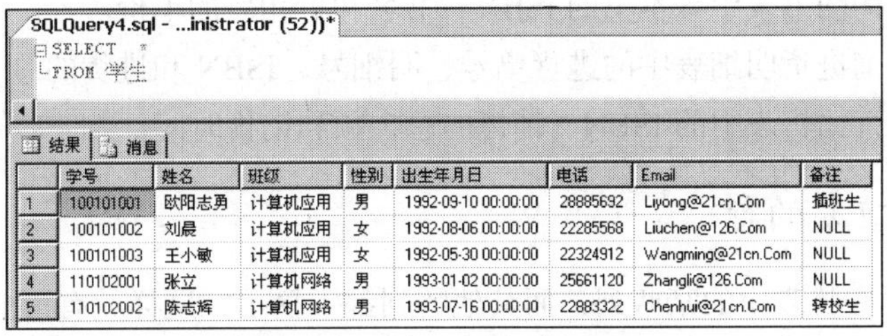

SQLQuery4.sql - ...inistrator (52))*

```
SELECT  *
FROM 学生
```

结果 | 消息

	学号	姓名	班级	性别	出生年月日	电话	Email	备注
1	100101001	欧阳志勇	计算机应用	男	1992-09-10 00:00:00	28885692	Liyong@21cn.Com	插班生
2	100101002	刘晨	计算机应用	女	1992-08-06 00:00:00	22285568	Liuchen@126.Com	NULL
3	100101003	王小敏	计算机应用	女	1992-05-30 00:00:00	22324912	Wangming@21cn.Com	NULL
4	110102001	张立	计算机网络	男	1993-01-02 00:00:00	25661120	Zhangli@126.Com	NULL
5	110102002	陈志辉	计算机网络	男	1993-07-16 00:00:00	22883322	Chenhui@21cn.Com	转校生

图 2-20　查询全体学生的详细记录

【练习 2-18】查询供应商表中的所有记录。

【练习 2-19】查询销售表中的所有记录。

3. 查询含有表达式的记录

Select 子句中的目标列不仅可以是表中的属性列，也可以是表达式。查询含有表述式的记录，在工作中经常会用到，如计算学生出生的年份，计算图书折扣后的单价等，先看一个例子。

【例 2-17】查询选修表中学生的学号以及每名学生加 5 分后的成绩。

```
Select 学号，成绩+5 as 加分成绩
From 选修
```

运行结果如图 2-21 所示。

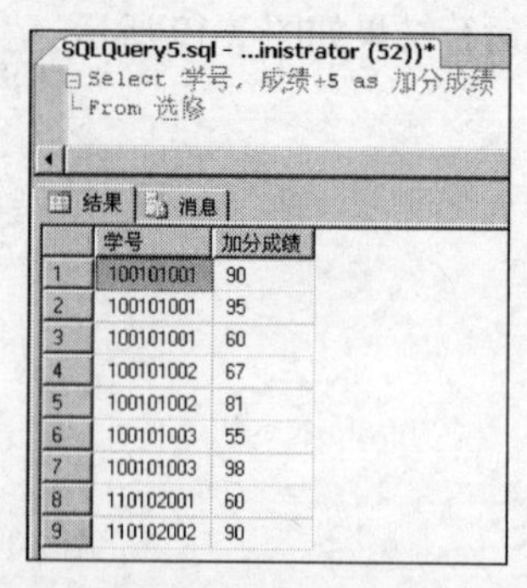

	学号	加分成绩
1	100101001	90
2	100101001	95
3	100101001	60
4	100101002	67
5	100101002	81
6	100101003	55
7	100101003	98
8	110102001	60
9	110102002	90

图 2-21 查询学生的学号和加分后的成绩

因表达式“成绩+5”不是表中的列，查询结果中该列无列名。为了使查询结果的含义清晰，给该表达式取了一个别名“加分成绩”，用关键字 as 引起。

【例 2-18】查询每个学生的学号、姓名、班级和出生的年份。

```
Select 学号，姓名，班级，Year（出生年月日）as 出生年份
From 学生
```

运行结果如图 2-22 所示。

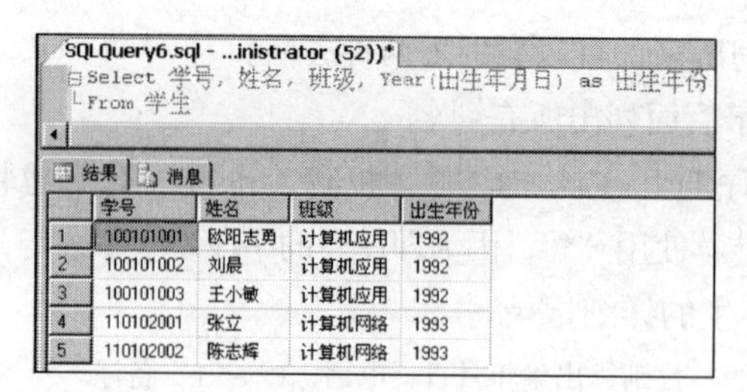

	学号	姓名	班级	出生年份
1	100101001	欧阳志勇	计算机应用	1992
2	100101002	刘晨	计算机应用	1992
3	100101003	王小敏	计算机应用	1992
4	110102001	张立	计算机网络	1993
5	110102002	陈志辉	计算机网络	1993

图 2-22 查找每个学生出生的日期

（1）Year 函数语法为：Year（日期表达式），该函数返回日期表达式中的年份值。

（2）在使用日期函数时，其日期值应在 1753 年到 9999 年之间，这是 SQL Server 系统所能识别的日期范围，否则会出现错误。

【练习 2-20】查询图书表中各本书的 ISBN、书名和折扣后的单价。

【练习 2-21】查询进货明细表中的进货单号、明细号、ISBN 和进货的总金额。

【练习 2-22】查询销售表中的 ISBN、销售的总金额和销售时间。

4. 取消取值重复的行

有时候，由于要查找表中的某些列，而其他的列都不显示，这样就有可能出现要查找的列中出现重复的现象。例如，要求查询选修表中选修了课程的学生学号，用一般的 SQL 语句查询，其代码为：

```
Select 学号
From 选修
```

执行后的结果如图 2-23 所示。

由图 2-33 可以看出，学号 100101001 重复出现 3 次，学号 100101002 和 100101003 各重复出现 2 次，这是因为一个学生可以选修多门课而导致的。有时为了查询的需要，要求去除结果中重复的行。如果去掉结果表中的重复行，必须指定 DISTINCT 短语，如例 2-19。

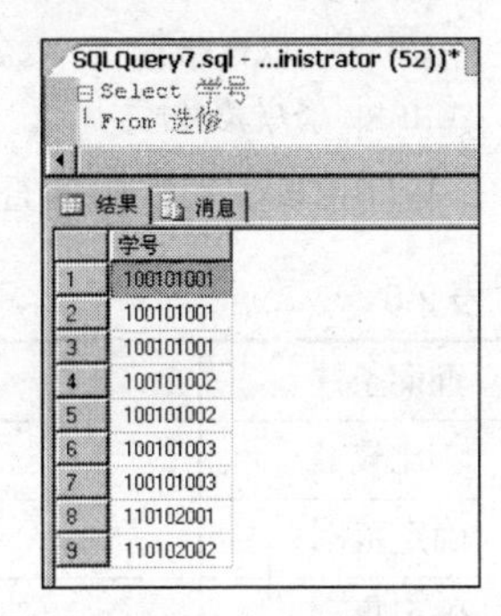

图 2-23　查询选修了课程的学生学号

【例 2-19】查询选修表中选修了课程的学生学号，要求去除重复的值。

```
SELECT DISTINCT 学号
FROM 选修
```

运行结果如图 2-24 所示。

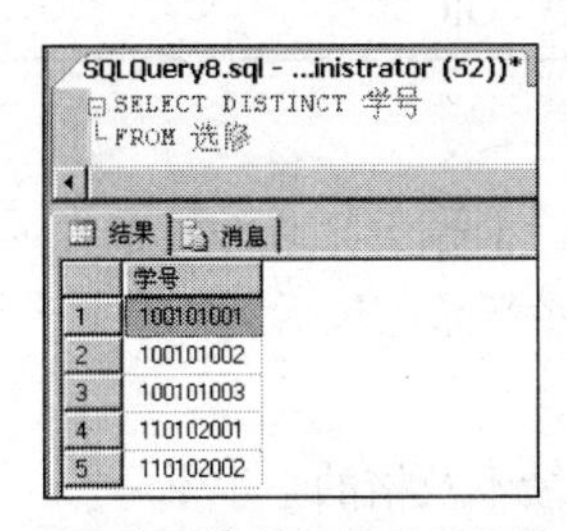

图 2-24　查询选修课程除重复的学生学号

短语 DISTINCT 用于去掉查询结果中重复的记录，其格式如下：

```
SELECT DISTINCT 列名
FROM 表名
```

如果没有指定 DISTINCT 短语，则缺省为 ALL，即保留结果表中取值重复的行。

【练习 2-23】查询进货单据表中所有进货经办人，要求去除重复的值。

【练习 2-24】查询销售表中所有销售 ISBN，要求去除重复的值。

5. 查询满足条件的记录

在日常工作或生活中，我们查找的数据往往是有条件的。例如，某学校要查找某个专业的学生，某公司销售部门要查找某个时间段的销售记录等，在查询时需要加上查询条件。

【例 2-20】查询班级为计算机应用学生的记录。

```
SELECT *
FROM 学生
WHERE 班级='计算机应用'
```

运行结果如图 2-25 所示。

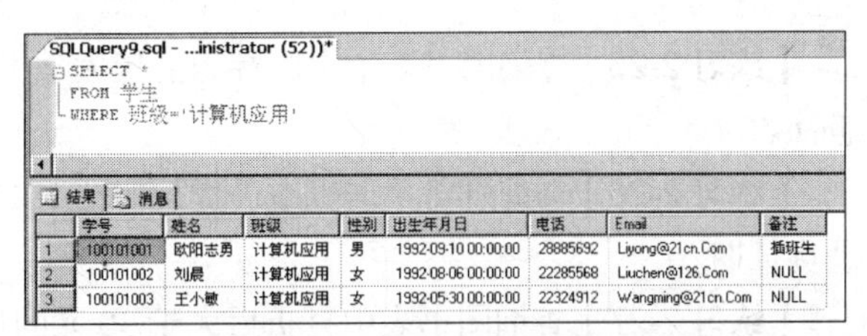

图 2-25　查询班级为计算机应用学生的记录

由上例我们看到，查询满足指定条件的记录可以通过 WHERE 子句实现。其用法如下：

```
SELECT [ALL\DISTINCT] 目标列或表达式1[, 目标列或表达式2, …]
```

```
FROM 表名或视图名 [，表名或视图名，…]
[WHERE 条件表达式]
```

其中，WHERE 子句常用的查询条件如表 2-8 所示。

表 2-8　　常用的查询条件

查询条件	谓　词
比较	=，>，<，>=，<=，!=，<>，!>，!<
确定范围	BETWEEN …AND…，NOT BETWEEN …AND…
确定集合	IN，NOT IN
字符匹配	LIKE，NOT LIKE
空值	IS NULL，IS NOT NULL
多重条件	AND，OR

（1）比较大小。

用于进行比较的运算符一般包括=（等于）、>（大于）、<（小于）、>=（大于等于）、<=（小于等于）和<>（不等于）。此外，有些产品还包括!>（不大于）和!<（不小于）。逻辑运算符 NOT 可与比较运算符同用，表示条件非。

【例 2-21】查询选修表中选修成绩不及格的学生学号。

```
SELECT  学号
FROM  选修
WHERE  成绩<60
```

运行结果如图 2-26 所示。

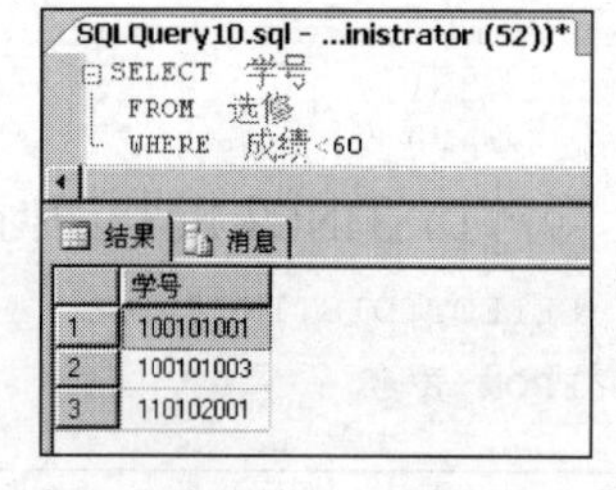

图 2-26　查询成绩不及格的学生的学号

【例 2-22】查询班级不是计算机网络班的学生。

```
SELECT  *
FROM 学生
WHERE 班级<>'计算机网络'
```

运行结果如图 2-27 所示。

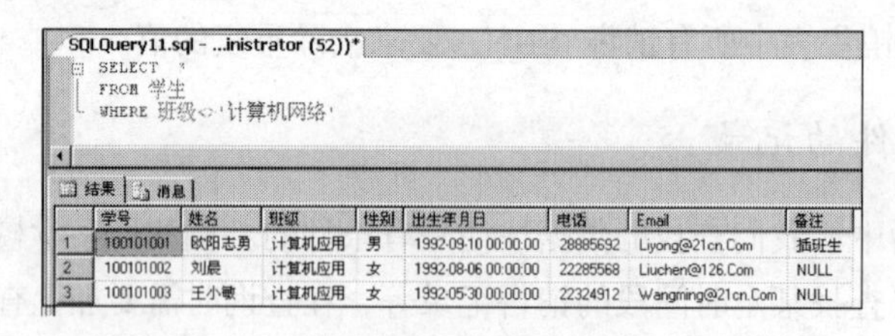

图 2-27　查询班级不是计算机网络班的学生

【练习 2-25】查询图书表中出版社为清华大学出版社的记录，查询字段包括 ISBN、书名和出版社。

【练习 2-26】查询进货单据表中进货日期在 2011 年下半年的记录，查询字段包括进货单号和进货日期。

【练习 2-27】查询图书表中打折后大于 30 元的记录，查询字段包括图书表的所有字段。

（2）确定范围。

确定某个范围是条件查询中十分常见的，在 SQL 中，用谓词 BETWEEN…AND…和 NOT

BETWEEN…AND…来查找属性值在（或不在）指定范围内的记录，其中 BETWEEN 后是范围下限（即低值），AND 后是范围的上限（即高值）。

【例 2-23】查询学生表中在 1992 年出生的学生学号、姓名和出生年月日。

```
SELECT 学号，姓名，出生年月日
FROM 学生
WHERE 出生年月日 BETWEEN  '1992-1-1' AND '1992-12-31'
```

运行结果如图 2-28 所示。

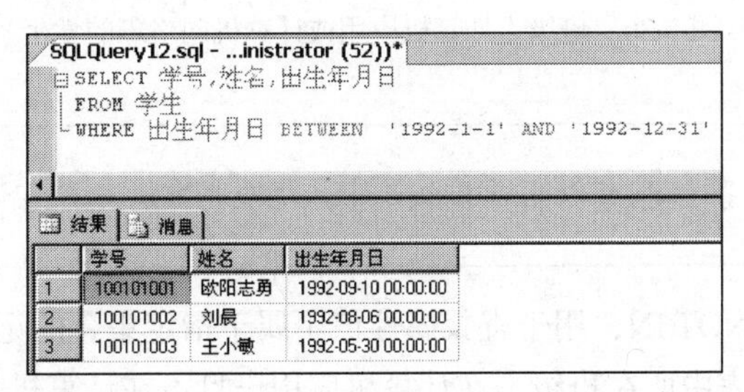

图 2-28　查询在 1992 年出生的学生的学号、姓名和出生年月日

在上例中，查询 1992 年出生的学生，其时间段从 1992 年 1 月 1 日至 1992 年的 12 月 31 日。

（1）本例的查询条件也可以用：出生年月日>'1992-1-1'And 出生年月日<'1992-12-31' 代替。

（2）在 SQL Server 中，日期时间型数据要用单引号表示。

【例 2-24】查询学生表中不在 1992 出生的学生的记录。

```
SELECT *
FROM 学生
WHERE 出生年月日 NOT BETWEEN  '1992-1-1' AND '1992-12-31'
```

运行结果如图 2-29 所示。

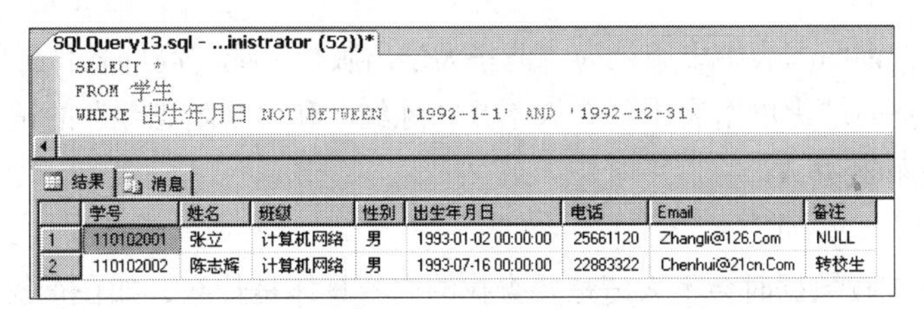

图 2-29　查询不在 1992 年出生的学生记录

（3）确定集合。

有时我们需要查找的并不是一个范围的记录，而是几个范围的记录，即一个集合里面的记录，这就需要用到谓词 IN，它可以用来查找属性值与指定集合的记录。

【例 2-25】查询班级为计算机应用或计算机网络班的学生。

```
SELECT  *
FROM  学生
WHERE 班级 IN('计算机应用', '计算机网络')
```

运行结果如图 2-30 所示。

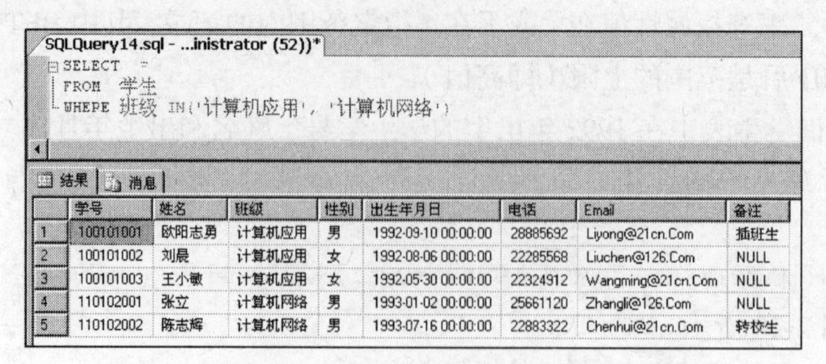

	学号	姓名	班级	性别	出生年月日	电话	Email	备注
1	100101001	欧阳志勇	计算机应用	男	1992-09-10 00:00:00	28885692	Liyong@21cn.Com	插班生
2	100101002	刘晨	计算机应用	女	1992-08-06 00:00:00	22285568	Liuchen@126.Com	NULL
3	100101003	王小敏	计算机应用	女	1992-05-30 00:00:00	22324912	Wangming@21cn.Com	NULL
4	110102001	张立	计算机网络	男	1993-01-02 00:00:00	25661120	Zhangli@126.Com	NULL
5	110102002	陈志辉	计算机网络	男	1993-07-16 00:00:00	22883322	Chenhui@21cn.Com	转校生

图 2-30　班级为计算机应用或计算机网络班的学生

本例的查询条件也可以用：班级='计算机应用' Or 班级='计算机网络'。

与 IN 相对的谓词是 NOT IN，用于查找属性值不属于指定集合的记录。

【例 2-26】查询学生表中所在班级不在计算机应用班且不在计算机软件班的学生。

```
SELECT *
FROM 学生
WHERE 班级 NOT IN('计算机应用', '计算机软件')
```

运行结果如图 2-31 所示。

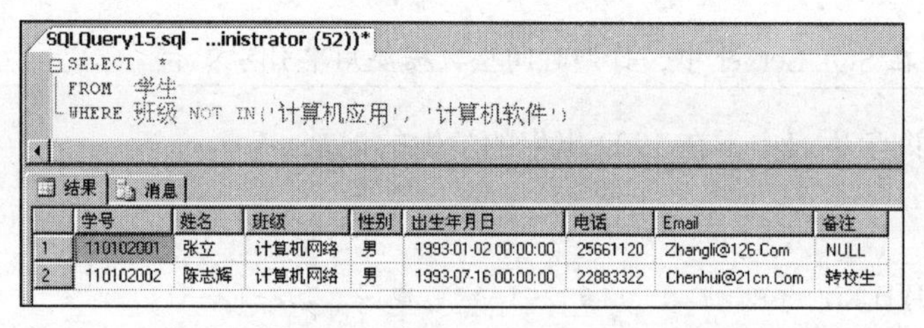

	学号	姓名	班级	性别	出生年月日	电话	Email	备注
1	110102001	张立	计算机网络	男	1993-01-02 00:00:00	25661120	Zhangli@126.Com	NULL
2	110102002	陈志辉	计算机网络	男	1993-07-16 00:00:00	22883322	Chenhui@21cn.Com	转校生

图 2-31　查询所在班级不在计算机应用班且不在计算机软件班的学生

【练习 2-28】查询图书表中出版社为“清华大学出版社”或“高等教育出版社”的记录。

【练习 2-29】查询进货单据表中经办人不是“陈红”和“欧阳志琴”的记录，查询结果只包括单号、进货日期和经办人。

（4）字符匹配。

有时，我们在查找数据时会不太清楚要查找的内容具体是什么，如在查找某个学生时，由于不太清楚这个学生叫什么名字，只知道他姓什么，这时就要用到字符匹配，就好像在 Windows 中进行模糊查找一样。我们先看下面的例子。

【例 2-27】查询所有电话号码以“22”开头的学生姓名、学号和电话。

```
SELECT 姓名, 学号, 电话
FROM 学生
WHERE 电话 LIKE '22%'
```

运行结果如图 2-32 所示。

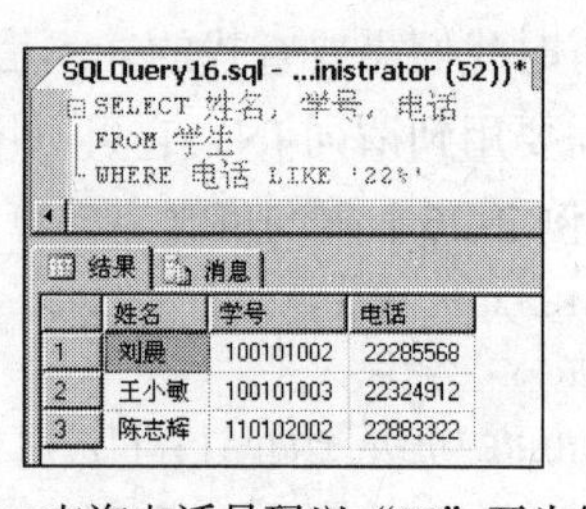

	姓名	学号	电话
1	刘晨	100101002	22285568
2	王小敏	100101003	22324912
3	陈志辉	110102002	22883322

图 2-32　查询电话号码以“22”开头的学生

由上例可以看到，谓词 LIKE 可以用来进行字符串的匹配。其一般语法格式为：

```
[NOT] LIKE '匹配串'
```

其含义是查找指定的属性列值与匹配串相匹配的记录。

各部分的参数解释如下。

- 匹配串：固定字符串或含通配符的字符串。
- 当为固定字符串时，可以用 = 运算符取代 LIKE 谓词，用 != 或 <>运算符取代 NOT LIKE 谓词。
- %（百分号）：代表任意长度（长度可以为 0）的字符串。例如，a%b 表示以 a 开头，以 b 结尾的任意长度的字符串，如 acb，addgb，ab 等都满足该匹配串。
- _（下画线）：代表任意单个字符。例如，a_b 表示以 a 开头，以 b 结尾的长度为 3 的任意字符串，如 acb，afb 等都满足该匹配串。

提示

（1）如果 LIKE 后面的匹配串不含通配符，则可以用=（等于）运算符取代 LIKE 谓词，用！=（不等于）运算符取代 NOT LIKE 谓词。例如，查询学生表中电话号码为 22324912 的学生学号、姓名和电话。

```
SELECT 学号，姓名，电话
FROM 学生
WHERE 电话 LIKE '22324912'
```

等价于：

```
SELECT 学号，姓名，电话
FROM 学生
WHERE 电话='22324912'
```

（2）在其他数据库系统中，可能使用其他符号来代替“%”和“_”。在使用时请首先查阅帮助文档。

【例 2-28】查询姓“欧阳”且全名为 4 个汉字的学生的名字。

```
SELECT 姓名
FROM 学生
WHERE 姓名 LIKE  '欧阳__'
```

运行结果如图 2-33 所示。

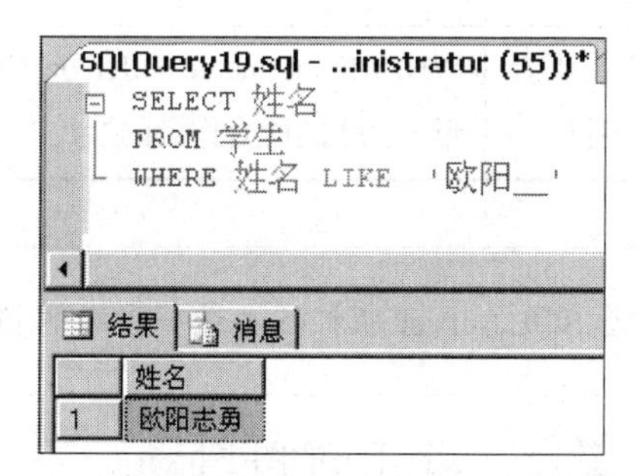

图 2-33　查询姓“欧阳”且全名为 4 个汉字的学生

从上面的例子可以看出，因为要查找名字以“欧阳”开头的 4 个汉字的学生，在 SQL Server 中，一个下画线“_”代表一个汉字，所以以“欧阳”开头的 4 个汉字表示为“欧阳__”。

（1）有些系统中，一个汉字占两个字符的位置，匹配串欧阳后面需要跟 4 个下画线“_”。

（2）在处理这一类查询时，需要注意字符中前导和后续空格的问题。前面我们介绍过，空格也是一个字符，如果不小心在“欧阳__”中输入了空格，变成“ 欧阳__ ”，则系统认为要查找的是：以空格开头，姓“欧阳”且全名为 4 个汉字，并以空格结尾的学生名字。显然，查询结果为空。

【例 2-29】查询名字中第 2 个字为“阳”字的学生姓名和学号。

```
SELECT 姓名,学号
FROM 学生
WHERE 姓名 LIKE  '_阳%'
```

运行结果如图 2-34 所示。

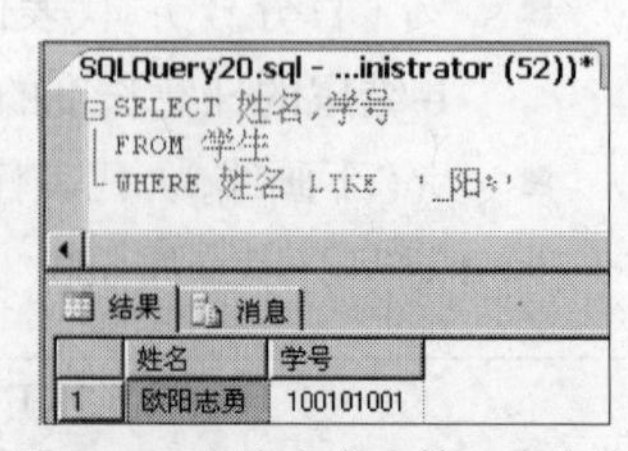

图 2-34　查询名字中第 2 个字为“阳”字的学生

上例中，查询的条件只要求第 2 个汉字为“阳”字，即第 1 个汉字可以是任意的汉字，所以用“_”代替，“阳”后面可以是任意 1 个或多个汉字，所以用“%”代替。

【例 2-30】查询所有不姓刘的学生姓名。

```
SELECT 姓名
FROM 学生
WHERE 姓名 NOT LIKE '刘%'
```

运行结果如图 2-35 所示。

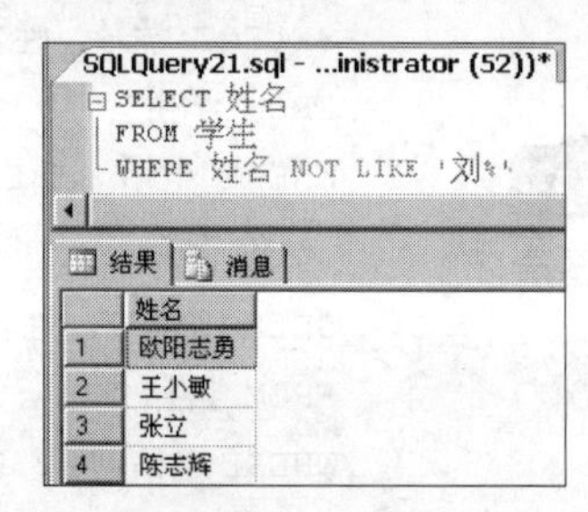

图 2-35　查询所有不姓刘的学生

当然，LIKE 还有更复杂的表达式，如利用[ ]和[^]来确定范围，如表 2-9 所示。

表 2-9　LIKE 更复杂的表达式

通配符	描　述	示　例
[ ]	指定范围 ([a-f]) 或集合 ([abcdef])中的任何单个字符	WHERE au_lname LIKE'[C-P]arsen'将查找以 arsen 结尾且以介于 C 与 P 之间的任何单个字符开始的作者姓氏，如 Carsen、Larsen、Karsen 等
[^]	不属于指定范围([a-f])或集合([abcdef])的任何单个字符	WHERE au_lname LIKE'de[^l]%'将查找以 de 开始且其后的字母不为 1 的所有作者的姓氏

读者可以通过查看 SQL Server 联机丛书进一步了解相关知识。

【练习 2-30】查询书名以“数据”二字开头的图书记录。

【练习 2-31】查询供应商地址以“广州”开头的供应商名称、联系人、地址和电话。

【练习 2-32】查询进货经办人不以“欧阳”开头的进货单号和经办人。

【练习 2-33】查询书名为 4 个汉字的图书记录。

（5）涉及空值的查询。

空值在某些场合上应用极为广泛，如在统计毕业生就业情况时，已找到工作的学生在工作栏中写上工作单位，还没找到工作的学生该栏就为空，当要查找有多少人没有找到工作时，就可以使用涉及空值的查询。所谓的空值并不是没有这条记录，而是该记录的值为空，空值一般用NULL。

【例 2-31】某些学生由于特殊原因分配到某个班上课，一般都在学生表的备注信息栏里写明，没有特殊原因的学生备注栏为空，现查询备注为空的学生学号、姓名和备注。

```
SELECT 学号，姓名，备注
FROM 学生
WHERE 备注 IS NULL
```

运行结果如图2-36所示。

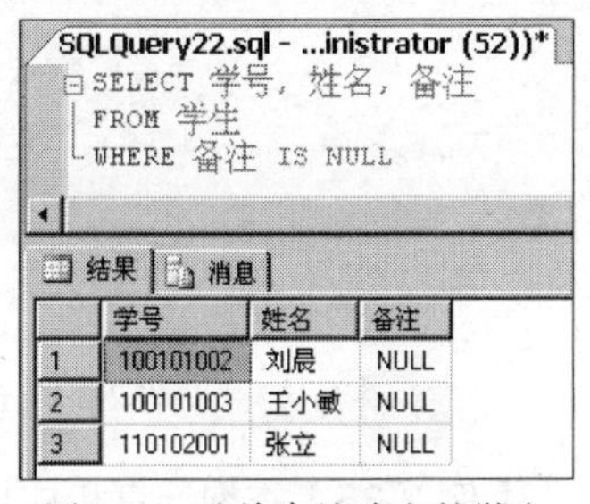

	学号	姓名	备注
1	100101002	刘晨	NULL
2	100101003	王小敏	NULL
3	110102001	张立	NULL

图2-36 查询备注为空的学生学号、姓名和备注

（1）这里的“IS”不能用等号（=）代替。

（2）非空用 NOT NULL。

【例 2-32】查询备注不为空的学生学号、姓名和备注。

```
SELECT 学号，姓名，备注
FROM 学生
WHERE 备注 IS NOT NULL
```

运行结果如图2-37所示。

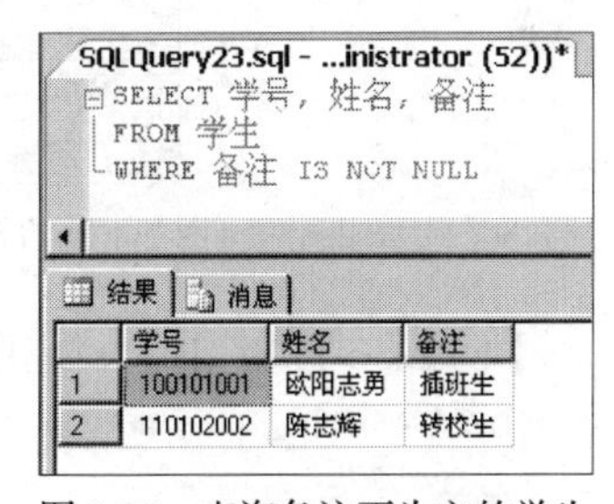

	学号	姓名	备注
1	100101001	欧阳志勇	插班生
2	110102002	陈志辉	转校生

图2-37 查询备注不为空的学生学号，姓名，备注

【练习 2-34】查询供应商表中备注为空的记录。

【练习 2-35】查询供应商表中备注不为空的记录。

（6）多重条件查询。

多重条件即条件不只是一个，而是有多个，如查找性别是男且年龄在30岁以下的（这里就包括了两个条件）。在进行多重条件查询时，一般用逻辑运算符AND和OR来联结多个查询条件。AND的优先级高于OR，但用户可以用括号改变优先级。

【例 2-33】查询学时大于60且学分大于3分的课程记录。

```
SELECT  *
FROM 课程
WHERE  学时>60 AND 学分>3
```

运行结果如图2-38所示。

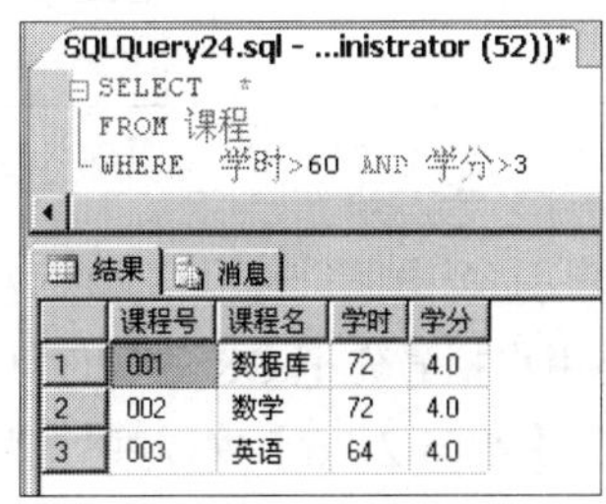

	课程号	课程名	学时	学分
1	001	数据库	72	4.0
2	002	数学	72	4.0
3	003	英语	64	4.0

图2-38 查询学时大于60且学分大于3分的记录

【例 2-34】查询选修成绩不及格或在2010年之后才选修课程的记录。

```
SELECT *
FROM 选修
WHERE 成绩<60 OR 选修日期>'2010-12-31'
```

运行结果如图2-39所示。

	学号	课程号	成绩	选修日期
1	100101001	001	85	2011-02-01 00:00:00.000
2	100101001	004	90	2011-09-01 00:00:00.000
3	100101001	005	55	2011-09-01 00:00:00.000
4	100101002	001	62	2011-02-01 00:00:00.000
5	100101002	002	76	2011-09-01 00:00:00.000
6	100101003	001	50	2011-02-01 00:00:00.000
7	100101003	003	93	2011-09-01 00:00:00.000
8	110102001	002	55	2012-02-01 00:00:00.000
9	110102002	007	85	2012-02-01 00:00:00.000

图 2-39　查询选修成绩不及格或选修时间在 2010 年之后的记录

【例 2-35】查询计算机应用班的所有男生或计算机网络班的所有女生。

```
SELECT  *
FROM 学生
WHERE 班级='计算机应用'  AND 性别='男'
OR 班级='计算机网络'  AND 性别='女'
```

运行结果如图 2-40 所示。

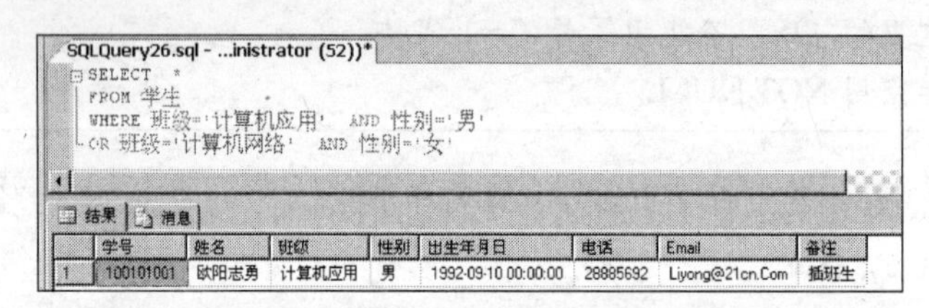

	学号	姓名	班级	性别	出生年月日	电话	Email	备注
1	100101001	欧阳志勇	计算机应用	男	1992-09-10 00:00:00	28885692	Liyong@21cn.Com	插班生

图 2-40　查询计算机应用班的所有男生或计算机网络班的所有女生

【例 2-36】查询计算机应用班或计算机软件班的所有姓“刘”的学生。

```
SELECT *
FROM 学生
WHERE (班级='计算机应用'  OR 班级='计算机软件') AND 姓名 LIKE '刘%'
```

运行结果如图 2-41 所示。

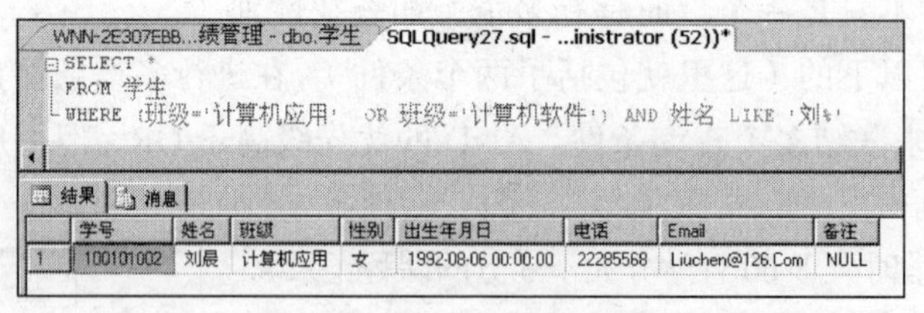

	学号	姓名	班级	性别	出生年月日	电话	Email	备注
1	100101002	刘晨	计算机应用	女	1992-08-06 00:00:00	22285568	Liuchen@126.Com	NULL

图 2-41　查询计算机应用班或计算机软件班的所有姓李的学生

上例中，同时用到 OR 和 AND，由于 AND 的优先级大于 OR。如果要先执行 OR 条件，就需要用小括号先把 OR 的条件括起来，这样系统就会先执行 OR 的条件，再执行 AND 的条件。

【练习 2-36】查询进货明细表中进货数量大于等于 10 且进货单价大于 25 元的记录。

【练习 2-37】查询单据表中进货日期在 2011 年 5 月之后或经办人姓名以“欧阳”开头的进货单号、进货日期和经办人。

【练习 2-38】查询销售表中销售数量大于等于 3 且销售单价大于 30 元的记录或销售时间在 2011 年 6 月之后的记录。

【练习 2-39】查询进货单据表中进货日期在 2011 年之后且供应商编号不为 001，003 且经办人姓名不以“欧阳”开头的记录。

【练习 2-40】查询销售表中 ISBN 最后一字符为 6 的销售记录或销售数量为 10～15 且销售单价大于 20 元的记录。

（7）对查询结果排序。

有时为了查看方便，需要对数据进行排列。SQL 用 ORDER BY 子句对查询结果按照一个或多个属性列的升序（ASC）或降序（DESC）排列，缺省值为升序。

【例 2-37】查询选修了 001 号课程的学生的学号和成绩，查询结果按成绩升序排列。

```
SELECT 学号,成绩
FROM 选修
WHERE 课程号='001'
ORDER BY 成绩
```

运行结果如图 2-42 所示。

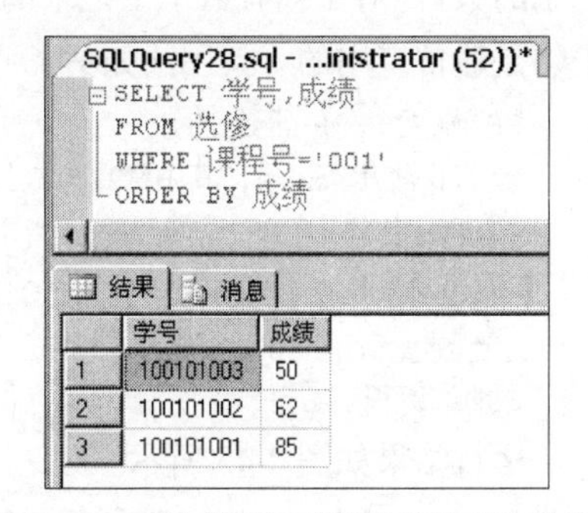

	学号	成绩
1	100101003	50
2	100101002	62
3	100101001	85

图 2-42　查询结果按成绩分数的升序排列

（1）对于空值，若按升序排，含空值的记录将最先显示。若按降序排，空值的记录将最后显示。

（2）如果没有说明，系统默认是升序排列，如果要按列名降序排列，要用 DESC。

【例 2-38】对学生表先按班级升序排列，同一班级的学生按姓名降序排列。

```
SELECT *
FROM 学生
ORDER BY 班级，姓名 DESC
```

运行结果如图 2-43 所示。

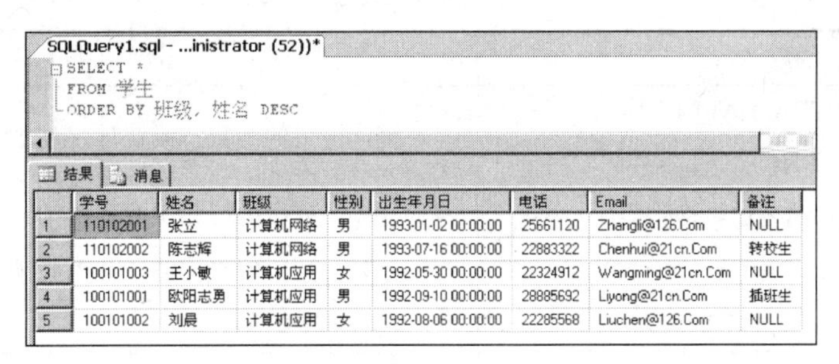

	学号	姓名	班级	性别	出生年月日	电话	Email	备注
1	110102001	张立	计算机网络	男	1993-01-02 00:00:00	25661120	Zhangli@126.Com	NULL
2	110102002	陈志辉	计算机网络	男	1993-07-16 00:00:00	22883322	Chenhui@21cn.Com	转校生
3	100101003	王小敏	计算机应用	女	1992-05-30 00:00:00	22324912	Wangming@21cn.Com	NULL
4	100101001	欧阳志勇	计算机应用	男	1992-09-10 00:00:00	28885692	Liyong@21cn.Com	插班生
5	100101002	刘晨	计算机应用	女	1992-08-06 00:00:00	22285568	Liuchen@126.Com	NULL

图 2-43　先按班级升序排列，再按姓名降序排列

【练习 2-41】查询供应商表中备注为空的记录，查询结果按联系人名称升序排列。

【练习 2-42】查询销售表中的所有记录，查询结果先按销售单价降序排列，销售单价相同的记录按销售日期升序排列。

【练习 2-43】查询图书表中的记录，查询结果先按出版社升序排列，再按当前销售折扣降序排列，最后按书名降序排列。

（8）查询表中前几条记录。

有时候，我们要查找表中前几条记录，这种情况十分常见。

【例 2-39】查询选修表中成绩在前 5 名的学生。

```
SELECT TOP 5 *
```

```
FROM 选修
ORDER BY 成绩 DESC
```

运行结果如图 2-44 所示。

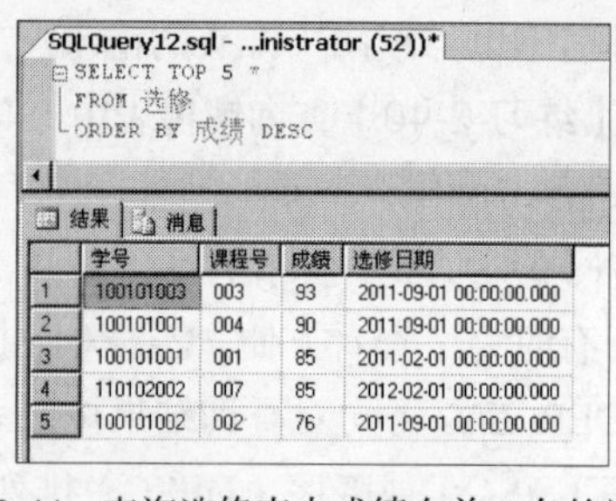

图 2-44　查询选修表中成绩在前 5 名的学生

由上例中可以看到，TOP 子句用于规定要返回的记录的数目。对于拥有数千条记录的大型表来说，TOP 子句是非常有用的。其用法如下：

```
SELECT  TOP 常数 *
/*查找前几条记录，其中常数为查找的记录数*/
FROM  表名                    /*指定查询的表*/
```

【例 2-40】查找课程表中前 50%的记录。

```
SELECT TOP 50 PERCENT *
FROM 课程
```

运行结果如图 2-45 所示。

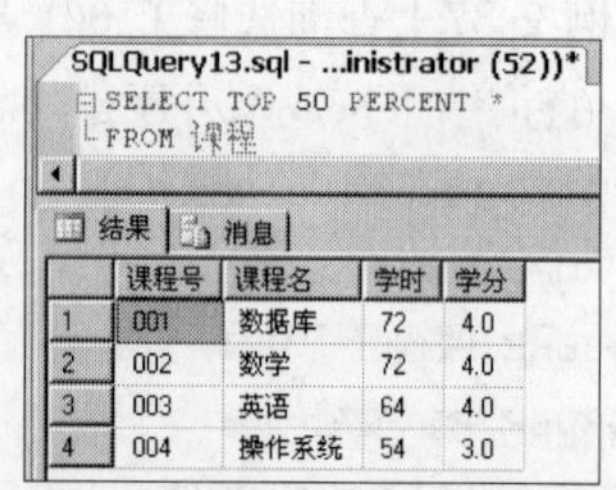

图 2-45　查找课程表中前 50%的记录

上例中，用 TOP N PERCENT 来表示前 n%条记录，该短语在日常生活中十分常用。其用法如下：

```
SELECT TOP N PERCENT *
                        [查找前 n%记录，其中 n 为常数]
FROM 表名                              [指定查询的表]
```

【练习 2-44】查询图书表中单价最高的前 3 本书的记录。

【练习 2-45】查询进货明细表中前 30%的记录。

（9）使用聚合函数。

聚合函数在对数据进行各种汇总时最为常见。例如，对某学校在校师生人数进行求和，对某公司进行盈利计算等。SQL 提供了许多聚合函数，本书讲解几种常用的函数，如表 2-10 所示。

表 2-10　　常用的聚合函数

函数名	说　明
COUNT（[DISTINCT|ALL] *） COUNT（[DISTINCT|ALL] <列名>）	统计记录的个数，或统计一列中值的个数
SUM（[DISTINCT|ALL] <列名>）	计算一列值的总和（此列必须是数值型）
AVG（[DISTINCT|ALL] <列名>）	计算一列值的平均值（此列必须是数值型）
MAX（[DISTINCT|ALL] <列名>）	求一列中的最大值
MIN（[DISTINCT|ALL] <列名>）	求一列中的最小值

如果指定 DISTINCT 短语，则表示在计算时要取消指定列中的重复值。如果不指定 DISTINCT 短语或是指定 ALL 短语（ALL 为默认值），则表示不取消重复值。

【例 2-41】在学生表中查询学生总人数。

```
SELECT COUNT(*) AS 总人数
FROM 学生
```

运行结果如图 2-46 所示。

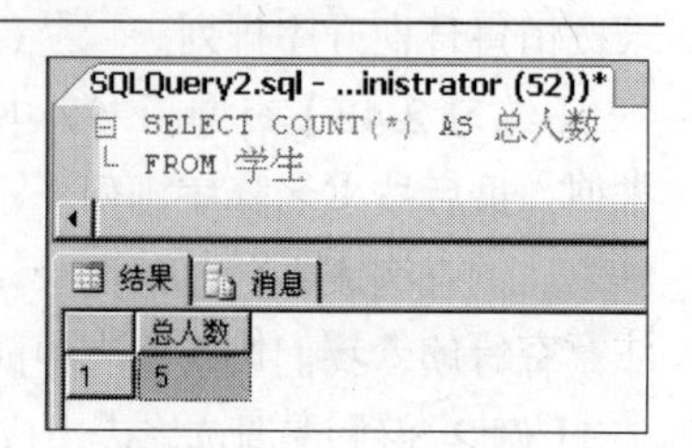

图 2-46　查询学生总人数

在上例中，查询学生总人数用到了一个聚合函数 COUNT()。该函数的作用是统计数据表中记录的个数。在学生表中，一个学生一条记录，表中有多少条记录就有多少个学生，所以上例用 COUNT() 来统计学生的总人数。

【例 2-42】在选修表中查询选修了课程的学生人数。

```
SELECT COUNT(DISTINCT 学号) as 总人数
FROM 选修
```

运行结果如图 2-47 所示。

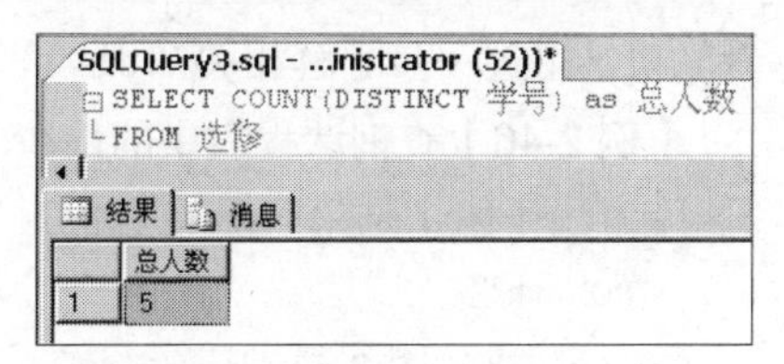

图 2-47　查询选修了课程的学生人数

提示　学生每选修一门课，在选修表中都有一条相应的记录。一个学生可选修多门课程，为避免重复计算学生人数，必须在 COUNT 函数中使用 DISTINCT 短语。

【例 2-43】计算选修了 001 号课程的学生平均成绩。

```
SELECT AVG(成绩) as 平均成绩
FROM 选修
WHERE 课程号='001'
```

运行结果如图 2-48 所示。

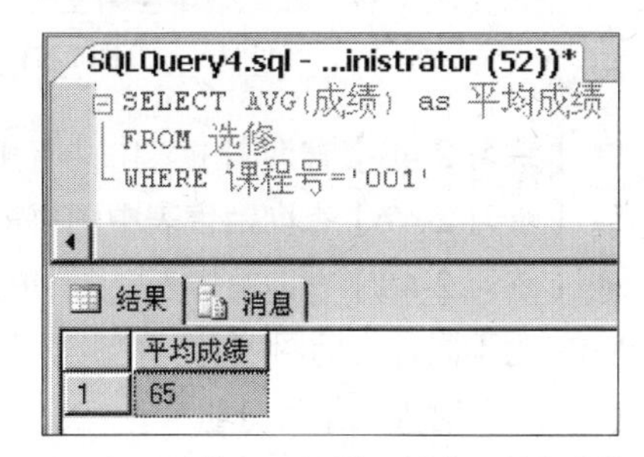

图 2-48　计算 001 号课程的学生平均成绩

上例中，AVG 计算表中某一列值的平均值，在这里，学生选修的所有成绩都在“成绩”列中，所以用 AVG（成绩）求出学生的平均成绩。值得注意的一点是，用 AVG 所求的列必须是数值型的。

【例 2-44】计算学生的总成绩和平均成绩。

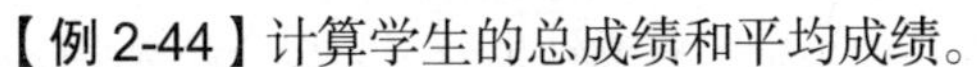

```
SELECT SUM(成绩) AS 总成绩, AVG(成绩) AS 平均成绩
FROM 选修
```

运行结果如图 2-49 所示。

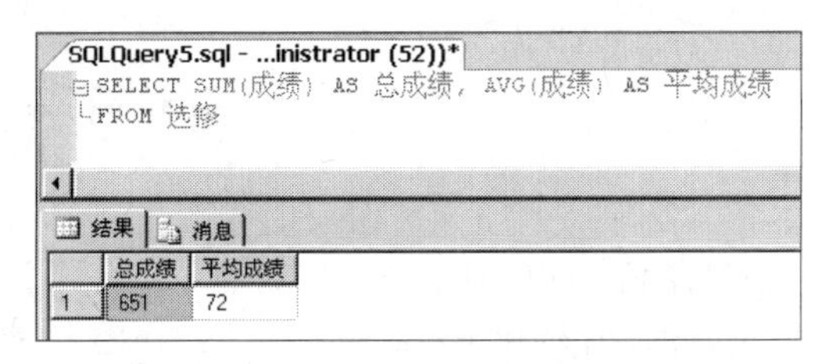

图 2-49　计算学生的总成绩和平均成绩

【例 2-45】查询选修 001 号课程的学生的最高分数。

```
SELECT MAX(成绩) AS 最高分
FROM 选修
WHERE 课程号='001'
```

运行结果如图 2-50 所示。

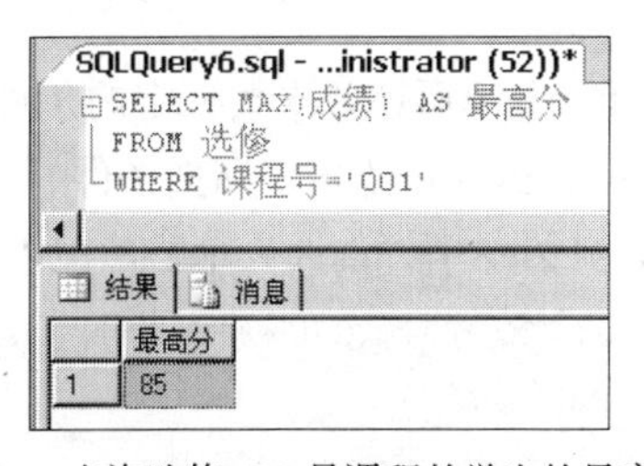

图 2-50　查询选修 001 号课程的学生的最高分数

在上例中，MAX 函数的作用是求一列中的最大值，上例要求查询选修 001 号课程的学生的最高分数，所以用 MAX（成绩）。在使用聚合函数时要注意空值的处理，例如要查询学生表中备注为空的学生人数，这时就要考虑到空值问题。读者可以查

看联机丛书进一步了解相关知识。

【例 2-46】查询课程表中的最少学分和最少课时。

```
SELECT MIN（学分）AS 最少学分，MIN（学时）AS 最少学时
FROM 课程
```

运行结果如图 2-51 所示。

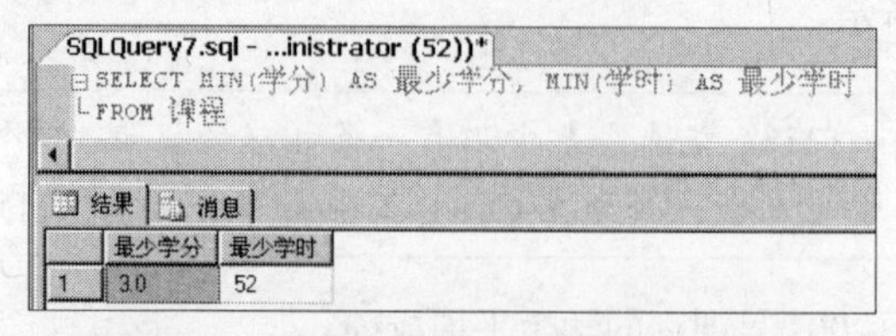

图 2-51　课程表中的最少学分和最少课时

【练习 2-46】查询图书表中共有多少种图书（不同的 ISBN 为不同种类的图书）。

【练习 2-47】查询销售表中图书的最大销售单价和最小销售数量。

【练习 2-48】查询销售表中图书的销售总量和销售的总金额，以及共销售了多少种书（不同的 ISBN 为不同种类的图书）。

（10）对查询结果分组。

聚合函数通常和分组一起使用。例如，某班需要计算男同学和女同学各有多少人，这时必须先把该班的学生按性别进行分组，再计算每一组的人数，好比在 Excel 中的汇总功能一样。对查询结果分组的目的是为了细化聚合函数的作用对象。如果未对查询结果分组，聚合函数将作用于整个查询结果。分组后聚合函数将作用于每一个组，即每一组都有一个函数值。在 SQL 中，一般用 GROUP BY 子句对查询结果进行分组。

【例 2-47】查询每门课的选修人数。

```
SELECT 课程号，COUNT(学号) AS 选课人数
FROM 选修
GROUP BY 课程号
```

运行结果如图 2-52 所示。

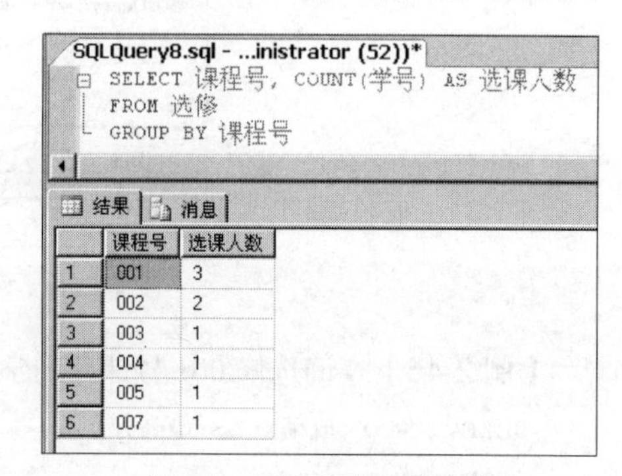

图 2-52　每门课的选修人数

该语句先对查询结果按课程号的值分组，所有具有相同课程号的记录为一组，然后对每一组作用聚合函数 COUNT 计算，以求得该组的学生人数。在这里使用了 COUNT（学号），这是因为一个学号代表一个学生，所以 COUNT（学号）代表每组的学生总人数。当然，如果不用 COUNT（学号）而用 COUNT(*)，道理也是一样的。

如果分组后还要求按一定的条件对这些组进行筛选，最终只输出满足指定条件的组，则可以使用 HAVING 短语指定筛选条件。

【例 2-48】查询选修了 2 门以上（包括 2 门）课程的学生。

```
SELECT 学号，COUNT(课程号) as 课程数
FROM 选修
GROUP BY 学号
HAVING COUNT(*)>=2
```

运行结果如图2-53所示。

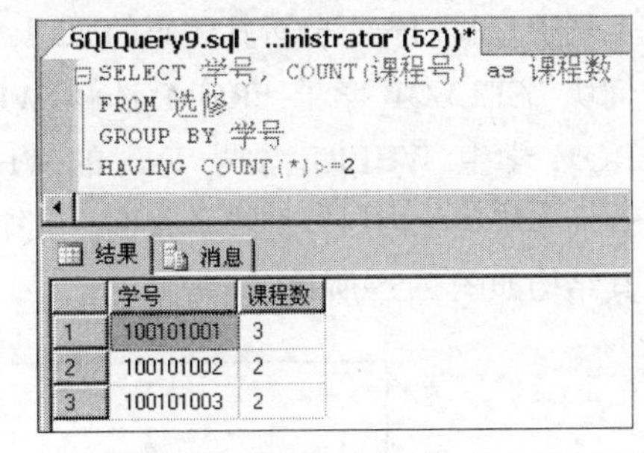

图2-53　选修了2门以上（包括2门）课程的学生

这里先用GROUP BY子句按学号进行分组，再用聚合函数COUNT对每一组计数。HAVING短语指定选择的条件，只有满足条件（即记录个数>=2，表示此学生选修的课程超过1门）的组才会选出来。

【例2-49】查询男生超过10人的班级和人数。

```
SELECT 班级, COUNT(*) As 人数
FROM 学生
WHERE 性别='男'
GROUP BY 班级
HAVING COUNT(*)>10
```

运行结果如图2-54所示。

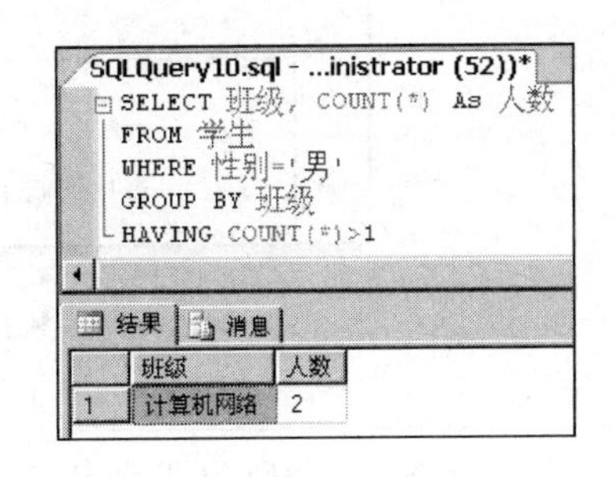

图2-54　男生超过10人的班级和人数

上例用到WHERE和HAVING两个条件短语，WHERE子句与HAVING短语的区别在于作用对象不同。WHERE子句作用于基本表或视图，从中选择满足条件的记录。HAVING短语作用于组，从中选择满足条件的组。

谓词GROUP BY可以对表按列名进行分组。其一般语法格式如下：

```
SELECT 列名,[聚合函数]
FROM  表名
GROUP BY 列名
[HAVING 条件表达式]
```

整个语句的含义是，先将表按某列名的值进行分组，该属性列值相等的记录为一个组。通常会在每组中使用聚合函数。如果GROUP BY子句带HAVING短语，则只有满足指定条件的组才能够输出。

【练习2-49】求图书表中各出版社所出版的书的种类数（不同的ISBN为不同种类的图书）。

【练习2-50】求进货明细表中进货数量大于40或进货的总金额大于300元的进货单号、进货数量和进货的总金额。

【练习2-51】求销售表中销售记录大于2次或销售总量大于10本或销售的总金额在50元以上的记录，查询结果包括ISBN、销售记录数、销售总量和销售的总金额。

2.4.2　嵌套查询

在SQL中，把一个Select-From-Where语句称为一个查询块。将一个查询块嵌套在另一个查询的Where子句或Having短语的条件中的查询称为嵌套查询。

【例2-50】查询选修了002号课程的学生名字。

```
SELECT 姓名
FROM 学生
WHERE 学号 IN(SELECT 学号
              FROM 选修
              WHERE 课程号='002')
```

上例中，我们先不分析其代码的原理，只分析其结构。上例的代码共分了两层查询模块，下层查询块“SELECT 学号 FROM 选修 WHERE 课程号='002'”嵌套在上层查询块“SELECT 姓名 FROM 学生 WHERE 学号 IN”的 WHERE 条件中。上层的查询块称为外层查询或父查询，下层查询模块称为内层查询或子查询。SQL 允许多层嵌套，即一个子查询中还可以嵌套其他子查询，其结构如图 2-55 所示。

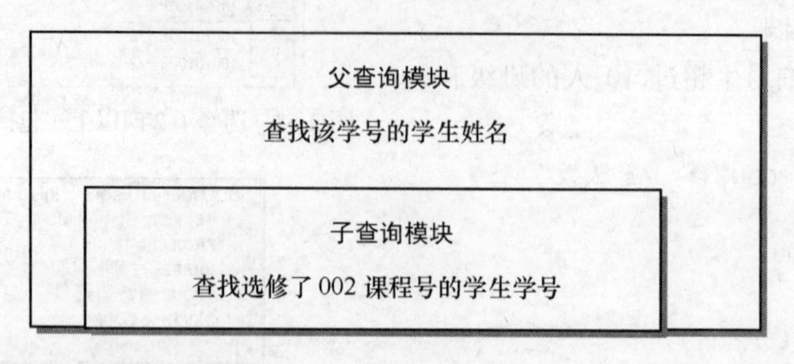

图 2-55　嵌套查询结构图

子查询的 SELECT 语句中不能使用 ORDER BY 子句，ORDER BY 子句只能对最终查询结果排序。

嵌套查询一般的求解方法是由里向外处理，即每个子查询在上一级查询处理之前求解，子查询的结果用于建立其父查询的查找条件。嵌套查询使我们可以用多个简单查询构成复杂的查询，从而增强 SQL 的查询能力。

嵌套查询所写的代码结构非常清晰，很好理解，这体现了结构化语言的特点，所以应用十分广泛，建议读者在用查询语言写程序时尽量用嵌套查询。

嵌套查询中的谓词一般有 IN、ANY、ALL、EXISTS 以及常用的比较运算符，本小节主要介绍它们的用法。

1. 带有 IN 谓词的子句查询

在嵌套查询中，子查询的结果往往是一个集合，所以谓词 IN 是嵌套查询中最经常使用的谓词。

【例 2-51】查询与“刘晨”在同一个班学习的学生。

首先分步来完成此查询，然后再构造嵌套查询。

第一步：确定“刘晨”所在班级名：

```
SELECT 班级
FROM 学生
WHERE 姓名='刘晨'
```

运行结果如图 2-56 所示。

第二步：查找所有在“计算机应用”班学习的学生。

	班级
1	计算机应用

图 2-56　确定“刘晨”所在班级名

```
SELECT 学号，姓名，班级
FROM 学生
WHERE 班级='计算机应用'
```

运行结果如图 2-57 所示。

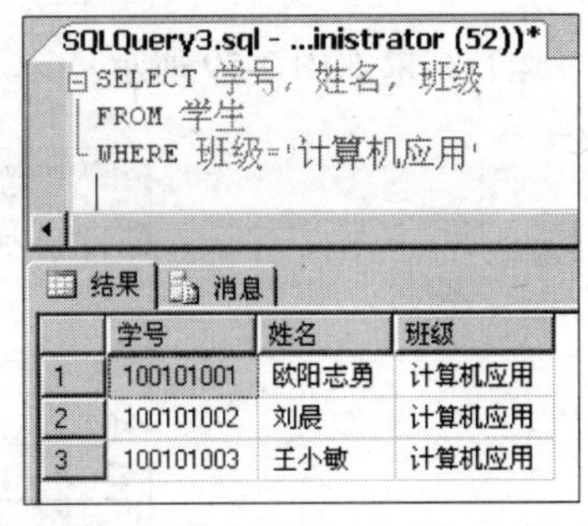

	学号	姓名	班级
1	100101001	欧阳志勇	计算机应用
2	100101002	刘晨	计算机应用
3	100101003	王小敏	计算机应用

图 2-57　查找所有“计算机应用”班的学生

将第一步查询嵌入到第二步查询的条件中，构造嵌套查询，SQL 语句如下：

```
SELECT 学号，姓名，班级
FROM 学生
WHERE 班级 IN（SELECT 班级
              FROM 学生
              WHERE 姓名='刘晨'）
```

运行的结果和图 2-57 一样。

数据库管理系统在求解该查询时，实际上也是分步去做的，类似于上面写的分步过程。

本例中，由于父查询和子查询都用同一个表，所以我们也可以对这个表分别命名为两个不同名字的表来进行嵌套查询（其实这是为了让程序看上去清晰一点）：

```
SELECT 学号，姓名，班级
FROM 学生 学生 1                          /*把学生表命名为学生 1*/
WHERE 学生 1.班级 IN（SELECT 班级
                    FROM 学生 学生 2       /*把学生表命名为学生 2*/
                    WHERE 学生 2.姓名='刘晨'）
```

在这里虽然把学生表重命名为两个不同名字的表，但不会影响到基本表：学生表的所有属性，即命名只是临时的，在数据库中该表仍然叫“学生表”。

【例 2-52】查询选修了“数据库”的学生的学号和姓名。

本查询涉及学号和姓名两个属性，学号和姓名存放在学生表中，查询条件是选修了数据库课程，因此涉及学生表和课程表，而这两个表之间没有直接联系，必须通过选修表建立它们二者之间的联系。所以本查询实际上涉及 3 个表，它们的关系如图 2-58 所示。

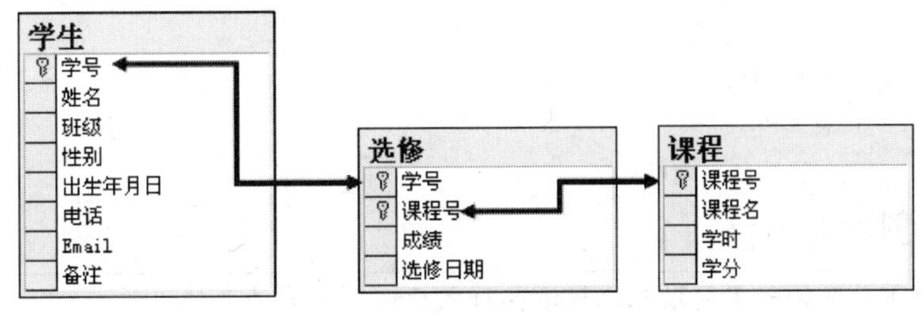

图 2-58　三个表的关系

于是查询代码如下：

```
SELECT 学号,姓名
FROM 学生
WHERE 学号 IN(SELECT 学号
```

```
        FROM 选修
        WHERE 课程号 IN(SELECT 课程号
                        FROM 课程
                        WHERE 课程名='数据库'))
```

运行结果如图 2-59 所示。

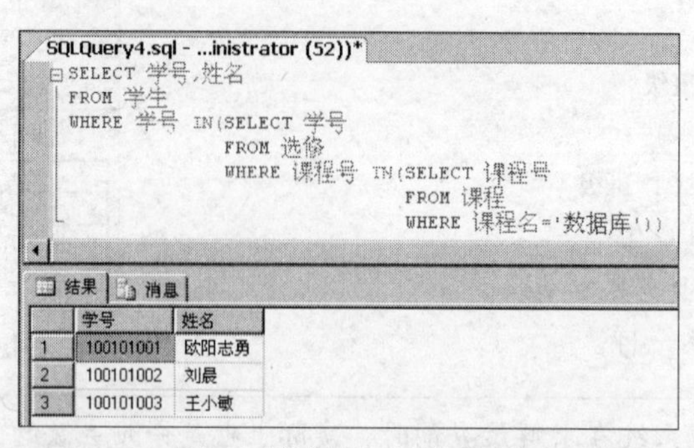

图 2-59　选修了“数据库”的学生的学号和姓名

从以上例子可以看到，查询涉及多个关系时，用嵌套查询逐步求解，层次清楚，易于构造，具有结构化程序设计的优点。

【练习 2-52】用嵌套查询的方式查询与书名“数据库系统概论”同一出版社的图书记录。

【练习 2-53】用嵌套查询的方式查询进货经办人不为“陈红”和“林志聪”的图书记录，查询结果为图书表的所有字段。

【练习 2-54】用嵌套查询的方式查询供应商地址在广州的图书情况。

【练习 2-55】用嵌套查询的方式查询进货日期在 2011 年 5 月 31 日以后或供应商电话最后一位为“6”，或图书单价小于 20 元的图书记录。

2. 带有比较运算符的子查询

当父查询与子查询之间用比较运算符进行连接时，就称之为带有比较运算的子查询。在例 2-51 中，由于一个学生只能在一个班级学习，也就是说内查询的结果是一个值，因此可以用“=”代替“IN”，其 SQL 语句如下：

```
SELECT 学号，姓名，班级
FROM 学生
WHERE 班级=(SELECT 班级
            FROM 学生
            WHERE 姓名='刘晨')
```

运行结果与例 2-51 一样。

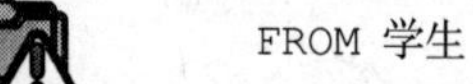

注意

（1）子查询一定要跟在比较运算符之后，下列写法是错误的：

```
SELECT 学号，姓名，班级
FROM 学生
WH ERE  (SELECT 班级 FROM 学生 WHERE 姓名='刘晨')=班级
```

（2）当用户知道内层查询返回的是单个值时，可以用>、<、=、>=、<=、!=或<>等比较运算符。

【例2-53】查询学分比“数据结构”高的所有课程。

```
SELECT 课程号,课程名
FROM 课程
WHERE 学分>(SELECT 学分
            FROM 课程
            WHERE 课程名='数据结构')
```

运行结果如图2-60所示。

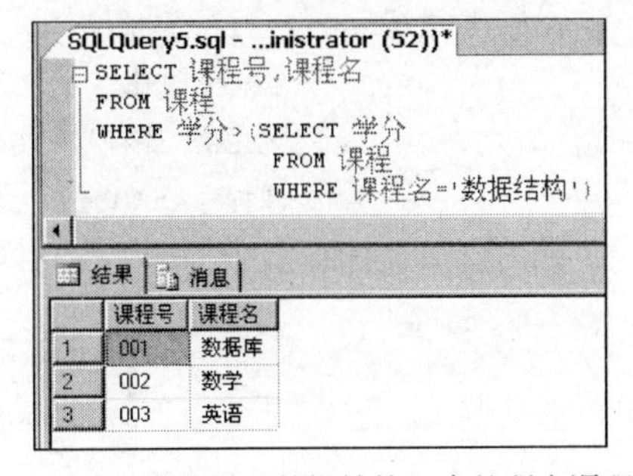

图2-60 学分比“数据结构”高的所有课程

由此可见，嵌套查询具有结构非常清晰，可读性好的优点，但在实现同一查询功能时，嵌套查询较其他查询相比，代码行较多，这是它的不足之处。所以在编程时要根据实际的需要决定是否采用嵌套查询。

【练习2-56】查询与新华书店同一个邮编的供应商信息。

【练习2-57】查询供应商地址在广州的进货单号。

3. 带有ANY或ALL谓词的子查询

其实，带有比较运算符的子查询一般都和ANY、ALL一起用。例如，管理员要查找某个班里男生中比所有女生期末成绩都高的学生，这里就要用到ALL。在具体讲解其用法之前，我们先了解一下SQL中常用的比较运算符，如表2-11所示。

表2-11 常用的比较运算符

谓 词	说 明
>Any	大于子查询结果中的某个值
>All	大于子查询结果中的所有值
<Any	小于子查询结果中的某个值
<All	小于子查询结果中的所有值
>=Any	大于等于子查询结果中的某个值
>=All	大于等于子查询结果中的所有值
<=Any	小于等于子查询结果中的某个值
<=All	小于等于子查询结果中的所有值
=Any	等于子查询结果中的某个值
=All	等于子查询结果中的所有值（通常没有实际意义）
!=Any	不等于子查询结果中的某有值
!=All	不等于子查询结果中的任何一个值

使用Any或All谓词时则必须同时使用比较运算符。

【例2-54】查询选修表中比科目001的某些成绩高的记录。

```
SELECT *
FROM 选修
```

```
WHERE 成绩>ANY(SELECT 成绩
               FROM 选修
               WHERE 课程号='001')
          AND 课程号<>'001'          /*注意这是父查询块中的条件*/
```

运行结果如图 2-61 所示。

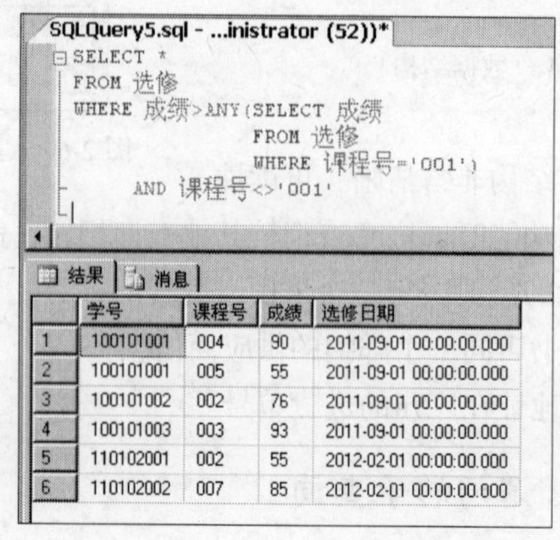

	学号	课程号	成绩	选修日期
1	100101001	004	90	2011-09-01 00:00:00.000
2	100101001	005	55	2011-09-01 00:00:00.000
3	100101002	002	76	2011-09-01 00:00:00.000
4	100101003	003	93	2011-09-01 00:00:00.000
5	110102001	002	55	2012-02-01 00:00:00.000
6	110102002	007	85	2012-02-01 00:00:00.000

图 2-61　查询选修表中比科目 001 某些成绩高的记录

上例 SQL 最后一句“课程号<>001”的作用是把科目 001 筛选出去。系统执行此查询时，首先处理子查询，找出 001 号课程中所有学生选修的成绩，构成一个集合（85，62，50），然后处理父查询，查找所有不是 001 号课程且成绩大于 85 或大于 62，亦或大丁 50 的记录。

本查询也可以用聚合函数来实现。首先用子查询找出 001 号课程中最低分（50），然后在父查询中查找所有非 001 号课程且成绩高于 50 分的学生记录。SQL 语句如下：

```
SELECT  *
FROM 选修
WHERE 成绩>(SELECT  MIN(成绩)
            FROM 选修
            WHERE 课程号='001')
        AND 课程号<>'001'
```

其运行结果和例 2-54 一样。

【例 2-55】查询选修表中比科目 001 所有成绩都高的记录。

```
SELECT *
FROM 选修
WHERE 成绩>ALL(SELECT 成绩
               FROM 选修
               WHERE 课程号='001')
          AND 课程号<>'001'    /*注意这是父查询块中的条件*/
```

运行结果如图 2-62 所示。

本查询同样可以用聚合函数实现。SQL 语句如下：

```
SELECT  *
FROM 选修
WHERE 成绩>(SELECT MAX(成绩)
            FROM 选修
```

```
        WHERE 课程号='001')
    AND 课程号<>'001'
```

运行结果和例 2-55 一样。

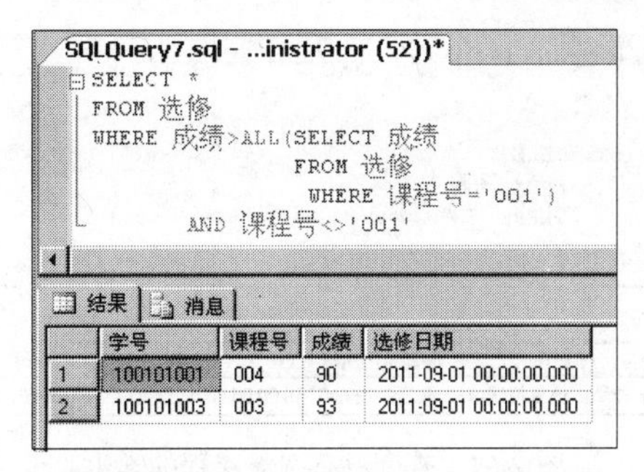

图 2-62　查询选修表中比科目 001 的所有成绩都高的记录

下面给出了 ANY、ALL 与聚合函数的对应关系，如表 2-12 所示。

表 2-12　　ANY/ALL 谓词与集函数及 IN 谓词的等价转换关系

	=	<>!=	<	<=	>	>=
ANY	IN	--	<MAX	<=MAX	>MIN	>=MIN
ALL	--	NOT IN	<MIN	<=MIN	>MAX	>=MAX

对于例 2-54 和例 2-55，分别用了谓词 ANY 和 ALL，ANY 指的是某一些，ALL 指的是所有、全部。在例 2-54 中，要查询选修表中比选修了科目 001 的某一些成绩高的记录，也就是说，在其他选修科目中，成绩只要有比选修了科目 001 中的某个成绩高就行了，不需要比选修了科目 001 的所有成绩都高。而在例 2-55 中，则要比选修了科目 001 的所有成绩都高的其他科目才能符合查询条件。

事实上，用聚合函数实现子查询通常比直接用 ANY 或 ALL 谓词查询效率要高。

【练习 2-58】查询图书表中单价比清华大学出版社某些图书高的记录。

【练习 2-59】查询图书表中单价比清华大学出版社所有书单价都高的记录。

【练习 2-60】查询进货单据表中比陈红经办的进货日期都早的记录。

4. 带有 EXISTS 谓词的子查询

有些查询，当查询条件说到“全部”或“如果……就”等字眼，如果我们用上面所讲的查询难以实现或实现起来较麻烦时，往往用带有 EXISTS 谓词的嵌套查询会更方便。EXISTS 代表“存在”的意思。带有 EXISTS 谓词的子查询不返回任何数据，它产生逻辑真值“TRUE”或逻辑假值“FALSE”。

【例 2-56】查询没有选修课程的学生记录。

```
SELECT *
FROM 学生
WHERE NOT EXISTS(SELECT *
```

```
        FROM 选修
        WHERE 选修.学号=学生.学号)
```

运行结果如图 2-63 所示。

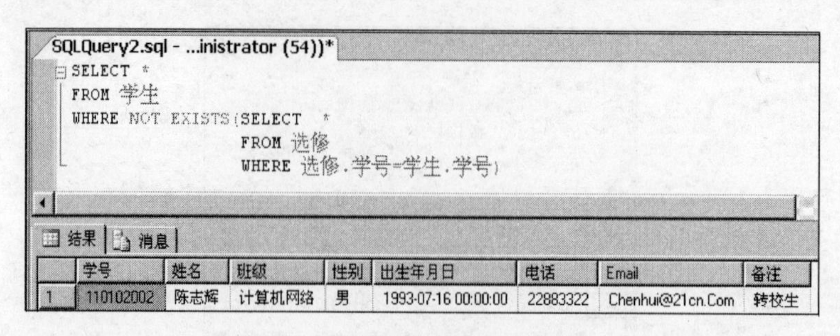

图 2-63　查询没有选修课程的学生

分析上例，其代码的含义是：如果某学生学号没有在选修表中出现，则把这个学生的信息显示出来。其操作过程是：系统先把学生表中的第 1 个学号放到选修表中扫描，当在选修表中没扫描到该学号，就把该学号所对应的学生表的信息显示出来，接着再把第 2 个学号放到选修表中扫描，依此类推，直到把学生表中的所有学号扫描完为止。通过这种扫描方式，很容易就把没有选修课程的学生找出来了。

试想，用 EXISTS 谓词如何查询没有人选修的课程信息？其实，答案和上例类似，只需稍加修改即可。查询代码如下：

```
SELECT *
FROM 课程
WHERE NOT EXISTS(SELECT *
        FROM 选修
        WHERE 选修.课程号=课程.课程号)
```

【练习 2-61】查询没有供应过图书的供应商。

【练习 2-62】查询经办过所有清华大学出版社图书的经办人。

2.4.3　连接查询

单表查询中，数据来自同一个表，但对于一些中大型数据库系统而言，往往要查询的数据涉及的表很多，表与表之间都有连接，我们把这样的查询叫做连接查询。

【例 2-57】查询学生的选修情况。

学生情况存放在学生表中，学生选课情况存放在选修表中，所以本查询实际上涉及学生表与选修表两个表。如果我们单纯地把两个表合并起来，就会出现下面的结果：

```
SELECT 学生.*， 选修.*
FROM 学生，选修
```

运行结果如图 2-64 所示。

由上例可以看到：只是把两个表简单地合并在一起，是没有带连接谓词的连接，结果出现了很多不正确的记录。例如，将学号为 100101001 的同学的基本信息与学号为 100101002 的同学的选课信息连接在一起。我们把这种连接称为广义笛卡儿积连接。所谓的广义笛卡儿积连接即是指两表中记录的交叉乘积，其连接的结果会产生一些没有意义的记录（原理如图 2-65 所示），所以这种运算实际上很少使用。

SQLQuery3.sql - ...inistrator (52))*

```
SELECT 学生.*, 选修.*
FROM 学生,选修
```

结果　消息

	学号	姓名	班级	性别	出生年月日	电话	Email	备注	学号	课程号	成绩	选修日期
1	100101001	欧阳志勇	计算机应用	男	1992-09-10 00:00:00	28885692	Liyong@21cn.Com	插班生	100101001	001	85	2011-02-01 00:00:00.000
2	100101001	欧阳志勇	计算机应用	男	1992-09-10 00:00:00	28885692	Liyong@21cn.Com	插班生	100101001	004	90	2011-09-01 00:00:00.000
3	100101001	欧阳志勇	计算机应用	男	1992-09-10 00:00:00	28885692	Liyong@21cn.Com	插班生	100101001	005	55	2011-09-01 00:00:00.000
4	100101001	欧阳志勇	计算机应用	男	1992-09-10 00:00:00	28885692	Liyong@21cn.Com	插班生	100101002	001	62	2011-02-01 00:00:00.000
5	100101001	欧阳志勇	计算机应用	男	1992-09-10 00:00:00	28885692	Liyong@21cn.Com	插班生	100101002	002	76	2011-09-01 00:00:00.000
6	100101001	欧阳志勇	计算机应用	男	1992-09-10 00:00:00	28885692	Liyong@21cn.Com	插班生	100101003	001	50	2011-02-01 00:00:00.000
7	100101001	欧阳志勇	计算机应用	男	1992-09-10 00:00:00	28885692	Liyong@21cn.Com	插班生	100101003	003	93	2011-09-01 00:00:00.000
8	100101001	欧阳志勇	计算机应用	男	1992-09-10 00:00:00	28885692	Liyong@21cn.Com	插班生	110102001	002	55	2012-02-01 00:00:00.000
9	100101002	刘晨	计算机应用	女	1992-08-06 00:00:00	22285568	Liuchen@126.Com	NULL	100101001	001	85	2011-02-01 00:00:00.000
10	100101002	刘晨	计算机应用	女	1992-08-06 00:00:00	22285568	Liuchen@126.Com	NULL	100101001	004	90	2011-09-01 00:00:00.000
11	100101002	刘晨	计算机应用	女	1992-08-06 00:00:00	22285568	Liuchen@126.Com	NULL	100101001	005	55	2011-09-01 00:00:00.000
12	100101002	刘晨	计算机应用	女	1992-08-06 00:00:00	22285568	Liuchen@126.Com	NULL	100101002	001	62	2011-02-01 00:00:00.000
13	100101002	刘晨	计算机应用	女	1992-08-06 00:00:00	22285568	Liuchen@126.Com	NULL	100101002	002	76	2011-09-01 00:00:00.000
14	100101002	刘晨	计算机应用	女	1992-08-06 00:00:00	22285568	Liuchen@126.Com	NULL	100101003	001	50	2011-02-01 00:00:00.000
15	100101002	刘晨	计算机应用	女	1992-08-06 00:00:00	22285568	Liuchen@126.Com	NULL	100101003	003	93	2011-09-01 00:00:00.000
16	100101002	刘晨	计算机应用	女	1992-08-06 00:00:00	22285568	Liuchen@126.Com	NULL	110102001	002	55	2012-02-01 00:00:00.000
17	100101003	王小敏	计算机应用	女	1992-05-30 00:00:00	22324912	Wangming@21c...	NULL	100101001	001	85	2011-02-01 00:00:00.000

图 2-64　查询每个学生的选修情况

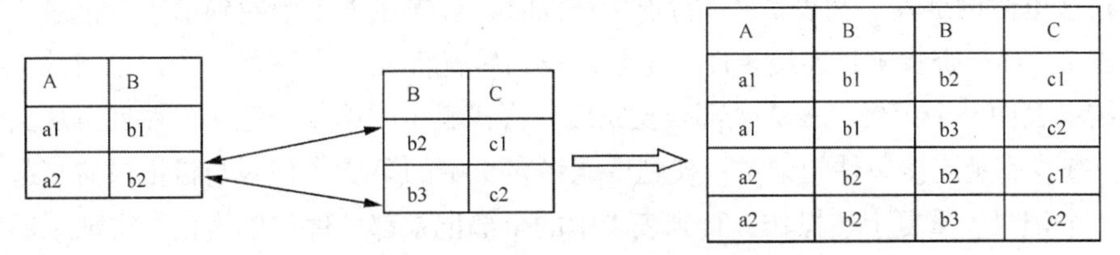

A	B
a1	b1
a2	b2

B	C
b2	c1
b3	c2

A	B	B	C
a1	b1	b2	c1
a1	b1	b3	c2
a2	b2	b2	c1
a2	b2	b3	c2

图 2-65　广义笛卡儿积连接原理图

我们更常用的是带连接谓词的连接，它是关系数据库中最主要的连接查询，其中包括内连接查询、外连接查询、复合条件连接查询等。

1. 内连接

内连接是最典型的连接，使用类似于“=”或“<>”的比较运算符将两个表连接起来。

对于例 2-57，为了减去重复的没有意义的记录，我们可以把这两个表之间的公共属性——学号连接起来。它们的关系如图 2-66 所示。

WNN-2E307EBB...绩管理 - dbo.学生

学号	姓名	班级	性别	出生年月日	电话	Email	备注
100101001	欧阳志勇	计算机应用	男	1992-09-10 00:...	28885692	Liyong@21cn.Com	插班生
100101002	刘晨	计算机应用	女	1992-08-06 00:...	22285568	Liuchen@126.Com	NULL
100101003	王小敏	计算机应用	女	1992-05-30 00:...	22324912	Wangming@21c...	NULL
110102001	张立	计算机网络	男	1993-01-02 00:...	25661120	Zhangli@126.Com	NULL
110102002	陈志辉	计算机网络	男	1993-07-16 00:...	22883322	Chenhui@21cn....	转校生

WNN-2E307EBB...绩管理 - dbo.选修

学号	课程号	成绩	选修日期
100101001	001	85	2011-02-01 00:...
100101001	004	90	2011-09-01 00:...
100101001	005	55	2011-09-01 00:...
100101002	001	62	2011-02-01 00:...
100101002	002	76	2011-09-01 00:...
100101003	001	50	2011-02-01 00:...
100101003	003	93	2011-09-01 00:...
110102001	002	55	2012-02-01 00:...

图 2-66　学生表和选修表的关系

故代码修改如下：

```
SELECT 学生.*, 选修.*
FROM 学生 INNER JOIN 选修 ON 学生.学号=选修.学号   /*将学生表与选修表中同一学号的记录连接起来*/
```

运行结果如图 2-67 所示。

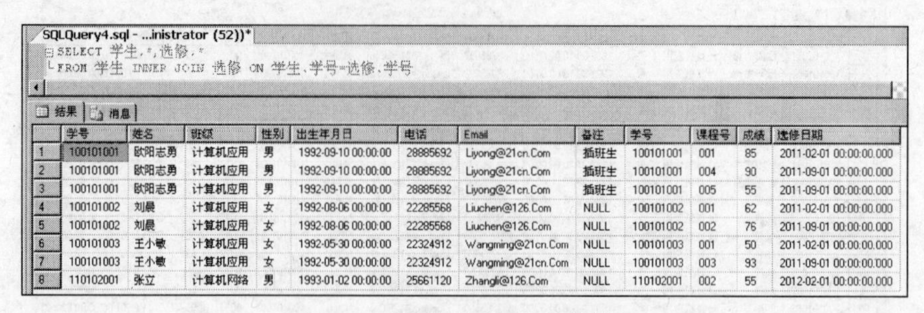
SQLQuery4.sql - ...inistrator (52))*

```
SELECT 学生.*,选修.*
FROM 学生 INNER JOIN 选修 ON 学生.学号=选修.学号
```

结果 消息

	学号	姓名	班级	性别	出生年月日	电话	Email	备注	学号	课程号	成绩	选修日期
1	100101001	欧阳志勇	计算机应用	男	1992-09-10 00:00:00	28885692	Liyong@21cn.Com	插班生	100101001	001	85	2011-02-01 00:00:00.000
2	100101001	欧阳志勇	计算机应用	男	1992-09-10 00:00:00	28885692	Liyong@21cn.Com	插班生	100101001	004	90	2011-09-01 00:00:00.000
3	100101001	欧阳志勇	计算机应用	男	1992-09-10 00:00:00	28885692	Liyong@21cn.Com	插班生	100101001	005	55	2011-09-01 00:00:00.000
4	100101002	刘晨	计算机应用	女	1992-08-06 00:00:00	22285568	Liuchen@126.Com	NULL	100101002	001	62	2011-02-01 00:00:00.000
5	100101002	刘晨	计算机应用	女	1992-08-06 00:00:00	22285568	Liuchen@126.Com	NULL	100101002	002	76	2011-09-01 00:00:00.000
6	100101003	王小敏	计算机应用	女	1992-05-30 00:00:00	22324912	Wangming@21cn.Com	NULL	100101003	001	50	2011-02-01 00:00:00.000
7	100101003	王小敏	计算机应用	女	1992-05-30 00:00:00	22324912	Wangming@21cn.Com	NULL	100101003	003	93	2011-09-01 00:00:00.000
8	110102001	张立	计算机网络	男	1993-01-02 00:00:00	25661120	Zhangli@126.Com	NULL	110102001	002	55	2012-02-01 00:00:00.000

图 2-67　查询每个学生的选修情况

上述中，我们采用连接查询的方法去查询学生的选修情况。下面先了解一下连接查询的原理：两个表（在这里假设是表 1 和表 2）进行连接查询时，首先在表 1 中找到第 1 个记录，然后从头开始扫描表 2，逐一查找满足连接条件的记录，找到后就将表 1 中的第 1 个记录与该记录拼接起来，形成结果表中一个记录。表 2 全部查找完后，再找表 1 中第 2 个记录，然后再从头开始扫描表 2，逐一查找满足连接条件的记录，找到后就将表 1 中的第 2 个记录与该记录拼接起来，形成结果表中一个记录。重复上述操作，直到表 1 中的全部记录都处理完毕为止。实现原理如图 2-68 所示。

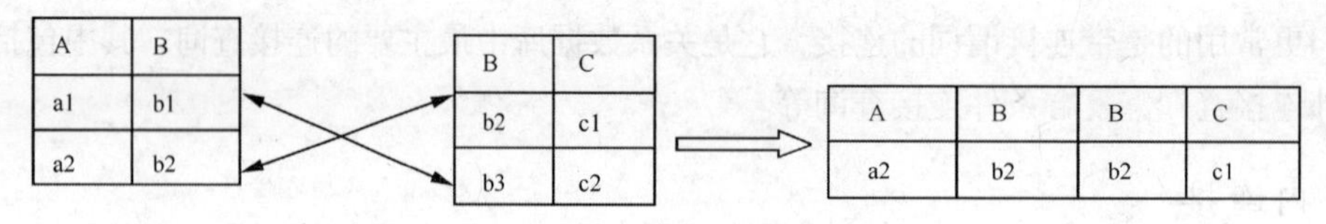

图 2-68　内连接查询原理图

由此，我们总结出内连接查询的一般格式为：

```
SELECT 字段列表
FROM 表1  INNER JOIN 表2  ON 连接条件表达式
```

其中，连接条件表达式由表 1 和表 2 中的列和比较运算符构成。

（1）上例中，SELECT 子句与 WHERE 子名的属性名前都加上了表名前缀，如学生.学号和选修.学号。这是因为学生表中的学号字段名和选修表中的学号字段名相同，为了避免混淆就在相同的字段名前加上前缀。如果属性名在参加连接的各表中是唯一的，则可以省略表名前缀。

（2）上例中也可以写成：

```
SELECT 学生.*, 选修.*
FROM 学生, 选修
WHERE 学生.学号=选修.学号
```

也就是把连接谓词放在条件中，两者是等同的。这是以前较流行的写法，但考虑到把连接条件和查询条件分开可以让程序结构更为清晰，现在较流行使用 INNER JOIN 的写法。

我们再进一步分析，从本例的结果中，可以看出学号这一列重复出现了两次。这是由于这两个表都有相同的字段学号，而往往我们只需要学号显示一次，为了避免查询的结果中有重复的字段，可对查询代码进行改写。

【例 2-58】对例 2-57，去掉重复的学号。

```
SELECT 学生.学号，姓名，班级，性别，出生年月日，电话，Email，备注，课程号，成绩，选修日期
FROM 学生 INNER JOIN 选修 ON 学生.学号=选修.学号
```

运行结果如图 2-69 所示。

SQLQuery5.sql - ...inistrator (52))*

```
SELECT 学生.学号,姓名,班级,性别,出生年月日,电话,Email,备注,课程号,成绩,选修日期
FROM 学生 INNER JOIN 选修 ON 学生.学号=选修.学号
```

结果　消息

	学号	姓名	班级	性别	出生年月日	电话	Email	备注	课程号	成绩	选修日期
1	100101001	欧阳志勇	计算机应用	男	1992-09-10 00:00:00	28885692	Liyong@21cn.Com	插班生	001	85	2011-02-01 00:00:00.000
2	100101001	欧阳志勇	计算机应用	男	1992-09-10 00:00:00	28885692	Liyong@21cn.Com	插班生	004	90	2011-09-01 00:00:00.000
3	100101001	欧阳志勇	计算机应用	男	1992-09-10 00:00:00	28885692	Liyong@21cn.Com	插班生	005	55	2011-09-01 00:00:00.000
4	100101002	刘晨	计算机应用	女	1992-08-06 00:00:00	22285568	Liuchen@126.Com	NULL	001	62	2011-02-01 00:00:00.000
5	100101002	刘晨	计算机应用	女	1992-08-06 00:00:00	22285568	Liuchen@126.Com	NULL	002	76	2011-09-01 00:00:00.000
6	100101003	王小敏	计算机应用	女	1992-05-30 00:00:00	22324912	Wangming@21cn.Com	NULL	001	50	2011-02-01 00:00:00.000
7	100101003	王小敏	计算机应用	女	1992-05-30 00:00:00	22324912	Wangming@21cn.Com	NULL	003	93	2011-09-01 00:00:00.000
8	110102001	张立	计算机网络	男	1993-01-02 00:00:00	25661120	Zhangli@126.Com	NULL	002	55	2012-02-01 00:00:00.000

图 2-69　对例 2-57 去掉重复的学号

上例中，由于姓名、班级、性别、出生年月、电话、Email、备注、课程号、成绩和选修日期属性列在学生表与选修表中是唯一的，因此引用时可以去掉表名前缀，而学号在两个表都出现了，因此引用时必须加上表名前缀。

连接查询是数据库日常查询中应用最频繁的查询之一。更多的连接查询方法我们会在后面一一学习。

【例 2-59】查询学生对各门课程的选修情况。

本例中涉及 3 个表：学生表、课程表和选修表。选修表通过学号和学生表连接起来、通过课程号和课程表连接起来，其代码如下：

```
SELECT 学生.学号，姓名，课程名，成绩，选修日期
FROM (学生 INNER JOIN 选修 ON 学生.学号=选修.学号)
        INNER JOIN 课程 ON 课程.课程号=选修.课程号
```

运行结果如图 2-70 所示。

SQLQuery6.sql - ...inistrator (52))*

```
SELECT 学生.学号,姓名,课程名,成绩,选修日期
FROM (学生 INNER JOIN 选修 ON 学生.学号=选修.学号) INNER JOIN 课程 ON 课程.课程号=选修.课程号
```

结果　消息

	学号	姓名	课程名	成绩	选修日期
1	100101001	欧阳志勇	数据库	85	2011-02-01 00:00:00.000
2	100101001	欧阳志勇	操作系统	90	2011-09-01 00:00:00.000
3	100101001	欧阳志勇	数据结构	55	2011-09-01 00:00:00.000
4	100101002	刘晨	数据库	62	2011-02-01 00:00:00.000
5	100101002	刘晨	数学	76	2011-09-01 00:00:00.000
6	100101003	王小敏	数据库	50	2011-02-01 00:00:00.000
7	100101003	王小敏	英语	93	2011-09-01 00:00:00.000
8	110102001	张立	数学	55	2012-02-01 00:00:00.000

图 2-70　查询学生对各门课程的选修情况

从上例可以看出，多个表连接时，一般用括号先把第一层连接括起来，再进行第二层连接，这样，通过层层连接，可以把多个表一同连接起来。使用 INNER JOIN 可以让代码结构变得十分清晰，有利于编程人员分析和修改代码。

【练习 2-63】有如下两个数据表：

表 1

A	B	C
a1	b1	c1
a2	b2	c2
a3	b3	c3

表 2

B	C
b2	c2
b3	c3

分别写出这两个表的广义笛卡儿积连接和内连接结果。

【练习 2-64】查询图书的销售情况，查询结果包括图书表的全部字段和销售表的全部字段。

【练习 2-65】查询进货单据表的信息以及明细信息。

【练习 2-66】查询小书店的进销情况，包括 ISBN、书名、供应商名称、进货数量、进货单价、销售数量和销售单价。

2. 外连接

由于业务的需要，某学校的工作人员需要查询学院内各门课程有哪些学生选修，是否存在没有学生选修的课程。这种查询在日常生活中很常见。这里，查询涉及两个表：课程表和选修表，根据上面所学的知识，应该用连接查询的方法来实现。

【例 2-60】查询各门课程的选修情况，查询结果包括课程表的课程号、课程名和选修表的各个字段。

```
SELECT 课程.课程号, 课程名, 学号, 成绩, 选修日期
FROM 课程 INNER JOIN 选修 ON 课程.课程号=选修.课程号
```

运行结果如图 2-71 所示。

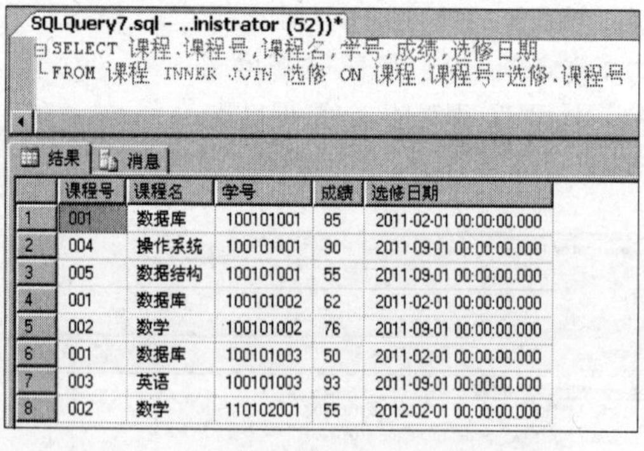

SQLQuery7.sql - ...inistrator (52))*

```
SELECT 课程.课程号,课程名,学号,成绩,选修日期
FROM 课程 INNER JOIN 选修 ON 课程.课程号=选修.课程号
```

结果 | 消息

	课程号	课程名	学号	成绩	选修日期
1	001	数据库	100101001	85	2011-02-01 00:00:00.000
2	004	操作系统	100101001	90	2011-09-01 00:00:00.000
3	005	数据结构	100101001	55	2011-09-01 00:00:00.000
4	001	数据库	100101002	62	2011-02-01 00:00:00.000
5	002	数学	100101002	76	2011-09-01 00:00:00.000
6	001	数据库	100101003	50	2011-02-01 00:00:00.000
7	003	英语	100101003	93	2011-09-01 00:00:00.000
8	002	数学	110102001	55	2012-02-01 00:00:00.000

图 2-71　查询各门课程及学生选修的情况

从这个例子中会发现，结果表中没有课程号为 006 和 007 的信息，原因在于学生没有选修这些课程，在选修表中没有相应的记录。在通常的连接操作中，只有满足连接条件的记录才能作为结果输出。但是有时我们想以课程表为主体列出每门课程的基本情况及学生选课情况，若某门课没有学生选修，只输出其基本情况信息，其选课信息为空值即可，这时需要使用外连接（outer join）。

上例用外连接的方法改写后，代码如下：

```
SELECT 课程.课程号, 课程名, 学号, 成绩, 选修日期
```

```
FROM 课程 LEFT JOIN 选修 ON 课程.课程号=选修.课程号
```

运行结果如图 2-72 所示。

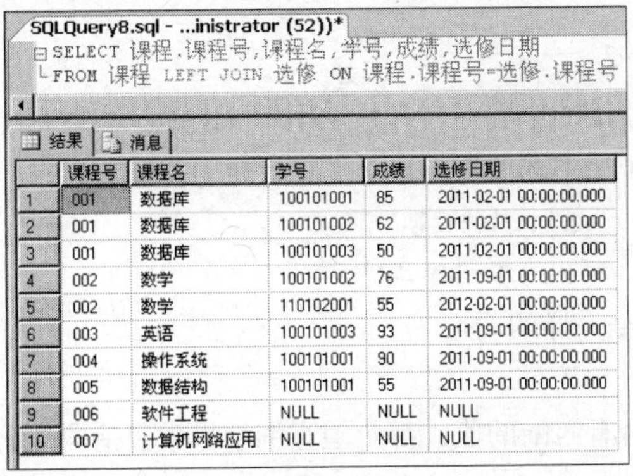

SQLQuery8.sql - ...inistrator (52))*

```
SELECT 课程.课程号,课程名,学号,成绩,选修日期
FROM 课程 LEFT JOIN 选修 ON 课程.课程号=选修.课程号
```

结果 | 消息

	课程号	课程名	学号	成绩	选修日期
1	001	数据库	100101001	85	2011-02-01 00:00:00.000
2	001	数据库	100101002	62	2011-02-01 00:00:00.000
3	001	数据库	100101003	50	2011-02-01 00:00:00.000
4	002	数学	100101002	76	2011-09-01 00:00:00.000
5	002	数学	110102001	55	2012-02-01 00:00:00.000
6	003	英语	100101003	93	2011-09-01 00:00:00.000
7	004	操作系统	100101001	90	2011-09-01 00:00:00.000
8	005	数据结构	100101001	55	2011-09-01 00:00:00.000
9	006	软件工程	NULL	NULL	NULL
10	007	计算机网络应用	NULL	NULL	NULL

图 2-72　改写后的查询各门课程及学生选修的情况

从图 2-72 中我们看到，尽管 006 和 007 号课程没有学生选修，通过外连接，它们还是出现在查询结果中，选课信息部分为空值，所有课程的选修情况就一目了然了。

由上例中可以看出，外连接的表示方法为：

```
表 1 <连接类型> JOIN 表 2 ON 连接条件
```

其中，连接类型的格式为：

```
[LEFT|RIGHT|FULL]
```

LEFT 表示左向外连接，RIGHT 表示右向外连接，FULL 表示完整外连接。

我们知道，仅当至少有一个同属于两表的行符合连接条件时，内连接才返回行。内连接消除与另一个表中的任何行不匹配的行。而外连接会返回 FROM 子句中提到的至少一个表或视图的所有行，只要这些行符合任何 WHERE 或 HAVING 搜索条件，将检索通过左向外连接引用的左表的所有行，以及通过右向外连接引用的右表的所有行。完整外部连接中两个表的所有行都将返回。

（1）使用左向外连接。

对于左向外连接，下面我们再举个例子。

【例 2-61】查询各个学生的选修情况。

```
SELECT 学生.*, 选修.*
FROM 学生 LEFT JOIN 选修 ON 学生.学号=选修.学号
```

运行结果如图 2-73 所示。

SQLQuery1.sql -...MAO\ljnn (52))*

```
SELECT 学生.*, 选修.*
FROM 学生 LEFT JOIN 选修 ON 学生.学号=选修.学号
```

结果 | 消息

	学号	姓名	班级	性别	出生年月日	电话	email	备注	学号	课程号	成绩	选修日期
1	100101001	欧阳志勇	计算机应用	男	1992-09-10 00:00:00	28885692	Liyong@21cn.Com	插班生	100101001	001	85	2011-02-01 00:00:00.000
2	100101001	欧阳志勇	计算机应用	男	1992-09-10 00:00:00	28885692	Liyong@21cn.Com	插班生	100101001	004	90	2011-09-01 00:00:00.000
3	100101001	欧阳志勇	计算机应用	男	1992-09-10 00:00:00	28885692	Liyong@21cn.Com	插班生	100101001	005	55	2011-09-01 00:00:00.000
4	100101002	刘晨	计算机应用	女	1992-08-06 00:00:00	22285568	Liuchen@126.Com	NULL	100101002	001	62	2011-02-01 00:00:00.000
5	100101002	刘晨	计算机应用	女	1992-08-06 00:00:00	22285568	Liuchen@126.Com	NULL	100101002	002	76	2011-09-01 00:00:00.000
6	100101003	王小敏	计算机应用	女	1992-05-30 00:00:00	22324912	Wangming@21cn.Com	NULL	100101003	001	50	2011-02-01 00:00:00.000
7	100101003	王小敏	计算机应用	女	1992-05-30 00:00:00	22324912	Wangming@21cn.Com	NULL	100101003	003	93	2011-09-01 00:00:00.000
8	110102001	张立	计算机网络	男	1993-01-02 00:00:00	25661120	Zhangli@126.Com	NULL	110102001	002	55	2012-02-01 00:00:00.000
9	110102002	陈志辉	计算机网络	男	1993-07-16 00:00:00	22883322	Chenhui@21cn.Com	转校生	NULL	NULL	NULL	NULL

图 2-73　查询各个学生的选修情况

由上例可以看到，学号为“110102002”的同学没有选修课程，所以选修部分的学号、课程号、成绩和选修日期全部为空。使用LEFT JOIN，不管第2个表中是否有匹配的数据，结果将包含第1个表中的所有记录。

（2）使用右向外连接。

右向外连接和左向外连接的原理一样，只是使用RIGHT JOIN，不管第1个表中是否有匹配的数据，结果将包含第2个表中的所有行。上例中，也可以写成：

```
SELECT 学生.*，课程号，成绩，选修日期
FROM  选修 RIGHT JOIN 学生 ON 选修.学号=学生.学号
```

运行结果是和例2-61是一样的。

（3）使用完整外连接。

有时不管另一个表是否有匹配的值，都希望查询结果中包括两个表中的所有行。这时，就要使用FULL JOIN，如下例。

【例2-62】查询各个学生及课程的选修的情况。

```
SELECT 学生.*，课程.*，成绩，选修日期
FROM（学生 LEFT JOIN 选修 ON 学生.学号=选修.学号）FULL JOIN 课程 ON 选修.课程号=课程.课程号
```

运行结果如图2-74所示。

SQLQuery11.sql - ...inistrator (52))*

```
SELECT 学生.*,课程.*,成绩,选修日期
FROM (学生 LEFT JOIN 选修 ON 学生.学号=选修.学号) FULL JOIN 课程 ON 选修.课程号=课程.课程号
```

结果 | 消息

	学号	姓名	班级	性别	出生年月日	电话	Email	备注	课程号	课程名	学时	学分	成绩	选修日期
1	100101001	欧阳志勇	计算机应用	男	1992-09-10 00:00:00	28885692	Liyong@21cn.Com	插班生	001	数据库	72	4.0	85	2011-02-01 00:00:00.000
2	100101001	欧阳志勇	计算机应用	男	1992-09-10 00:00:00	28885692	Liyong@21cn.Com	插班生	004	操作系统	54	3.0	90	2011-09-01 00:00:00.000
3	100101001	欧阳志勇	计算机应用	男	1992-09-10 00:00:00	28885692	Liyong@21cn.Com	插班生	005	数据结构	54	3.5	55	2011-09-01 00:00:00.000
4	100101002	刘晨	计算机应用	女	1992-08-06 00:00:00	22285568	Liuchen@126.Com	NULL	001	数据库	72	4.0	62	2011-02-01 00:00:00.000
5	100101002	刘晨	计算机应用	女	1992-08-06 00:00:00	22285568	Liuchen@126.Com	NULL	002	数学	72	4.0	76	2011-09-01 00:00:00.000
6	100101003	王小敏	计算机应用	女	1992-05-30 00:00:00	22324912	Wangming@21cn.Com	NULL	001	数据库	72	4.0	50	2011-02-01 00:00:00.000
7	100101003	王小敏	计算机应用	女	1992-05-30 00:00:00	22324912	Wangming@21cn.Com	NULL	003	英语	64	4.0	93	2011-09-01 00:00:00.000
8	110102001	张立	计算机网络	男	1993-01-02 00:00:00	25661120	Zhangli@126.Com	NULL	002	数学	72	4.0	55	2012-02-01 00:00:00.000
9	110102002	陈志辉	计算机网络	男	1993-07-16 00:00:00	22883322	Chenhui@21cn.Com	转校生	NULL	NULL	NULL	NULL	NULL	NULL
10	NULL	NULL	NULL	NULL	NULL	NULL	NULL	NULL	006	软件工程	52	3.0	NULL	NULL
11	NULL	NULL	NULL	NULL	NULL	NULL	NULL	NULL	007	计算机网络应用	60	3.5	NULL	NULL

图2-74　查询各个学生及课程的选修的情况

从上例可以看出，学号为110102002的同学没有选修课程，课程号为006和007的课程没有学生选修，整个学生和课程选修的情况清楚明白，这就是使用完整外连接的好处。

本例中，先用左外连接把学生选修的情况查询出来形成一个表，再把这个表和课程表通过完整外连接连接起来以实现查询目的。外连接中各谓词结合在一起使用，往往能实现强大的功能。

【练习2-67】查询图书的销售情况，如果某本书还未销售，则其销售记录为空。

【练习2-68】查询供应商的供货情况，如果某个供应商还未供货，则其供货记录为空。

【练习2-69】查询各种图书及供应商的进货情况。

3. 复合条件连接

在上面各个连接查询中，都没有带查询条件，其功能是十分有限的。在实际应用中执行查询时，需要用到很多表，查询条件也比较复杂，这时WHERE子句中就应该有多个连接条件，我们称之为复合条件连接。

【例 2-63】查询选修 001 号课程且成绩及格的学生。

```
SELECT 学生.学号，姓名
FROM 学生 INNER JOIN 选修 ON 学生.学号=选修.学号
WHERE  选修.课程号='001' AND 选修.成绩>60          /*查询条件*/
```

运行结果图 2-75 所示。

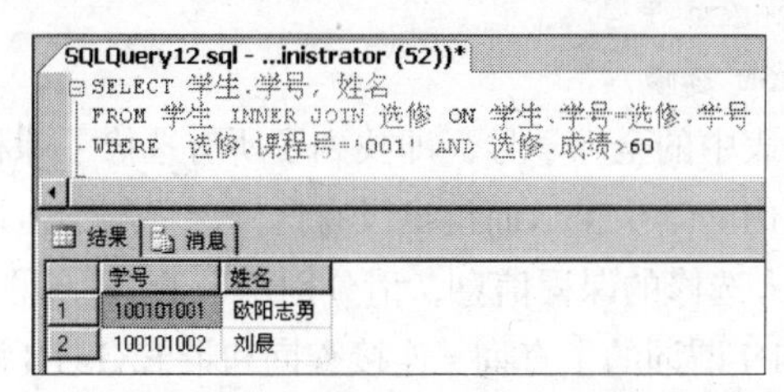

图 2-75　查询选修 001 号课程且成绩及格的所有学生

连接操作除了可以是两表连接，一个表与自身连接外，还可以两个以上的表进行连接，后者通常称为多表连接。

【例 2-64】查询性别为男的学生学号、姓名、选修的课程名及成绩。

本查询涉及 3 个表，完成该查询的 SQL 语句如下：

```
SELECT 学生.学号，姓名，课程名，成绩
FROM（学生 INNER JOIN 选修 ON 学生.学号=选修.学号）INNER JOIN 课程 ON 选修.课程号=课程.
课程号
WHERE 性别='男'
```

运行结果如图 2-76 所示。

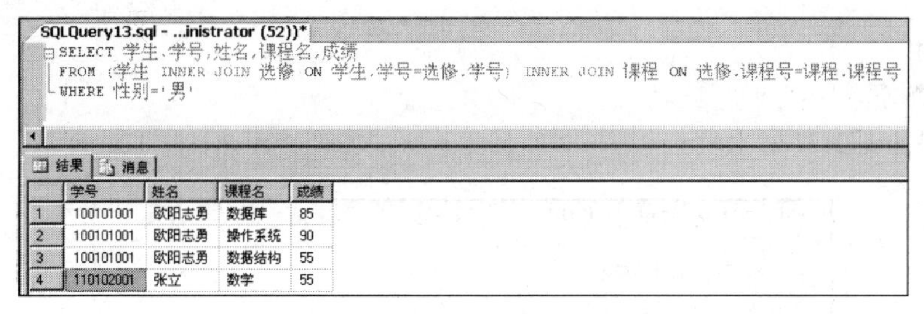

图 2-76　性别为男的学生学号、姓名、选修的课程名及成绩

【练习 2-70】查询进货经办人以“欧阳”开头的图书 ISBN、书名、出版社和经办人。

【练习 2-71】查询供应商地址在深圳的图书书名、供应商名称、联系人和地址。

【练习 2-72】查询图书单价大于 30 元且销售时间在 2011 年 2 月以后的记录。

【练习 2-73】查询各本书的书名和进货总量、进货的总金额。

实际上，对于例 2-56“查询没有选修课程的学生记录”，除了使用带有 EXISTS 谓词的子查询求解，还有其他的解决方法。

使用左向外连接，查询代码如下：

```
SELECT 学生. *
FROM 学生 LEFT JOIN 选修 ON 学生.学号=选修.学号
WHERE 选修.学号 IS NULL
```

这里，首先将学生表的全部记录和选修表连接起来，再在 WHERE 条件中将那些连接结果中选修部分不为空的记录去掉，从而得出没有选修课程的学生记录。

还可以使用带 IN 谓词的子查询，查询代码如下：

```
SELECT *
FROM 学生
WHERE 学号 NOT IN ( SELECT 学号
                    FROM 选修 )
```

这里，首先查询出选修表中的全部学号，即找到了所有选修了课程的学生，然后在学生表中查询学号不在这一集合范围内的学生，从而得出没有选修课程的学生记录。

【练习 2-74】查询没有人选修的课程信息，请分别用带 IN 谓词的子查询和连接查询来实现。

【练习 2-75】分别用带 IN 谓词的子查询、连接查询和带 EXISTS 谓词的子查询 3 种方法查找选修了“数据库系统概论”的学生的学号和姓名。

2.4.4 集合查询

集合查询的应用并不算很广泛，但有些情况下用集合查询往往能很好地解决问题，所谓的集合就是把多个 SELECT 语句的查询结果进行组合。集合操作主要包括并操作 UNION、交操作 INTERSECT 和差操作 MINUS。下面我们先看一个例子：

【例 2-65】查询计算机应用班的学生及出生年月日在 1993-1-1 之前的学生。

```
SELECT *
FROM 学生
WHERE 班级='计算机应用'
UNION
SELECT *
FROM 学生
WHERE 出生年月日<'1993-1-1'
```

运行结果如图 2-77 所示。

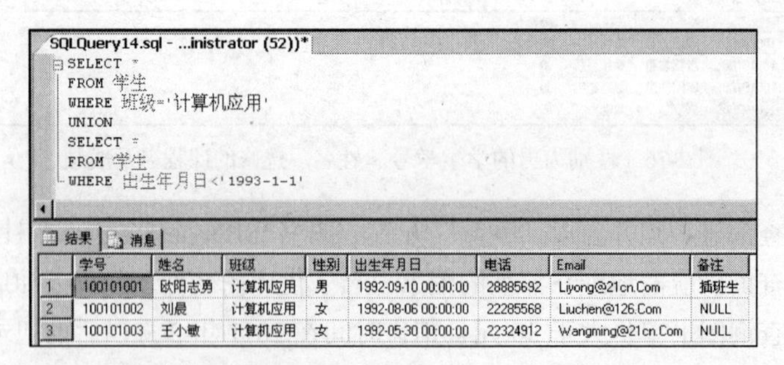

图 2-77 查询计算机应用班的学生及出生年月日在 1993-1-1 之前的学生

本查询实际上是求计算机应用班的所有学生与出生年月日在 1993-1-1 之前的学生的并集。使用 UNION 将多个查询结果合并起来时，系统会自动去掉重复记录。

参加 UNION 操作的各结果表的列数必须相同，对应项的数据类型也必须相同。

【例 2-66】查询计算机网络班或者选修了课程 002 的学生。

即查询计算机应用班的学生集合与选修课程 002 的学生集合的并集。

```
SELECT 学号
FROM 学生
WHERE 班级='计算机网络'
UNION
SELECT 学号
FROM 选修
WHERE 课程号='002'
```

运行结果如图 2-78 所示。

	学号
1	100101002
2	110102001
3	110102002

图 2-78　查询计算机网络班或者选修了课程 002 的学生

为何上例中并集两个查询的字段都是查询学号而不是其他字段呢？这是因为参加 UNION 操作的各结果表的列数必须相同，而学生表和选修表唯一相同的字段就是学号，所以查询的字段都为学号。

标准 SQL 中没有直接提供集合交操作和集合差操作，但可以用其他方法来实现。

【例 2-67】查询计算机应用班的学生与出生年月日在 1992-6-1 之后的学生的交集。这实际上就是查询计算机应用班中出生年月日在 1992-6-1 之后的学生。

```
SELECT *
FROM 学生
WHERE 班级='计算机应用' AND 出生年月日>'1992-6-1'
```

运行结果如图 2-79 所示。

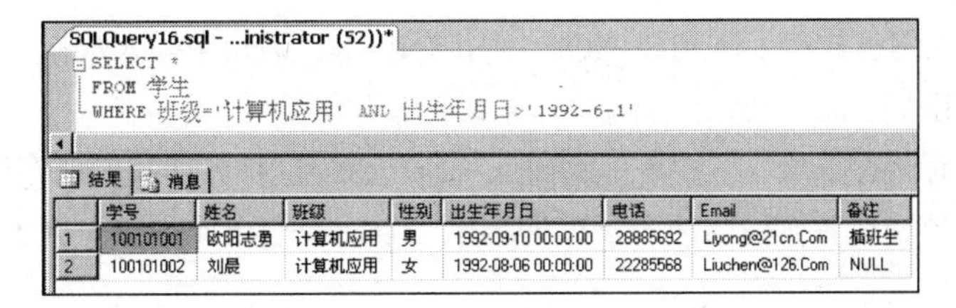

	学号	姓名	班级	性别	出生年月日	电话	Email	备注
1	100101001	欧阳志勇	计算机应用	男	1992-09-10 00:00:00	28885692	Liyong@21cn.Com	插班生
2	100101002	刘晨	计算机应用	女	1992-08-06 00:00:00	22285568	Liuchen@126.Com	NULL

图 2-79　查询计算机应用班的学生与出生年月日在 1992-6-1 之后的学生的交集

【例 2-68】查询计算机应用班的学生与性别为男的学生的差集。

本查询换种说法就是，查询计算机应用班中性别为女的学生。

```
SELECT *
```

```
FROM 学生
WHERE 班级='计算机应用' AND 性别='女'
```

运行结果如图 2-80 所示。

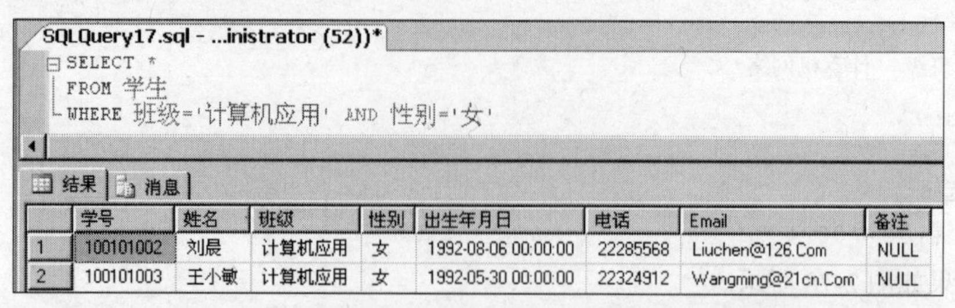

	学号	姓名	班级	性别	出生年月日	电话	Email	备注
1	100101002	刘晨	计算机应用	女	1992-08-06 00:00:00	22285568	Liuchen@126.Com	NULL
2	100101003	王小敏	计算机应用	女	1992-05-30 00:00:00	22324912	Wangming@21cn.Com	NULL

图 2-80　查询计算机应用班的学生与性别为男的学生的差集

提示　使用聚合函数和嵌套查询都可以实现集合交操作和集合差操作。

【练习 2-76】查询图书表中清华大学出版社的记录和销售表中销售单价小于 30 元的记录的并集。

【练习 2-77】查询进货单据表中经办人为陈红的记录和供应商表中联系人为张清的记录的并集。

【练习 2-78】用集合查询清华大学出版社和销售单价小于 30 元的图书。

【练习 2-79】用集合查询进货经办人为陈红和供应商为张清的记录的供应商编号。

2.5 数据更新

当然，我们说 SQL 的主要功能在于数据操纵，而数据更新也是数据操纵的重要部分，在日常工作中，管理员经常会使用到数据更新。例如，某学生信息数据库中增加一个学生，图书馆管理数据库中借书等，都属于数据更新的操作。SQL 的数据更新包括插入数据、修改数据和删除数据 3 条语句。

2.5.1 插入数据

在 2.3.4 节中我们已初步了解到， SQL 中用 INSERT 语句来插入数据，下面将进一步学习 INSERT 更复杂的用法。

插入数据通常有两种方式，一种是一次插入一条记录（这种方法我们已在前面学过），另一种是一次插入多条记录。后者亦称为插入子查询结果。下面我们再通过一个例子复习一下插入一条记录的方法。

【例 2-69】现在要新插入一条选修记录，但学生选了课程还没参加考试，所以成绩一栏为空，该选课记录为（学号：110102001；课程号：006；选修日期：2011-9-1）。

```
INSERT  INTO 选修（学号，课程号，选修日期）
 VALUES（'110102001'，'006'，'2011-9-1'）
```

运行结果如图 2-81 所示。

WNN-2E307EBB...绩管理 - dbo.选修

	学号	课程号	成绩	选修日期
	100101001	001	85	2011-02-01 00:...
	100101001	004	90	2011-09-01 00:...
	100101001	005	55	2011-09-01 00:...
	100101002	001	62	2011-02-01 00:...
	100101002	002	76	2011-09-01 00:...
	100101003	001	50	2011-02-01 00:...
	100101003	003	93	2011-09-01 00:...
	110102001	002	55	2012-02-01 00:...
▸	110102001	006	NULL	2011-09-01 00:...
*	NULL	NULL	NULL	NULL

图 2-81　插入一个带空值的学生记录

新插入的记录在成绩列上为空。

【练习 2-80】在图书表中插入如下记录：

ISBN：7-04-013705-8，书名：家具设计基础教程，出版社：高等教育出版社，单价：28.5，当前销售折扣：7.5。

【练习 2-81】在供应商表中插入如下记录：

编号：106，名称：蓬莱书店，地址：广州天河体育东路 16 号，邮编：510000。

有时会出现这样一种情况：我们要插入的记录是来自其他表的。例如，从其他的表中筛选出一些信息放到某个表中，这就要用到插入子查询结果的操作。

【例 2-70】对每一个学生，求学生的平均成绩，并把结果存入数据库。

对于此题，我们可以分步进行操作。

第 1 步：在数据库中建立一个新表，其中一列存放学号，另一列存放相应的学生平均成绩。

```
CREATE TABLE 平均成绩表            /*新建一个表*/
           (学号 CHAR(9),
            平均成绩 INT)
```

第 2 步：对选修表按学号分组求平均成绩，再把学号和平均成绩存入新表中：

```
INSERT
INTO 平均成绩表(学号,平均成绩)
     SELECT 学号,AVG(成绩)
     FROM 选修
     GROUP BY 学号
```

WNN-2E307EBB...理 - dbo.平均成绩表

	学号	平均成绩
▸	100101001	76
	100101002	69
	100101003	71
	110102001	55
*	NULL	NULL

图 2-82　把学生的平均成绩插入到新表中

运行结果如图 2-82 所示。

由此可以看出，插入子查询结果的 INSERT 语句的格式为：

```
INSERT
INO<表名>[(<属性列 1>[,<属性列 2>…)]
子查询
```

【练习 2-82】新建一个表，对图书表中的每一本书，求它折扣后的价格，并把结果存入新建的表中。

【练习 2-83】新建一个表，对销售表中的每一种书，求它的销售的总金额和销售总量，并把结果存入新建的表中。

2.5.2　修改数据

根据现实业务的需要，修改数据又分为修改单条记录、修改多条记录和修改带有子查询的值 3 种。修改操作语句一般格式为：

```
UPDATE<表名>
SET<列名>=<表达式>[,<列名>=<表达式>]…
[WHERE<条件>]
```

其功能是修改指定表中满足 WHERE 子句条件的记录。其中，SET 子句给出<表达式>的值用于取代相应的属性列值。如果省略 WHERE 子句，则表示要修改表中的所有记录。

要进一步了解相关知识，可以看 SQL Server 2008 的联机丛书或在线帮助。

1. 修改单条记录

【例 2-71】将学号为 100101001 学生的出生年月日改为 1992-3-1。

```
UPDATE 学生
SET 出生年月日='1992-3-1'
WHERE 学号='100101001'
```

运行结果如图 2-83 所示。

WNN-2E307EBB...绩管理 - dbo.学生

	学号	姓名	班级	性别	出生年月日	电话	Email	备注
▶	100101001	欧阳志勇	计算机应用	男	1992-03-01 00:...	28885692	Liyong@21cn.Com	插班生
	100101002	刘晨	计算机应用	女	1992-08-06 00:...	22285568	Liuchen@126.Com	NULL
	100101003	王小敏	计算机应用	女	1992-05-30 00:...	22324912	Wangming@21c...	NULL
	110102001	张立	计算机网络	男	1993-01-02 00:...	25661120	Zhangli@126.Com	NULL
	110102002	陈志辉	计算机网络	男	1993-07-16 00:...	22883322	Chenhui@21cn....	转校生
*	NULL	NULL	NULL	NULL	NULL	NULL	NULL	NULL

图 2-83　将学号为 050103001 学生的出生年月日改为 1992-3-1

【练习 2-84】把图书表中 ISBN 为 7-115-08115-6 的图书销售折扣改为 8.5。

【练习 2-85】把供应商表中名称为新华书店的电话号码改为 020-8258778。

2. 修改多条记录

【例 2-72】将选修表中所有学生各科的成绩增加 3 分。

```
UPDATE 选修
SET 成绩=成绩+3
```

运行结果如图 2-84 所示。

由图 2-84 所示的结果我们看到，选修表中除了学号为 110102001 外，每个学生的每门课的成绩都加了 3 分，这是因为 110102001 学生是在例 2-71 中新插入的一条记录，成绩部分为空值，所以即使对表的成绩字段更新了，也不会影响到该记录的成绩字段。

	学号	课程号	成绩	选修日期
▸	100101001	001	88	2011-02-01 00:...
	100101001	004	93	2011-09-01 00:...
	100101001	005	58	2011-09-01 00:...
	100101002	001	65	2011-02-01 00:...
	100101002	002	79	2011-09-01 00:...
	100101003	001	53	2011-02-01 00:...
	100101003	003	96	2011-09-01 00:...
	110102001	002	58	2012-02-01 00:...
	110102001	006	NULL	2011-09-01 00:...
*	NULL	NULL	NULL	NULL

图 2-84　将选修表中所有学生各科的成绩增加 3 分

【例 2-73】将学分小于 4 的课程的学时减少 5 个学时。

```
UPDATE 课程
SET 学时=学时-5
WHERE 学分<4
```

运行结果如图 2-85 所示。

	课程号	课程名	学时	学分
▸	001	数据库	72	4.0
	002	数学	72	4.0
	003	英语	64	4.0
	004	操作系统	49	3.0
	005	数据结构	49	3.5
	006	软件工程	47	3.0
	007	计算机网络应用	55	3.5
*	NULL	NULL	NULL	NULL

图 2-85　将学分小于 4 的课程的学时减少 5 个学时

【练习 2-86】把图书表中清华大学出版社的图书记录的单价增加 5 元。

【练习 2-87】把销售表中所有销售记录的单价提高 2 成。

【练习 2-88】把进货明细表中进货数量大于 10 的记录单价减少 2 元。

3. 带子查询的修改语句

子查询也可以嵌套在 UPDATE 语句中，用以构造修改的条件。

【例 2-74】将计算机网络班全体学生的成绩置零。

```
UPDATE 选修
SET 成绩=0
WHERE 学号 IN（SELECT 学号
            FROM 学生
            WHERE 班级='计算机网络'）
```

运行结果如图 2-86 所示。

	学号	课程号	成绩	选修日期
	100101001	001	88	2011-02-01 00:...
	100101001	004	93	2011-09-01 00:...
	100101001	005	58	2011-09-01 00:...
	100101002	001	65	2011-02-01 00:...
	100101002	002	79	2011-09-01 00:...
	100101003	001	53	2011-02-01 00:...
	100101003	003	96	2011-09-01 00:...
	110102001	002	0	2012-02-01 00:...
▸	110102001	006	0	2011-09-01 00:...
*	NULL	NULL	NULL	NULL

图 2-86　将计算机网络班全体学生的成绩置零

【练习 2-89】把进货经办人为欧阳志琴的进货数量增加 5。

【练习 2-90】把进货日期在 2011-2-1 之后且供应商地址在广州的图书的进货单价减 2 元。

2.5.3 删除数据

根据现实业务的需要，删除数据又分为删除单条记录、删除多条记录和删除带有子查询的值 3 种。删除语句的一般格式为：

```
DELETE
FROM<表名>
[WHERE<条件>]
```

DELETE 语句的功能是从指定表中删除满足 WHERE 子句条件的所有记录。如果省略 WHERE 子句，表示删除表中全部记录，但表的定义仍在字典中。也就是说，DELETE 语句删除的是表中的数据，而不是关于表的定义。

要进一步了解相关知识，可以查看 SQL Server 2008 的联机丛书或在线帮助。

1. 删除单条记录

【例 2-75】删除学号为 110102001 的学生的选修记录。

```
DELETE
FROM 选修
WHERE 学号 '110102001'
```

运行结果如图 2-87 所示。

WNN-2E307EBB...绩管理 - dbo.选修

	学号	课程号	成绩	选修日期
▶	100101001	001	88	2011-02-01 00:...
	100101001	004	93	2011-09-01 00:...
	100101001	005	58	2011-09-01 00:...
	100101002	001	65	2011-02-01 00:...
	100101002	002	79	2011-09-01 00:...
	100101003	001	53	2011-02-01 00:...
	100101003	003	96	2011-09-01 00:...
*	NULL	NULL	NULL	NULL

图 2-87 删除学号为 110102001 的学生记录

删除表中记录时要考虑到该记录所在的表是不是主键表。如果是主键表，就必须要考虑到该记录和其他表中的记录有没有关联。如果有关联，则不能直接删除，要先删除与之相关的表中的记录，才能删除该记录。

【练习 2-91】删除图书表中 ISBN 为 8-689-06576-5 的图书记录。

【练习 2-92】删除进货明细表中单号为 000006，明细号为 3 的记录。

2. 删除多条记录

【例 2-76】删除所有的学生选课记录。

```
DELETE
FROM 选修
```

运行结果如图 2-88 所示。

学号	课程号	成绩	选修日期

图 2-88　删除所有的学生选课记录

这时 DELETE 语句将使选修表成为空表，它删除了选修表的所有记录。

【练习 2-93】删除进货明细表中的所有记录。

【练习 2-94】删除电话以 020 开头或以 6 结尾的供应商记录。

3. 带子查询的删除语句

子查询同样也可以嵌套在 DELETE 语句中，用以构造执行多条件的删除操作。

【例 2-77】删除计算机网络班所有学生选课记录。

```
DELETE
FROM 选修
WHERE 学号 IN(SELECT 学号
              FROM 学生
              WHERE 班级='计算机网络')
```

运行结果如图 2-89 所示。

WNN-2E307EBB...绩管理 - dbo.选修

	学号	课程号	成绩	选修日期
▶	100101001	001	88	2011-02-01 00:...
	100101001	004	93	2011-09-01 00:...
	100101001	005	58	2011-09-01 00:...
	100101002	001	65	2011-02-01 00:...
	100101002	002	79	2011-09-01 00:...
	100101003	001	53	2011-02-01 00:...
	100101003	003	96	2011-09-01 00:...
*	NULL	NULL	NULL	NULL

图 2-89　删除计算机网络班所有学生的选课记录

【练习 2-95】删除进货单据表中供应商名称为“科技书店”的记录。

【练习 2-96】删除图书表中进货数量大于 10 且进货单价大于 20 的图书记录。

【练习 2-97】删除进货经办人为欧阳志琴或供应商联系人为司徒王灵或销售数量大于 3 的图书记录。

2.6 定义、删除与修改视图

所谓视图，是指从基本表中导出的虚拟表。例如，我们在客户端看到的图形界面，显然它是由服务器中数据库的基本表影射过来的虚拟界面，目的是方便用户读取其中的信息并且很好地保护好基本表的数据。

视图与其本表有很大的区别，基本表是实实在在存在的，而视图是虚拟的，它存放的只是一些代码，当用户要查看视图的内容时，其实就是先运行了这些代码，来提取基本表内的某些信息，通过视图反映出来，而数据仍存在原来的基本表中。所以基本表中的数据发生变化，在视图中查询出的数据也就随之改变了。从这个意义上讲，视图就像一个窗口，透过它可以看到数据库中自己感兴趣的数据及其变化。

视图很大的一个特点就是一定程度上提供了数据的安全性，我们可以想象一下，如果数据库的某个基本表直接面向用户，那么用户就会很有机会去修改甚至破坏表的结构，但如果在用户和基本表的中间放一面镜子（视图），用户可以看到基本表的信息，同时也可以避免用户修改或破坏基本表的结构，一举两得。

视图一经定义，就可以和基本表一样被查询、被删除。我们也可以在一个视图之上再定义新的视图，但对视图的更新（增加、删除、修改）操作则有一定的限制。

2.6.1 定义视图

定义视图的方法一般有两种：

（1）使用视图设计器定义视图；

（2）使用 SQL 定义视图。

视图在我们日常工作中十分常用，下面先简单讲解使用视图设计器定义视图的方法，然后重点讲解使用 SQL 定义视图的方法。

1. 用视图设计器定义视图

使用视图设计器定义视图较为方便快捷，但功能没有使用 SQL 强大。下面通过一个实例让大家了解一下使用视图设计器定义视图的方法。

【例 2-78】定义一个视图，用来查询选修了“数据库”的学生信息及其选修情况，并把视图命名为“选修情况”。

下面讲解一下使用视图设计器定义该视图的方法。

（1）启动 SQL Server Management Studio，展开“数据库”文件夹中的“学生选课与成绩管理”数据库，用鼠标右键单击“视图”图标 视图，在弹出的快捷菜单中选择“新建视图”选项（见图 2-90），启动“视图设计器”创建视图。

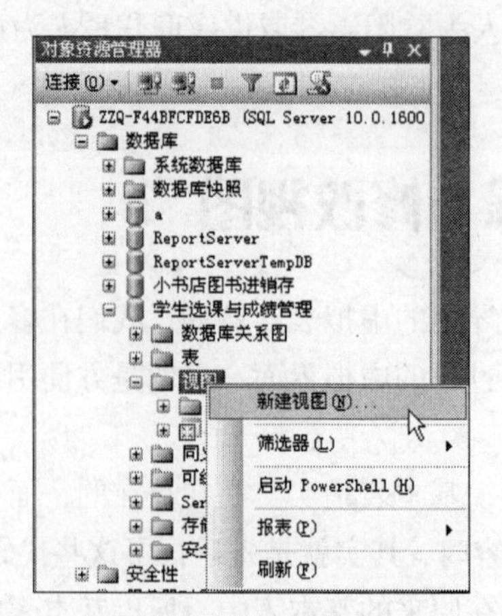

图 2-90　使用视图设计器定义视图步骤 1

（2）打开视图设计器后，我们简单了解一下相关的按钮与窗格，如图 2-91 所示。

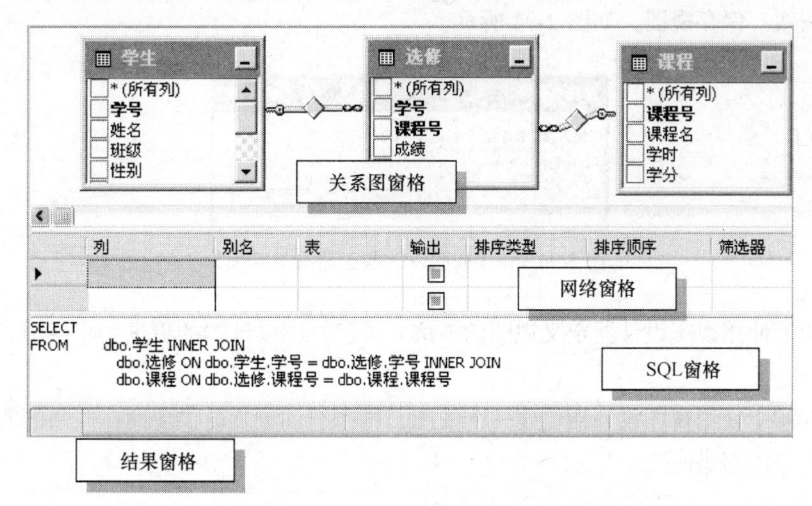

图 2-91　使用视图设计器定义视图步骤 2

（3）在“视图设计器”的“关系图”窗格中，鼠标右键单击空白处，在弹出的快捷菜单中选择“添加表”选项，进入“添加表”对话框，如图 2-92 所示。

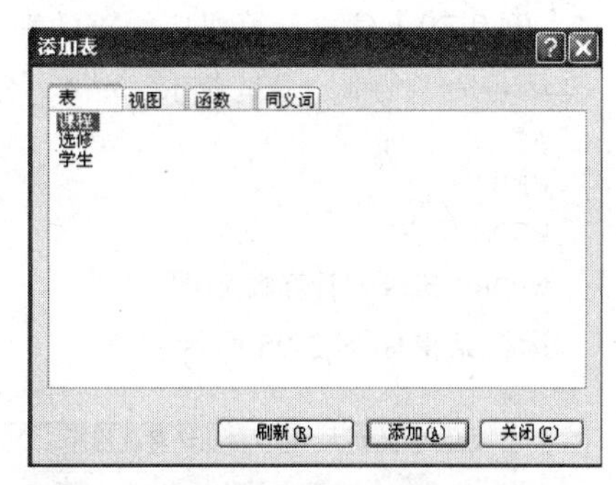

图 2-92　使用视图设计器定义视图步骤 3

（4）在“添加表”对话框中，选中“学生”表、“课程”表和“选修”表，单击“添加”按钮。

（5）在“关系图”窗格中，会增加“学生”表、“课程”表和“选修”表 3 个表，选中表中需要添加到视图的列。例如，在“学生”表中选中“学号”、“姓名”，在“课程”表中选中“课程号”、“课程名”，在“选修”表中选中“成绩”、“选修日期”。这时网络窗格会自动把所需的列一一列出来，由于我们要求的是查询选修了数据库的学生信息及选修信息，所以还得在网络窗格中名为“课程名”一行中的准则列中输入“数据库”，然后单击“运行”按钮，运行结果会显示在结果窗格中，如图 2-93 所示。

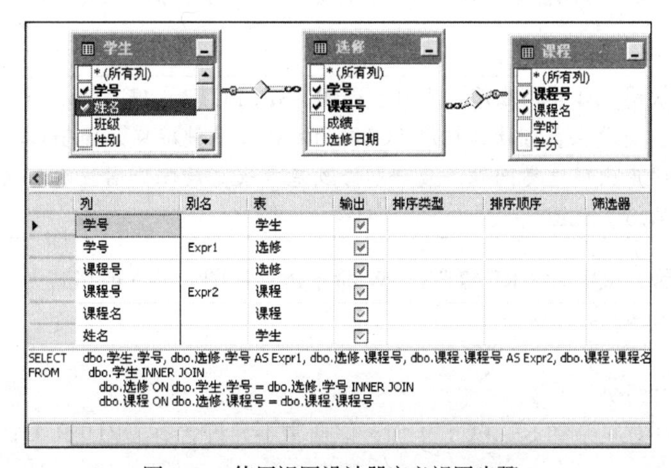

图 2-93　使用视图设计器定义视图步骤 4

（6）单击工具栏中磁盘标志的“保存”按钮，在“另存为”对话框中，填入“选修情况”，单击“确定”按钮。保存视图，如图2-94所示。

图2-94　使用视图设计器定义视图步骤5

以上介绍了使用视图设计器定义视图的方法，关于视图设计器的更进一步使用，读者可以查看联机丛书。

【练习2-98】使用视图设计器创建一个视图，用来查询进货的供应商在广州的图书情况。视图命名为“广州图书供应”。

2. 使用SQL定义视图

【例2-79】建立计算机应用班的学生的视图，视图名为“计算机应用”。

```
CREATE VIEW 计算机应用   /*建立名为"计算机应用"的视图*/
AS
SELECT *
FROM 学生
WHERE 班级='计算机应用'
```

运行结果如图2-95所示。

WNN-2E307EBB...理 - dbo.计算机应用

	学号	姓名	班级	性别	出生年月日	电话	Email	备注
▶	100101001	欧阳志勇	计算机应用	男	1992-03-01 00:...	28885692	Liyong@21cn.Com	插班生
	100101002	刘晨	计算机应用	女	1992-08-06 00:...	22285568	Liuchen@126.Com	NULL
	100101003	王小敏	计算机应用	女	1992-05-30 00:...	22324912	Wangming@21c...	NULL
*	NULL	NULL	NULL	NULL	NULL	NULL	NULL	NULL

图2-95　建立视图名为“计算机应用”的视图

本例中省略了视图“计算机应用”的列名，隐含了由子查询中SELECT子句中的8个列名组成。

注意

这里视图“计算机应用”是由于查询“SELECT *”建立的。如果以后修改了学生表的结构，则学生表与计算机应用视图的映像关系被破坏，因而该视图就不能正确工作了。为避免出现这类问题，最好在修改基本表之后删除由该基本表导出的视图，然后重建（同名）视图。

由上例可以看到，SQL用CREATE VIEW命令建立视图。其一般格式为：

```
CREATE VIEW<视图名>[(<列名>[,<列名>])…]
AS<子查询>
[WITH CHECK OPTION]
```

其中子查询可以是任意复杂的SELECT子句，但通常不允许含有ORDER BY子句和DISTINCT语句。

WITH CHECK OPTION 表示对视图进行 UPDATE，INSERT 和 DELETE 操作时要保证更新、插入或删除的行满足视图定义中的谓词条件（即子查询中的条件表达式）。

但在下列 3 种情况下必须明确指定组成视图的所有列名。

（1）某个目标列不是单纯的属性名，而是集函数或列表达式。

（2）多表连接时选出了几个同名列作为视图的字段。

（3）需要在视图中为某个列启用新的更合适的名字。

数据库系统在执行 CREATE VIEW 语句的结果时，只是把视图的定义存入数据字典，并不执行其中的 SELECT 语句。只是在对视图查询时，才按视图的定义从基本表中将数据查出。

要进一步了解相关知识，可以看 SQL Server 2008 的联机丛书或在线帮助。

【例 2-80】建立计算机网络班的学生的视图，视图名为计算机网络，并要求进行修改和插入操作时仍需要保证该视图只有计算机网络班的学生。

```
CREATE VIEW 计算机网络
AS
SELECT *
FROM 学生
WHERE 班级='计算机网络'
WITH CHECK OPTION
```

运行结果如图 2-96 所示。

WNN-2E307EBB...理 - dbo.计算机网络

	学号	姓名	班级	性别	出生年月日	电话	Email	备注
▶	110102001	张立	计算机网络	男	1993-01-02 00:...	25661120	Zhangli@126.Com	NULL
	110102002	陈志辉	计算机网络	男	1993-07-16 00:...	22883322	Chenhui@21cn....	转校生
*	NULL	NULL	NULL	NULL	NULL	NULL	NULL	NULL

图 2-96　建立计算机网络班的学生的视图

由于在定义计算机网络视图时加上了 WITH CHECK OPTION 子句，以后对该视图进行插入、修改和删除操作时，DBMS 会自动加上“班级='计算机网络'”的条件，并判断是否满足该条件，如果不满足就出错。

若一个视图是从单个基本表导出的，并且只是去掉了基本的某些行和某些列，但保留了主码，我们称这类视图为行列子集视图。“计算机应用视图”和“计算机网络视图”就是一个行列子集视图。

视图不仅可以建立在单个基本表上，也可以以建立在多个基本表上。

【例 2-81】建立计算机应用班中选修了 001 号课程的学生的视图，视图命名为“选课 1”，视图的字段包括学号、姓名、课程号和成绩。

```
CREATE VIEW 选课 1（学号，姓名，课程号，成绩）
        AS
        SELECT 学生.学号，姓名，课程号，成绩
        FROM 学生，选修
```

```
WHERE 班级='计算机应用' AND
        学生.学号=选修.学号 AND
        选修.课程号='001'
```

运行结果如图 2-97 所示。

WNN-2E307EBB...绩管理 - dbo.选课1

	学号	姓名	课程号	成绩
▶	100101001	欧阳志勇	001	88
	100101002	刘晨	001	65
	100101003	王小敏	001	53
*	NULL	NULL	NULL	NULL

图 2-97 建立计算机应用班中选修了 001 号课程的学生的视图

注意

由于视图“选课 1”的属性列中包含了学生表与选课表的同名列学号，所以必须在视图名后面明确说明视图的各个属性列名。

视图不仅可以建立在一个或多个基本表上，也可以建立在一个或多个已定义好的视图上，或建立在基本表与视图上。

【例 2-82】建立计算机应用班中选修了 001 号课程且成绩在 60 分以上的学生的视图，视图命名为“选课 2”，视图的字段包括学号、姓名、课程号和成绩。

由于上例所建立的视图“选课 1”已经查询出计算机应用班中选修了 001 号课程的学生，所以可以直接在视图“选课 1”的基础上查询满足成绩在 60 分以上的学生。

```
CREATE VIEW 选课 2
AS
SELECT 学号,姓名,课程号,成绩
FROM 选课 1
WHERE 成绩>=60
```

运行结果如图 2-98 所示。

WNN-2E307EBB...绩管理 - dbo.选课2

	学号	姓名	课程号	成绩
▶	100101001	欧阳志勇	001	88
	100101002	刘晨	001	65
*	NULL	NULL	NULL	NULL

图 2-98 建立计算机应用班中选修了 001 号课程且成绩在 60 分以上的学生的视图

这里的视图“选课 2”就是建立在视图“选课 1”之上的。

【例 2-83】定义一个反映学生出生年龄的视图，命名为“年龄”，视图的字段包括学号、姓名和年龄。

```
CREATE VIEW 年龄(学号,姓名,年龄)
  AS
  SELECT 学号,姓名, YEAR(GETDATE())-YEAR(出生年月日)
  FROM 学生
```

运行结果如图 2-99 所示。

WNN-2E307EBB...绩管理 - dbo.年龄

	学号	姓名	年龄
▶	100101001	欧阳志勇	19
	100101002	刘晨	19
	100101003	王小敏	19
	110102001	张立	18
	110102002	陈志辉	18
*	NULL	NULL	NULL

图 2-99　定义一个反映学生出生年龄的视图

“年龄”视图是一个带表达式的视图。视图中的年龄值是通过计算得到的。

还可以用带有集函数和 GROUP BY 子句的查询来定义视图，这种视图称为分组视图。

【例 2-84】定义为一个视图，在选修表中按学号分组求每个学生的平均成绩，视图名命名为“汇总 1”，视图的字段包括学号和平均成绩。

```
CREATE VIEW 汇总 1（学号，平均成绩）
  AS
  SELECT 学号,AVG（成绩）
  FROM 选修
  GROUP BY 学号
```

运行结果如图 2-100 所示。

WNN-2E307EBB...绩管理 - dbo.汇总1

	学号	平均成绩
▶	100101001	79
	100101002	72
	100101003	74
*	NULL	NULL

图 2-100　在选修表中按学号分组求每个学生的平均成绩的视图

选修表中“成绩”列一定为数据型，否则无法求平均值。

由于 AS 子句中 SELECT 语句的目标列平均成绩是通过作用集函数得到的，所以 CREATE VIEW 中必须明确定义组成“汇总 1”视图的各个属性的列名，“汇总 1”是一个分组视图。

【练习 2-99】建立当前销售折扣在 8 折以上（包含 8 折）的图书情况的视图，视图名为“图书情况 1”。

【练习 2-100】建立出版社为“清华大学出版社”的图书情况的视图，视图名为“图书情况 2”，并要求进行修改和插入操作时仍需要保证该视图只有“清华大学出版社”的图书记录。

【练习 2-101】建立供应商电话最后一个号码为 5 的进货情况的视图，视图名为“进货情况 1”，查询的字段包括单号、进货日期、供应商编号、名称、联系人、地址、电话以及经办人。

【练习 2-102】建立销售折扣在 8 折以上（包含 8 折）且单价在 30 元以上的图书情况的视图，视图名为“图书情况 3”。（提示：该视图可以建立在视图“图书情况 1”之上）

【练习 2-103】建立供应商电话最后一个号码为 5 且出版社为“清华大学出版社”的图书情况的视图，视图名为“图书情况 4”，查询的字段包括 ISBN、书名、出版社。（提示：该视图可以建

立在视图“图书情况 2”和“进货情况 1”和基本表之上）

【练习 2-104】定义一个视图，在图书表中按出版社分组求每个出版社的平均单价，视图名为“图书情况 5”。

2.6.2 查询视图

我们在日常工作中都会接触到对视图的查询，如乘客在地铁站内查询某班列车的路线等，而对视图的查询其实就是对基本表的查询。

【例 2-85】在“计算机应用”的视图中找出电话号码以“22”开头的学生，查询结果包括学号、姓名和电话。

```
Select 学号，姓名，电话
From 计算机应用
Where 电话 Like '22%'
```

运行结果如图 2-101 所示。

	学号	姓名	电话
1	100101002	刘晨	22285568
2	100101003	王小敏	22324912

图 2-101 在“计算机应用”的视图中找出电话号码以“22”开头的学生

本例转换后的查询语句为：

```
Select 学号，姓名，电话
From 学生
Where 班级='计算机应用' And 电话 Like '22%'
```

【例 2-86】查询计算机应用班中选修了 002 号课程的学生，查询结果包括学号、姓名和选修表中的课程号。

```
SELECT 计算机应用.学号，姓名，课程号
FROM 计算机应用 INNER JOIN 选修 ON 计算机应用.学号=选修.学号
WHERE 选修.课程号='002'
```

运行结果如图 2-102 所示。

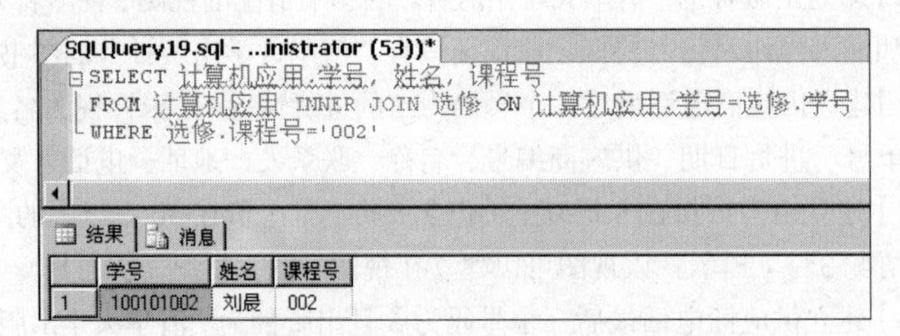

	学号	姓名	课程号
1	100101002	刘晨	002

图 2-102 查询计算机应用班中选修了 002 号课程的学生

由于视图“计算机应用”和基本表“选修”都有共同的字段学号，所以在查询时要指明。本查询涉及虚表“计算机应用”和基本表“选修”，通过这两个表的连接来完成用户请求。

在一般情况下，视图查询的转换是直截了当的。但有些情况下，这种转换不能直接进行，查询时就会出现问题。

【例 2-87】在视图“汇总 1”中查询平均成绩在 70 分以上的学生学号和平均成绩，SQL 语句为：

```
SELECT *
FROM 汇总 1
WHERE 平均成绩>=70
```

由于“汇总 1”视图定义为

```
CREAT VIEW 汇总 1(学号,平均成绩)
      AS SELECT 学号,AVG(成绩)
      FROM 选修
      GROUP BY 学号
```

将上面查询语句与查询结合后，形成下列查询语句：

```
SELECT 学号,AVG(成绩)
FROM 选修
WHERE AVG(成绩)>=70
GROUP BY 学号
```

前面讲过 WHERE 子句中是不能使用聚合函数作为条件表达式的，因此执行此修正后的查询将会出现语法错误。正确的查询语句应该是：

```
SELECT 学号, AVG(成绩)
FROM 选修
GROUP BY 学号
HAVING AVG(成绩)>=70
```

目前多数关系数据库系统对行列子集视图的查询均能进行正确转换。但对非行列子集的查询（如例 2-87）就不一定能做转换了，因此这类查询应该直接对基本表进行。

【练习 2-105】查询视图“图书情况 1”中出版社不是“清华大学出版社”的记录。

【练习 2-106】查询视图“图书情况 3”中出版社为“清华大学出版社”或书名以“数据”开头的记录。

2.6.3 更新视图

我们知道，视图是一个虚拟表，所以对视图的更新，最终要转换为对基本表的更新。

更新视图是指通过视图来插入（INSERT）、删除（DELECT）和修改（UPDATE）数据。

【例 2-88】将视图“计算机应用”中学号为 100101001 的学生姓名改为“欧阳毅”。

```
UPDATE 计算机应用
SET 姓名='欧阳毅'
WHERE 学号='100101001'
```

运行结果如图 2-103 所示。

WNN-2E307EBB...理 - dbo.计算机应用

	学号	姓名	班级	性别	出生年月日	电话	Email	备注
▶	100101001	欧阳毅	计算机应用	男	1992-03-01 00:...	28885692	Liyong@21cn.Com	插班生
	100101002	刘晨	计算机应用	女	1992-08-06 00:...	22285568	Liuchen@126.Com	NULL
	100101003	王小敏	计算机应用	女	1992-05-30 00:...	22324912	Wangming@21c...	NULL
*	NULL	NULL	NULL	NULL	NULL	NULL	NULL	NULL

图 2-103　将学号为 100101001 的学生姓名改为“欧阳毅”

转换后的更新语句为：

```
UPDATE 学生
SET 姓名='欧阳毅'
WHERE 学号='100101001'  AND 班级='计算机应用'
```

【例 2-89】向“计算机网络”视图中插入一个新的学生记录（学号：110102003；姓名：赵小新；班级：计算机网络；性别：男；出生年月日：1993-3-16；电话：2779812；Email:Zxxing@21cn.Com；备注：Null）。

```
INSERT
INTO 计算机网络
VALUES('110102003', '赵小新', '计算机网络', '男', '1993-3-16', '2779812',
      'Zxxing@21cn.cn', Null)
```

运行结果如图 2-104 所示。

WNN-2E307EBB...理 - dbo.计算机网络

	学号	姓名	班级	性别	出生年月日	电话	Email	备注
	110102001	张立	计算机网络	男	1993-01-02 00:...	25661120	Zhangli@126.Com	NULL
	110102002	陈志辉	计算机网络	男	1993-07-16 00:...	22883322	Chenhui@21cn.Com	转校生
▶	110102003	赵小新	计算机网络	男	1993-03-16 00:...	2779812	Zxxing@21cn.cn	NULL
*	NULL	NULL	NULL	NULL	NULL	NULL	NULL	NULL

图 2-104　向“计算机网络”视图中插入一个新的学生记录结果图

转换为对基本表的更新：

```
INSERT
INTO 学生
VALUES('110102003', '赵小新', '计算机网络', '男', '1993-3-16', '2779812',
      'Zxxing@21cn.cn', Null)
```

由于“计算机网络”视图在定义时加上了 WITH CHECK OPTION 子句，所以对该视图进行插入记录时，系统会判断插入的记录是否满足班级为“计算机网络”条件，满足了就允许插入记录。

【例 2-90】删除“计算机网络”视图中学号为“110102003”的记录。

```
DELETE
FROM 计算机网络
WHERE 学号='110102003'
```

运行结果如图 2-105 所示。

WNN-2E307EBB...理 - dbo.计算机网络

	学号	姓名	班级	性别	出生年月日	电话	Email	备注
▶	110102001	张立	计算机网络	男	1993-01-02 00:...	25661120	Zhangli@126.Com	NULL
	110102002	陈志辉	计算机网络	男	1993-07-16 00:...	22883322	Chenhui@21cn....	转校生
*	NULL	NULL	NULL	NULL	NULL	NULL	NULL	NULL

图 2-105　删除“计算机网络”视图中学号为“050101002”的记录

转换为对基本表的更新：

```
DELETE
FROM 计算机网络
WHERE 学号='110102003'  AND 班级='计算机网络'
```

由于视图的重要作用在于可以在一定程度上保护数据的安全性，所以在关系数据库中，并不是所有的视图都可以更新，有些视图的更新不能唯一地有意义地转换成对相应基本表的更新。

例如，前面定义的视图“汇总 1”是由“学号”和“平均成绩”两个属性列组成的，其中平均成绩一项是由选修表中对记录分组后计算平均值得来的。如果我们想把视图“汇总 1”中学号为 100101001 的学生的平均成绩改成 90 分，SQL 语句如下：

```
UPDATE 汇总 1
SET 平均成绩=90
WHERE 学号='100101001'
```

但这个对视图的更新是无法转换成对基本表选修的更新的，因为系统无法修改各科成绩，以使平均成绩成为 90。所以“汇总 1”视图是不可更新的。

下面总结一下视图在那些情况下不可更新。

（1）若视图是由两个以上基本表导出的，则此视图不允许更新。

（2）若视图的字段来自字段表达式或常数，则不允许对此视图执行 INSERT 和 UPDATE 操作，但允许执行 DELETE 操作。

（3）若视图的字段来自集函数，则此视图不允许更新。

（4）若视图定义含有 GROUP BY 子句，则此视图不允许更新。

（5）若视图定义含有 DISTINCT 短语，则此视图不允许更新。

（6）若视图定义中有嵌套查询，并且内层查询的 FROM 子句中涉及的表也是导出该视图的基本表，则此视图不允许更新。

（7）一个不允许更新的视图上定义的视图也不允许更新。

注意

不可更新的视图与不允许更新的视图是两个不同的概念，前者指理论上已证明其是不可更新的视图。后者指实际系统中不支持其更新，但它本身有可能是可更新的视图。

【练习 2-107】在视图“图书情况 2”中插入如下记录：

ISBN：7-5053-5646-9，书名：工业制造学，出版社：清华大学出版社，单价：40.2，当前销售折扣：8.5。

【练习 2-108】把视图“图书情况 2”的当前销售折扣都减少 1 折。

【练习 2-109】删除视图“图书情况 1”中的所有记录。

2.6.4　删除视图

有时候，某些视图不需要了，这时管理员就应该把它们删除，但可以这样以为：删除视图只是把视图的定义从数据字典中删除，而不等同于删除基本表（这一点一定要弄清楚）。

【例 2-91】删除视图“选课 1”。

```
DROP VIEW 选课 1
```

执行此语句后，“选课1”视图的定义将从数据字典中删除，由“选课1”视图导出“选课2”视图的定义虽然仍在数据库字典中，但是该视图已无法使用了，因此应该同时删除。

所以，删除视图的语句格式为：

```
DROP VIEW<视图名>
```

注意　就像基本表删除后，由该基本表导出的所有视图（定义）没有被删除，但均已无法使用了。删除这些视图（定义）需要显式地使用 DROP VIEW 语句。

提示　要进一步了解相关知识，可以查看 SQL Server 2008 的联机丛书或在线帮助。

【练习 2-110】删除视图“图书情况 1”。

2.7 综合应用

我们在处理一些较为复杂的查询时，可能无法通过一条查询语句解决所有问题。此时，往往需要将复杂的查询分解成几个较为简单的查询，通过这些查询依次、连续地执行，得出结果。这就好比上楼，我们要到达一栋房子的五楼，不可能从一楼直接跳上去，而必须经过二楼、三楼、四楼一层层走上去。前序查询的执行结果，要作为后续查询的数据来源。那么，如何将前序查询的结果暂时保存下来呢？使用临时表是一种解决问题的办法。

在 SQL Server 数据库中，临时表是一类特殊的表，名字以“#”开头。临时表在当前用户下创建，当前会话内有效（一次会话可理解为用户从请求连接数据库，执行操作到退出的过程）。当前会话结束后，临时表自动被数据库系统删除。

我们将前序查询的结果称为中间结果，这些中间结果只作为后续查询的数据来源，并不需要永久地保留，所以，可以将中间结果保存在临时表中，为后续查询所用。

【例 2-92】查询各班各门课程的考试人数和及格人数，要求将查询结果显示在同一个表中，包括班级、课程号、考试人数和及格人数。

分析：创建临时表“#考试人数”和“#及格人数”，分别保存各班各门课程的考试人数和及格人数，再通过左连接将查询结果汇总。步骤如下：

（1）创建临时表“#考试人数”。

```
CREATE TABLE  #考试人数(
  班级 CHAR(20),
  课程号 CHAR(3),
  考试人数 INT)
```

（2）查询各班各门课程的考试人数，并保存在临时表“#考试人数”中。

```
INSERT INTO #考试人数
SELECT 班级，课程号，COUNT(选修.学号) as 考试人数
FROM 学生 INNER JOIN 选修 ON 学生.学号=选修.学号
GROUP BY 班级，课程号
```

（3）创建临时表“#及格人数”。

```
CREATE TABLE  #及格人数(
  班级 CHAR(20),
  课程号 CHAR(3),
  及格人数 INT)
```

（4）查询各班各门课程的及格人数，并保存在临时表“#及格人数”中。

```
INSERT INTO #及格人数
SELECT 班级, 课程号, COUNT(选修.学号) as 及格人数
FROM 学生 INNER JOIN 选修 ON 学生.学号=选修.学号
WHERE 成绩>=60
GROUP BY 班级, 课程号
```

（5）将两个临时表进行左连接，得出最后的查询结果。

```
SELECT  #考试人数.班级,  #考试人数.课程号, 考试人数, 及格人数
FROM #考试人数 LEFT JOIN  #及格人数  ON  #考试人数.班级 = #及格人数.班级 AND  #考试人数.
      课程号 =  #及格人数.课程号
```

查询结果如图所示 2-106 所示。

结果　消息

	班级	课程号	考试人数	及格人数
1	计算机网络	001	1	1
2	计算机应用	001	3	2
3	计算机网络	002	2	NULL
4	计算机应用	002	3	3

图 2-106　查询各班各门课程的考试人数和及格人数

对于例 2-92 这样的复杂查询，也可以使用视图进行处理。通过定义视图来查看查询的中间结果，再对视图进行连接得到最终结果。代码如下：

```
CREATE VIEW 考试人数
AS
SELECT 班级, 课程号, COUNT(选修.学号) as 考试人数
FROM 学生 INNER JOIN 选修 ON 学生.学号=选修.学号
GROUP BY 班级, 课程号

CREATE VIEW 及格人数
AS
SELECT 班级, 课程号, COUNT(选修.学号) as 及格人数
FROM 学生 INNER JOIN 选修 ON 学生.学号=选修.学号
WHERE 成绩>=60
GROUP BY 班级, 课程号

SELECT 考试人数.班级,  考试人数.课程号, 考试人数, 及格人数
FROM  考试人数 LEFT JOIN  及格人数  ON  考试人数.班级 =及格人数.班级 AND  考试人
      数.课程号 =及格人数.课程号
```

【练习 2-111】查询各出版社所出版的各种图书在 2011 年全年的销售数量和 2010 年 6 月单月的销售数量。要求将查询结果显示在同一个表中，包括出版社名称、ISBN、全年销售数量和单月销售数量。

2.8 数据控制

数据库技术很重要的方面在于数据的安全性，当我们把一个数据库系统做出来后，接着就要考虑它的安全性。数据安全在现今信息发展迅速的社会中越来越显示出重大的意义，而在 SQL 中，也提供了数据安全方面的功能，我们把这种功能称为数据控制。

SQL 中数据控制功能包括事务管理功能和数据安全性控制功能，其中事务管理即指数据库的恢复、并发控制；数据安全性控制即指数据库的安全和完整性控制。这些概念和技术将在后续章节详细讨论，本节主要讨论 SQL 的安全性控制功能。

我们知道，某个用户对某类数据具有何种操作权力是个政策问题而不是技术问题，就好像 Windows 系统里的用户登录和验证一样，只有验证过的用户才有权限使用系统。在数据库里也是一样，只有管理员给予权限的用户才有权访问数据库。本节将学习在 SQL 中怎样给用户授权和怎样收回用户的权限。

2.8.1 授权

【例 2-93】假设 SQL Server 中有 U1 这一用户，把查询学生表的权限授给用户 U1。

```
GRANT SELECT
ON 学生
TO U1
```

由以上例子可以看到，SQL 用 GRANT 语句向用户授予操作权限，GRANT 语句的一般格式为

```
GRANT <权限>[,<权限>]…
        [ON<对象类型><对象名>]
        TO<用户>[,<用户>]…
        [WITH GRANT OPTION]
```

其定义为：将对指定操作对象的指定操作权限授予指定的用户。

对不同类型的操作对象有不同的操作权限，常见的操作权限如表 2-13 所示。

表 2-13　　不同对象类型允许的操作极限

对象	对象类型	操作权限
属性列	TABLE	SELECT,INSERT,UPDATE，DELETE,ALL RIVIEGES
视图	TABLE	SELECT,INSERT,UPDATE，DELETE,ALL RIVIEGES
基本表	TABLE	SELECT,INSERT,UPDATE，DELETE ALTER, INDEX, ALL PRIVIEGES
数据库	DATABASE	CREATETAB

要进一步了解相关知识，可以查看 SQL Server 2008 的联机丛书或在线帮助。

【例 2-94】假设 SQL Server 中有用户 U2 和 U3，把对课程表的全部操作权限授予用户 U2 和 U3。

```
GRANT ALL
ON 课程
TO U2,U3
```

【例 2-95】把对选修的表查询权限授予所有用户。

```
GRANT SELECT
ON 选修
TO PUBLIC
```

【例 2-96】假设 SQL Server 中有用户 U4，把查询学生表和修改学生学号的权限授予 U4。

```
GRANT UPDATE(学号),SELECT ON 学生 TO U4
```

这里实际上要授予 U4 用户的是对基本表学生表的 SELECT 权限和对属性列学号的 UPDATE 权限。授予关于属性列的权限时必须明确指出相应属性一列名。

【例 2-97】假设 SQL Server 中有用户 U5，把对选修表的 INSERT 权限授予 U5 用户，并允许将此权限再授予其他用户。

```
GRANT INSERT ON 选修 TO U5 WITH GRANT OPTION;
```

执行此 SQL 语句后，U5 不仅拥有了对选修表的 INSERT 权限，还可以传播此权限，即由 U5 用户使用上述 GRANT 命令给其他用户授权。例如，假设 SQL Server 中有用户 U6，U5 可以将此权限授予 U6：

```
GRANT INSERT ON 选修 TO U6 WITH GRANT OPTION;
```

同样，假设 SQL Server 中有用户 U7，U6 还可以将此权限授予 U7：

```
GRANT INSERT ON 选修 TO U7;
```

因为 U6 未给 U7 传播的权限，因此 U7 不能再传播此权限。

由上面的例子可以看到，GRANT 语句可以一次向一个用户授权，如例 2-93 所示，这是最简单的一种授权操作；也可以一次向多个用户授权，如例 2-94、例 2-95 所示；还可以一次传播多个同类对象的权限，如例 2-97 所示；甚至一次可以完成对基本表、视图和属性列这些不同对象的授权。

【练习 2-112】建立用户 A1，把修改进货单据表进货日期的权限授予用户 A1。

【练习 2-113】建立用户 A2，把对供应商表的所有权限授予用户 A2。

【练习 2-114】把查询图书表的权限授予所有用户。

【练习 2-115】建立用户 A3，把对删除销售表的权限授予用户 A3，并允许 A3 将此权限再授予其他用户。

2.8.2　收回权限

我们可以授予用户权限，同样也可以收回该用户的权限。下面先看一个例子：

【例 2-98】把用户 U4 修改学生学号的权限收回。

```
REVOKE UPDATE(学号) ON TABLE 学生 FROM U4
```

由上例可以看出，可以用 REVOKE 语句收回用户权限，其一般格式为：

```
REVOKE<权限>[,权限]…
```

```
[ON<对象类型><对象名>]
FROM<用户>[,<用户>]…
```

要进一步了解相关知识，可以查看 SQL Server 2008 的联机丛书或在线帮助。

【例 2-99】收回所有用户对选修表的查询。

```
REVOKE SELECT ON 选修 FROM PUBLIC
```

【例 2-100】把用户 U5 对选修表的 INSERT 权限收回。

```
REVOKE INSERT ON 选修 FROM U5 CASCADE  /*CASCADE 用于若要废除可授予的特权*/
```

如果要收回权限的用户是拥有可以传播多个用户对象的权限的用户，则需要加上 CASCADE 语句。

在例 2-97 中，U5 将对课程表的 INSERT 权限授予了 U6，而 U6 又将其授予了 U7。执行例 2-100 的 REVOKE 语句后，DBMS 在收回 U5 对 SC 表的 INSERT 权限的同时，还会自动收回 U6 和 U7 对选修表的 INSERT 权限，即收回权限的操作会级联下去。但如果 U6 或 U7 还从其他用户处获得对选修表的 INSERT 权限，则他们仍具有此权限，系统只收回直接或间接从 U5 处获得的权限。

（1）数据库管理员拥有对数据库中所有对象的所有权限，并可以根据应用的需要将不同的权限授予不同的用户。

（2）用户对自己建立的基本表和视图拥有全部的操作权限，并且可以用 GRANT 语句把其中某些权限授予其他用户。被授权的用户如果没有“继续授权”的许可，不可以把获得的权限再授予其他用户。

（3）所有授予出去的权力在必要时又都可以用 REVOKE 语句收回。

【练习 2-116】把用户 A2 对供应商表的所有权限收回。

【练习 2-117】收回所有用户对图书表查询的权限。

【练习 2-118】把用户 A3 删除销售表的权限收回。

2.9 知识拓展

结构化查询语言（Structured Query Language，SQL）是由 IBM 公司中两名研究员 Chamberlin 和 Ray Boyce 在 1974 年发明的。后经各公司不断修改和扩充，从 SQL-86 到 SQL-89 再到 SQL-92，目前发展到 SQL-99（亦称为 SQL3）。

各个商业数据库一般会对标准 SQL 加以扩展，并赋以自己的名字。SQL Server 实现了事务查询语言（Transaction SQL，T-SQL）。T-SQL 对标准结构化查询语句进行了扩展，包括事务控制、异常和错误处理等。客户程序总是通过 T-SQL 和 SQL Server 服务器通信。表 2-14 所示为各个数据库系统所支持的 SQL，表 2-15 所示为 SQL 基本的数据类型。

表 2-14　　各个产品对标准的支持

数据库系统	对标准 SQL 语言的支持产品
Microsoft SQL Server，Sybase	T-SQL
ORACLE	PL/SQL
DB2	DB 2 SQL dialect
Informix	Informix SQL

表 2-15　　SQL 基本的数据类型

分　类	数据类型	说　　明
数值型	INTEGER	长整数（也可写成 INT）
	SMALLINT	短整数
	REAL	取决于机器精度的浮点数
	DOUBLE PRECISION	取决于机器精度的双精度浮点数
	FLOAT（n）	浮点数，精度至少为 n 位数字
	NUMERIC（p,d）	定点数，由 p 位数字（不包括符号、小数点）组成，小数点后面有 d 位数字（也可写成 DECIMAL（P，d）或 DEC（P，d））
字符串型	CHAR（n）	长度为 n 的定长字符串
	VARCHAR(n)	具有最大长度为 n 的变长字符串
	NCHAR(n)	定长的 Unicode 字符数据。每个 NCHAR 字符都以 2 个字节存储
位串型	BIT(n)	长度为 n 的二进制位串
	BIT	VARYING(n)
时间型	DATE	日期，包含年、月、日，形式为 YYYY-MM-DD
	TIME	时间，包含一日的时、分、秒，形式为 HH:MM:SS

2.10 小结

1. 数据定义

数据定义包括对基本表（关系，Table）、索引（Index）和视图（View）的创建和撤销操作。

（1）定义基本表格式：

```
CREATE TABLE<表名>（<列名><数据类型>[列级完整性约束条件]，
                   <列名><数据类型>[列级完整性约束条件]，
                   <表级完整性约束条件>）
```

（2）修改基本表格式：

```
ALTER TABLE<表名>
```

```
[ADD<新列名><数据类型>[完整性约束]]
[DROP<完整性约束名>]
```

（3）删除基本表格式：

```
DROP TABLE<表名>
```

（4）建立索引格式：

```
CREATE [UNIQUE] INDEX<索引名>
        ON<表名>(<列名>[<次序>][，<列名>[<次序>]]……)
```

（5）删除索引格式：

```
DROP INDEX <表名>.<索引名>
```

2. 数据操纵

SELECT 语句的一般格式：

```
SELECT[ALL\DISTINCT]<目标表达式>[别名][，<目标表达式>[别名]]…
        FROM<表名或视图>[别名][，<表名或视图名>[别名]]…
        [WHERE<条件表达式>]
        [GROUP BY<别名>[HAVING<条件表达式>]]
        [ORDER BY<别名 2>[ASC\DESC]];
```

（1）目标表达式有以下可选格式：

① *

② <表名>.*

③ COUNT([DISTINCT\ALL]*)

④ [<表名>.]<属性列名表达式>[,[<表名>.]<属性列名表达式>]…

其中<属性列名表达式>可以是由属性列、作用于属性列的聚集函数和常量的任意算术运算（+, -, *, /）组成的运算公式。

（2）集函数的一般格式为：

```
 ┌ COUNT ┐
 │ SUM   │
 ┤ AVG   ├ ([DISTINCT|ALL] <列名>)
 │ MAX   │
 └ MIN   ┘
```

（3）WHERE 子句的条件表达表有以下几种格式。

①

```
                ┌ <属性列名>              ┐
<属性列名>θ     ┤ <常量>                  ├
                └ [ANY|ALL] (SELECT 语句) ┘
```

②

```
                                ┌ <属性列名>    ┐       ┌ <属性列名>    ┐
<属性列名> [NOT] BETWEEN        ┤ <常量>        ├  AND  ┤ <常量>        ├
                                └ (SELECT 语句) ┘       └ (SELECT 语句) ┘
```

③

```
                        ┌ (<值 1>[, <值 2> ] …) ┐
<属性列名> [NOT] IN  ┤                        ├
                        └ (SELECT 语句)          ┘
```

④
```
<属性列名> [NOT] LIKE <匹配串>
```

⑤
```
<属性列名> IS [NOT] NULL
```

⑥
```
[NOT] EXISTS (SELECT 语句)
```

⑦

```
              ┌ AND ┐                    ┌ AND ┐ ┌              ┐
<条件表达式> ┤       ├ <条件表达式> <条件表达式> ┤     ├ ┤ <条件表达> ├ …
              └ OR  ┘                    └ OR  ┘ └              ┘
```

3. 数据更新

SQL 中数据更新包括插入数据、修改数据和删除数据 3 条语句。

（1）插入数据格式：

```
INSERT
INTO<表名[(<属性列 1>[, <属性列 2>…])
VALUES(<常量 1>[,<常量 2>]…);
```

或

```
INSERT
INO<表名>[(<属性列 1>[,<属性列 2>…)]
子查询;
```

后者可以插入多个记录。

（2）修改数据格式：

```
UPDATE<表名>
SET<列名>=<表达式>[,<列名>=<表达式>]…
[WHERE<条件>];
```

注意更新操作与数据库的一致性。

（3）删除数据记录格式：

```
DELETE
FROM<表名>
[WHERE<条件>]
```

注意更新操作与数据库的一致性。

4. 视图的建立、修改与删除

（1）建立视图格式：

```
CREATE VIEW<视图名>[(<列名>[,<列名>])…]
        AS<子查询>
[WITH CHECK OPTION]
```

（2）对视图的更新，最终要转换为对基本表的更新。

（3）删除视图格式：

```
DROP VIEW<视图名>
```

5. 数据控制

数据控制包括对用户授权和收回用户的权限。

（1）用户授权格式：

```
GRANT <权限>[,<权限>]……
        [ON<对象类型><对象名>]
        TO<用户>[,<用户>]…
        [WITH GRANT OPTION]
```

（2）收回用户的权限格式：

```
REVOKE<权限>[,权限]…
      [ON<对象类型><对象名>]
 FROM<用户>[,<用户>]…
```

第3章 存储过程和触发器

本章重点

存储过程的使用（包括创建存储过程、执行存储过程、查看和修改存储过程、重命名和删除存储过程）；触发器的使用（包括创建触发器，使用触发器，查看、修改和删除触发器）。

本章难点

理解存储过程和触发器的基本原理并应用之。

教学建议

建议根据本章的结构，采用案例教学，按照：举例→语法→实例→练习的顺序进行讲解。

3.1 存储过程

3.1.1 存储过程的概念

在日常工作中，可能遇到这种情况：对于某些操作，我们执行的频率比较高。例如，仓库管理员每天都要查询仓库内某些产品的数量还剩多少。像这种操作，如果每次都要输入一段查询命令来执行，就显得比较烦锁。我们可以设想，将这些执行频率较高的操作事先用一段命令编写好，保存在数据库服务器端。这样，每次执行操作时，只需要输入简单的执行指令，从而简化了操作，提高了工作效率。这种方法就是存储过程。

存储过程和表、视图一样，也是一种数据库对象。它是在服务器端保存和执行的一组 T-SQL 语句的集合，主要用于提高数据库中检索数据的速度，以及向表中写入或修改数据。用户需要执行存储过程时，只需要给出存储过程的名称和必要的参数。

在 SQL Server 中，使用存储过程有以下优点。

（1）存储过程在服务器端运行，执行速度快。

（2）存储过程执行一次后，其执行规划就驻留在高速缓冲存储器，在以后的操作中，只需从高速缓冲存储器中调用已编译好的二进制代码执行，提高了系统性能。

（3）确保数据库的安全。使用存储过程可以完成所有的数据库操作，并可通过编程方式控制上述操作对数据库信息访问的权限。

（4）自动完成需要预先执行的任务。存储过程可以在系统启动时自动执行，而不必在系统启动后再进行手工操作，大大方便了用户的使用，可以自动完成一些需要预先执行的任务。

3.1.2 存储过程的分类

在 SQL Server 中存储过程分为两类：系统存储过程和用户自定义的存储过程。

1. 系统存储过程

系统存储过程通常使用“sp_”作为前缀，由系统提供，主要用于管理 SQL Server 和显示有关数据库和用户的信息。系统存储过程在数据库 master 中创建和保存，可在任何数据库中执行。例如，显示系统对象信息的系统存储过程 sp_help，它为检索系统信息提供了方便、快捷的方法。

2. 用户自定义的存储过程

除系统存储过程外，数据库用户可以根据应用需要创建和维护自己的存储过程，以完成特定的数据库操作任务。用户自定义的存储过程名称不能以“sp_”为前缀。

在这里，我们仍以第 2 章的学生成绩管理数据库为例，来讲解怎样创建用户自定义的存储过程、执行存储过程、查看和修改存储过程、重命名和删除存储过程。

3.1.3 创建和执行存储过程

创建存储过程的方法一般有两种：

（1）使用 SQL Server Management Studio；

（2）使用 T-SQL 语句。

用户可以通过查询 SQL Server 2008 联机丛书来了解各种创建方法，这里重点讲解使用 T-SQL 语句创建存储过程的方法，这是因为使用 T-SQL 创建存储过程较为普遍且功能强大。

由于在创建存储过程时，我们经常用到一些控制流关键字语法，所以在学习使用 T-SQL 语句创建存储过程之前，我们先了解一下常用的控制流关键字短语，如表 3-1 所示。

表 3-1　T-SQL 中常用的控制流关键字

关键字	描　述
BEGIN...END	定义语句块
BREAK	退出最内层的 WHILE 循环
CONTINUE	重新开始 WHILE 循环

续表

关键字	描　述
GOTO label	从 label 所定义的 label 之后的语句处继续进行处理
IF...ELSE	定义条件以及当一个条件为 FALSE 时的操作
RETURN	无条件退出
WAITFOR	为语句的执行设置延迟
WHILE	当特定条件为 TRUE 时重复语句

下面先举一个简单的例子来讲解使用 T-SQL 语句创建和执行存储过程的方法。

【例 3-1】在“学生成绩管理”数据库中创建名为“Stuproc1”的存储过程，用来查询班级为“计算机应用”的学生的学号、姓名和性别。

```
CREATE PROC Stuproc1
AS
SELECT 学号,姓名,性别
FROM 学生
WHERE 班级='计算机应用'
```

从上面的例子可以看出，存储过程由 CREATE PROCEDURE 语句创建，其语法如下：

```
CREATE PROC[EDURE] procedure_name
[{@parameter data_type}[=default]][, ...n]
        AS
sql_statement [ ...n ]
```

各部分的参数解释如下。

- procedure_name：用于指定要创建的存储过程的名称。
- @parameter：存储过程中的参数。在 CREATE PROCEDURE 语句中可以声明一个或多个参数。参数名称以@开头。
- data_type：用于指定参数的数据类型。必须使用有效的 SQL Server 数据类型。
- default：用于指定参数的默认值。
- AS：用于指定该存储过程要执行的操作。
- sql_statement：存储过程中包含的任意数目和类型的 T-SQL 语句。

创建存储过程时，需要确定存储过程的 3 个组成部分。

（1）输入参数。

（2）被执行的针对数据库的操作语句，包括调用其他存储过程的语句。

（3）返回给调用者的状态值，以指明调用是成功还是失败。

要进一步了解详细语法，可以查看 SQL Server 2008 的联机丛书或在线帮助。

（1）不能将 CREATE PROCEDURE 语句与其他 SQL 语句组合到单个批处理中。

（2）创建存储过程的权限默认属于数据库所有者，该所有者可将此权限授予其他用户。

（3）存储过程是数据库对象，其名称必须遵守标识符规则。

（4）只能在当前数据库中创建存储过程。

（5）一个存储过程的最大尺寸为 128MB。

创建了存储过程后，我们就可以直接执行存储过程，如下例：

【例 3-2】执行例 3-1 的存储过程 Stuproc1。

```
EXEC Stuproc1
```

执行结果如图 3-1 所示。

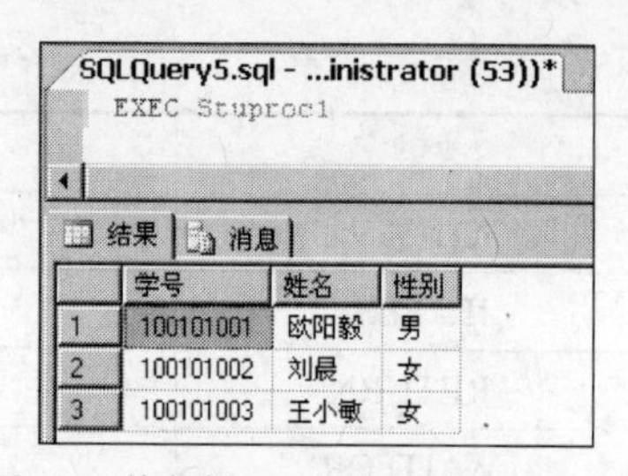

	学号	姓名	性别
1	100101001	欧阳毅	男
2	100101002	刘晨	女
3	100101003	王小敏	女

图 3-1　执行例 3-1 的存储过程 Stuproc1

由此可以看出，使用 EXEC 命令来执行存储过程，其语法形式如下：

```
[EXEC]{procedure_name [@parameter=]{value|[default]}
```

各部分的参数解释如下。

- @procedure_name：存储过程名称。
- @parameter：存储过程参数，在[CREATE PROCEDURE]语句中定义。在以“@parameter_name=value”格式使用时，参数名称和常量不一定按照[CREATE PROCEDURE]语句中定义的顺序出现。但是，如果有一个参数使用“@parameter_name=value”格式，则其他所有参数都必须使用这种格式。
- value：存储过程中参数的值。如果参数名称没有指定，参数值必须以 CREATE PROCEDURE 语句中定义的顺序给出。
- default：若不指定参数的值，则使用默认值（在[CREATE PROCEDURE]语句中定义）。

（1）在默认情况下，参数可为空。如果传递 NULL 参数值，且该参数用于 CREATE 或 ALTER TABLE 语句中不允许为 NULL 的列（例如，插入至不允许为 NULL 的列），SQL Server 就会报错。为避免将 NULL 的列参数传递给不允许为 NULL 的例，可以在过程中添加程序设计逻辑或采用默认值（使用 CREATE 或 ALTER TABLE 语句中的 DEFAULT 关键字）。

（2）如果存储过程名的前 3 个字符为 sp_，SQL Server 会在 Master 数据库中寻找该过程。如果没能找到合法的过程名，SQL Server 会寻找所有者名为 dbo 的过程。

执行存储过程所需要的参数可以是很复杂，这是根据定义存储过程的复杂性而定，要进一步了解可以查看 SQL Server 2008 的联机丛书或在线帮助。

下面我们再来看几个例子。

【例 3-3】创建存储过程“Stuproc2”，根据用户输入的班级名，查询该班学生的学号、姓名和性别。若不输入班级名，则显示“计算机应用”班的学生。

```
CREATE PROC Stuproc2
@班级 CHAR(20) ='计算机应用'
AS
SELECT 学号,姓名,性别
FROM 学生
WHERE 班级=@班级
```

例 3-3 中定义了一个参数@班级，数据类型为 CHAR(20)，该参数的默认值为“计算机应用”。@班级用于接收用户输入的班级名，然后将其作为查询条件，返回该班的学生信息。

【例 3-4】执行存储过程“Stuproc2”，查询“计算机网络”班学生的学号、姓名和性别。

```
EXEC Stuproc2 '计算机网络'
```

执行结果如图 3-2 所示。

也可以这样执行存储过程 Stuproc2：

```
EXEC Stuproc2 @班级='计算机网络'
```

如果执行存储过程 Stuproc2 时使用以下命令：

```
EXEC Stuproc2
```

则将参数@班级的默认值作为查询条件，即查询“计算机应用”班的学生情况，如图 3-3 所示。

SQLQuery7.sql - ...inistrator (54))*

```
EXEC Stuproc2 '计算机网络'
```

结果　消息

	学号	姓名	性别
1	110102001	张立	男
2	110102002	陈志辉	男

图 3-2　执行例 3-3 的存储过程 Stuproc2

SQLQuery8.sql - ...inistrator (52))*

```
EXEC Stuproc2
```

结果　消息

	学号	姓名	性别
1	100101001	欧阳毅	男
2	100101002	刘晨	女
3	100101003	王小敏	女

图 3-3　执行存储过程 Stuproc2，使用参数的默认值

【例 3-5】 创建存储过程 Stuproc3，根据用户输入的学号和课程名，返回该课程的成绩。

```
CREATE PROC Stuproc3
(@学号 CHAR(9),
 @课程名 VARCHAR(30))
 AS
 SELECT 学号,课程名,成绩
 FROM 课程 INNER JOIN 选修 ON 课程.课程号= 选修.课程号
 WHERE 学号=@学号 AND 课程名=@课程名
```

存储过程 Stuproc3 定义了两个输入参数（@学号和@课程名）。将输入的学号和课程名作为查询条件，返回相应的成绩。

【例 3-6】 执行存储过程 Stuproc3，查询学号为“100101001”、课程名为“操作系统”的成绩。

```
EXEC Stuproc3  '100101001',  '操作系统'
```

执行结果如图 3-4 所示。

执行存储过程 Stuproc3 的命令也可以写作：

```
EXEC Stuproc3 @学号='100101001', @课程名='操作系统'
```

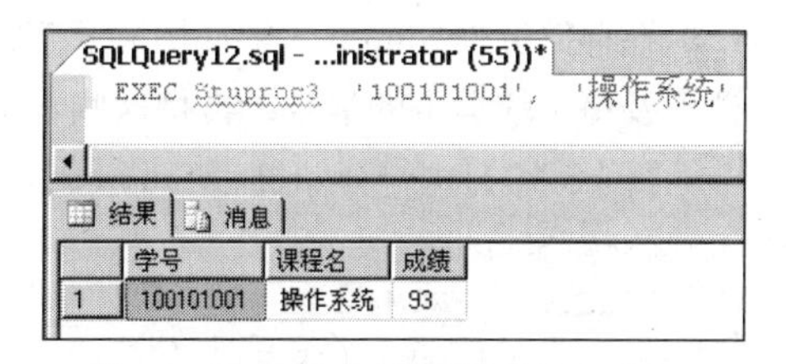

图 3-4　执行例 3-5 的存储过程 Stuproc3

【例 3-7】 创建存储过程 Stuproc4，根据用户输入的课程名，返回选修该课程的学生人数。

```
CREATE PROC Stuproc4
(@课程名 VARCHAR(30))
AS
    SELECT 课程名,COUNT(*) AS 选课人数
    FROM 课程 INNER JOIN 选修 ON 课程.课程号=选修.课程号
    WHERE 课程名=@课程名
    GROUP BY 课程名
```

存储过程 Stuproc4 定义了一个输入参数（@课程名）。将输入的课程名作为查询条件，通过

聚合函数 COUNT 统计满足条件的学生人数。

【例 3-8】执行存储过程 Stuproc4，查询“数据库”课程的选修人数。

```
EXEC Stuproc4 '数据库'
```

执行结果如图 3-5 所示。

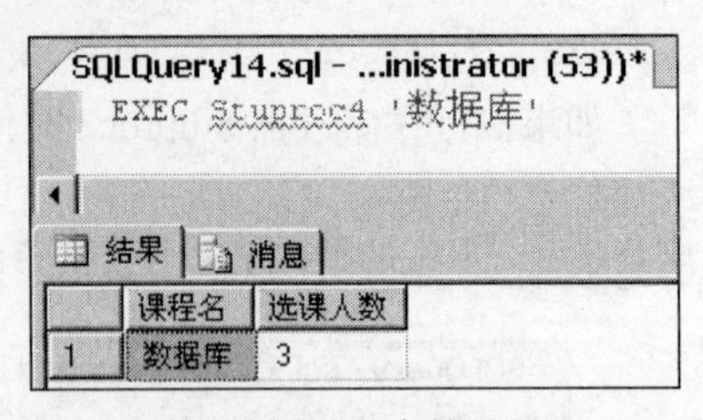

图 3-5　执行例 3-7 的存储过程 Stuproc4

执行存储过程 Stuproc4 的命令也可以写作：

```
EXEC Stuproc4 @课程名='数据库'
```

【例 3-9】创建存储过程 Stuproc5，用于查询不及格课程数在 4 门以上（不包含 4 门）的学生的全部信息。将这些学生信息存入退学表。

首先创建退学表，结构与学生表相同，命令为：

```
CREATE TABLE 退学(
     学号 CHAR(9) PRIMARY KEY,
     姓名 NCHAR(5),
     班级 CHAR(20),
     性别 NCHAR(1),
     出生年月日 SMALLDATETIME,
     电话 CHAR(11),
     Email VARCHAR(30),
     备注 VARCHAR(100))
```

然后创建存储过程 Stuproc5，命令为：

```
CREATE PROC Stuproc5
AS
INSERT INTO 退学
SELECT *
FROM 学生
WHERE 学号 IN (SELECT 学号
               FROM 选修
               WHERE 成绩<60
               GROUP BY 学号
               HAVING COUNT(*)>4)
```

在存储过程 Stuproc5 中使用嵌套查询，按学号分组查到成绩不及格且出现 4 次以上（即 4 门课不及格）的学生的学号，再将这些学生的全部信息返回并存入刚创建的退学表。

【例 3-10】执行存储过程 Stuproc5。

```
EXEC Stuproc5
SELECT * FROM 退学
```

执行结果如图 3-6 所示。

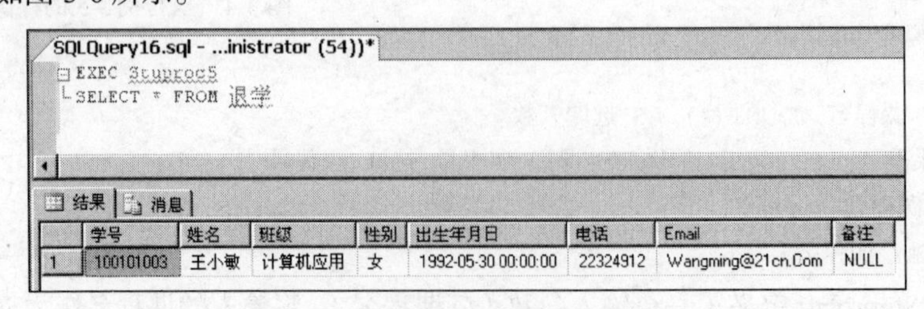

图 3-6　执行例 3-9 的存储过程 Stuproc5

例 3-10 中用“SELECT * FROM 退学”来查看存储过程 Stuproc5 执行后的结果。

存储过程不仅用于检索数据，也可用于向表中写入数据或者修改数据。

【例 3-11】某些同学因为个人志向，入学后向学校提出转班级申请。创建存储过程 Stuproc6，根据输入的学生学号，修改该同学的班级名称。

```
CREATE PROC Stuproc6
(@学号 CHAR(9),
@班级 CHAR(20))
AS
    UPDATE 学生
    SET 班级=@班级
    WHERE 学号=@学号
```

【例 3-12】执行存储过程 Stuproc6。

```
EXEC Stuproc6  '100101001',  '软件技术'
SELECT 班级 FROM 学生 WHERE 学号='100101001'
```

执行结果如图 3-7 所示。

通过执行存储过程 Stuproc6，将学号为“030101001”的同学的班级修改为“软件技术”。“SELECT 班级 FROM 学生 WHERE 学号='030101001'”用来查看存储过程 Stuproc6 执行后的结果。

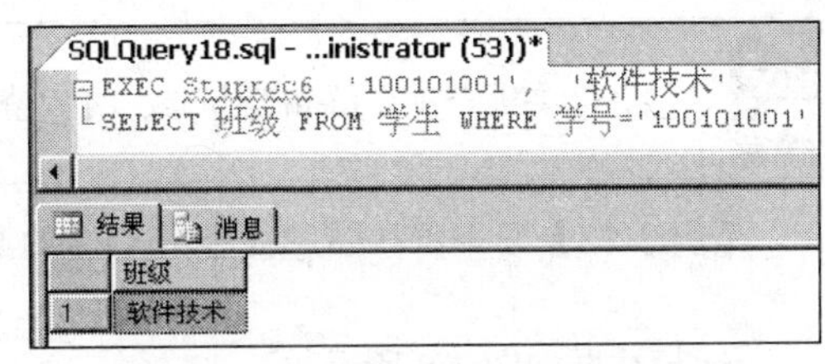

图 3-7　执行例 3-11 的存储过程 Stuproc6

【练习 3-1】通过查找 SQL Server 2008 的联机丛书，掌握使用 SQL Server Management Studio 创建存储过程的方法。使用 SQL Server Management Studio 创建一个存储过程“图书 1”，用于查询出版社为“清华大学出版社”的图书的全部信息，并分析该存储过程包含的 T-SQL 语句。

【练习 3-2】使用 SQL 语句创建一个存储过程“图书 2”，根据用户输入的出版社名称，返回该出版社出版的图书的全部信息。请同时写出执行存储过程“图书 2”的语句，查询“人民邮电出版社”出版的图书的全部信息。

【练习 3-3】使用 SQL 语句创建一个存储过程“图书 3”，根据用户输入的书名，返回该图书的销售单价。请同时写出执行存储过程“图书 3”的语句，查询《大学英语》的销售单价。

【练习 3-4】使用 SQL 语句创建一个存储过程“进货情况”，根据用户输入的供应商编号，返回向该供应商所进货的图书的总数量和总金额。请同时写出执行存储过程“进货情况”的语句，查询从供应商“101”进货的图书的总数量和总金额。

【练习 3-5】使用 SQL 语句创建一个存储过程“价格调整”，根据用户输入的出版社名称和涨价幅度（以百分数表示），修改该出版社出版的所有图书的单价。请同时写出执行存储过程“价格调整”的语句，将“清华大学出版社”出版的所有图书单价上涨 10%。

3.1.4　查看存储过程

存储过程被创建之后，它的名字就存储在系统表 sysobjects 中，它的源代码存放在系统表 syscomments 中。可以使用 SQL Server Management Studio 或系统存储过程这两种方法来查看用户创建的存储过程，这里主要讲解使用第2种方法来查看存储过程，第1种方法建议读者查看SQL Server 2008的联机丛书。

使用系统存储过程来查看用户创建的存储过程，可供使用的系统存储过程及其语法形式如下。

- **sp_help**：用于显示存储过程的所有者、创建时间、存储过程的参数及其数据类型。

  sp_help [[@objname=] name]

  参数name为要查看的存储过程的名称。
- **sp_helptext**：用于显示存储过程的源代码。

  sp_helptext [[@objname=] name]

  参数name为要查看的存储过程的名称。
- **sp_depends**：用于显示和存储过程相关的数据库对象。

  sp_depends [@objname=]'object'

  参数object为要查看依赖关系的存储过程的名称。
- **sp_stored_procedures**：用于返回当前数据库中的存储过程列表。

要进一步了解相关知识，可以查看SQL Server 2008的联机丛书或在线帮助。

【例3-13】要查看存储过程Stuproc2的源代码，可以执行以下的SQL语句：

```
EXEC sp_helptext Stuproc2
```

运行结果如图3-8所示。

图3-8　查看存储过程Stuproc2的源代码

【练习3-6】通过查找SQL Server 2008的联机丛书，掌握使用SQL Server Management Studio查看存储过程的方法，然后查看练习3-1所建立的存储过程“图书1”。

【练习3-7】使用SQL语句查看练习3-2的存储过程“图书2”的源代码。

3.1.5　修改存储过程

可以使用SQL Server Management Studio或T-SQL语句这两种方法来修改用户创建的存储过程。这里主要讲解使用第2种方法来修改存储过程，第1种方法建议读者查看SQL Server 2008的联机丛书。

为了更好地了解修改存储过程的方法，我们先看一个例子：

【例3-14】把存储过程Stuproc1修改为能查询“计算机应用班”学生的全部信息。执行的SQL语句如下：

```
ALTER PROC Stuproc1
AS
SELECT *
FROM 学生
WHERE 班级='计算机应用'
```

重新执行该存储过程：

```
EXEC Stuproc1
```

运行结果如图 3-9 所示。

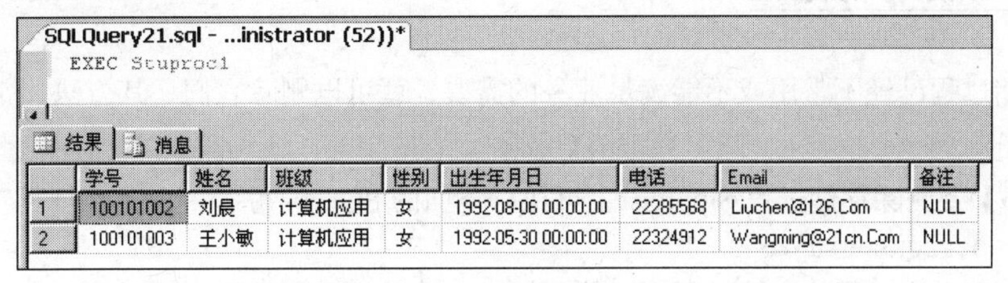
SQLQuery21.sql - ...inistrator (52))*

EXEC Stuproc1

结果 | 消息

	学号	姓名	班级	性别	出生年月日	电话	Email	备注
1	100101002	刘晨	计算机应用	女	1992-08-06 00:00:00	22285568	Liuchen@126.Com	NULL
2	100101003	王小敏	计算机应用	女	1992-05-30 00:00:00	22324912	Wangming@21cn.Com	NULL

图 3-9 把存储过程 Stuproc1 修改为查询学生的全部信息

由上例可以看出，使用 ALTER PROCEDURE 语句可以修改先前通过执行 CREATE PROCEDURE 语句创建的过程，但不会更改权限，也不影响相关的存储过程或触发器。其语法形式如下：

```
ALTER PROC[EDURE] procedure_name
[{@parameterdata_type}
[VARYING][=default]][,...n]
     AS
     sql_statement [ ...n ]
```

（1）各参数含义与 CREATE PROCEDURE 命令相同。

（2）ALTER PROCEDURE 权限默认授予 sysadmin 固定服务器角色成员、db_owner 和 db_ddladmin 固定数据库角色成员以及过程的所有者且不可转让。

（3）用 ALTER PROCEDURE 更改后，过程的权限和启动属性保持不变。

要进一步了解相关知识，可以查看 SQL Server 2008 的联机丛书或在线帮助。

【练习 3-8】把练习 3-2 创建的存储过程“图书 2”修改为根据用户输入的出版社名称，返回该出版社出版的图书的 ISBN 和书名。

3.1.6 重命名存储过程

可以使用 SQL Server Management Studio 或 T-SQL 语句这两种方法来重命名用户创建的存储过程。这里主要讲解使用第 2 种方法，第 1 种方法建议读者查看 SQL Server 2008 的联机丛书。

使用 T-SQL 语句来重命名存储过程，就好像 Windows 中重命名文件夹一样方便，下面我们先看一个例子：

【例 3-15】把存储过程“Stuproc1”重命名为“计算机应用学生”。执行的 T-SQL 语句如下：

```
Sp_rename Stuproc1，计算机应用学生
```

由上例可以看到，修改存储过程的名称可以使用系统存储过程 sp_rename，其语法形式如下：

```
sp_rename  原存储过程名称，新存储过程名称
```

要进一步了解相关知识，可以查看 SQL Server 2008 的联机丛书或在线帮助。

【练习 3-9】把存储过程“图书 1”重命名为“proc_图书”。

3.1.7 删除存储过程

如果存储过程已经不常用或不能满足业务的需要，就可以删除它们，其方法非常简单，我们先看一个例子：

【例 3-16】要删除存储过程 Stuproc2，可执行下面的 SQL 语句：

```
DROP PROCEDURE Stuproc2
```

由上例可以看出，删除存储过程可以使用 DROP 命令，DROP 命令可以将一个或者多个存储过程从当前数据库中删除，其语法形式如下：

```
drop procedure {procedure} [,…n]
```

各部分的参数解释如下。

- procedure：指要删除的存储过程的名称。
- n：表示可以指定多个存储过程同时删除。

如果另一个存储过程调用某个已删除的存储过程，则 SQL_Server 2008 会在执行该调用过程时显示一条错误信息。

利用 SQL Server Management Studio 也可以很方便地删除存储过程。要进一步了解相关知识，可以查看 SQL Server 2008 的联机丛书或在线帮助。

【练习 3-10】删除练习 3-2 创建的存储过程“图书 2”。

3.2 触发器

3.2.1 触发器的概念

在 Windows 操作系统中，当我们用非法字符重命名文件时，系统会自动显示出错信息“文件名不能包含下列任何字符之一：/ * ? : < > |”，重命名不成功。这种用户的某一操作由系统自动识别和处理的机制，也用在了数据库系统中，这就是触发器。

触发器是一种特殊类型的存储过程，它不由用户通过命令来执行，而是在用户对表执行了插入、删除或修改表中数据等操作时激活执行。触发器用于执行一定的业务规则来保证数据完整性，也用于实现数据库的某些管理任务和附加功能。

触发器主要通过特定事件激活而执行，而存储过程通过存储过程名称而直接调用。可以说，存储过程像一个遥控炸弹，我们可以根据需要控制它何时爆炸；而触发器却像一个地雷，一旦踩中就会爆炸。

触发器是一个功能强大的工具，主要优点如下。

（1）触发器自动执行。当对表中的数据做了任何修改（比如手工输入或者应用程序采取的操作）之后立即被激活。

（2）触发器可以针对多个表进行操作，从而对相关表进行级联更改。

（3）触发器可以实现比 CHECK 约束更为复杂的数据完整性约束。它更适合在大型数据库管理系统中用于保障数据的完整性。

3.2.2　创建触发器

创建触发器的方法一般有两种。

（1）使用 SQL Server Management Studio。

（2）使用 T-SQL 语句。

用户可以通过查找 SQL Server 2008 的联机丛书来了解各种创建方法，这里重点讲解使用 T-SQL 语言创建触发器的方法，因为使用 T-SQL 语言创建触发器较为普遍且功能强大。

【例 3-17】创建了一个名为“Update_course”的触发器。如发现课程表的学时列发生变化时，激活触发器，在屏幕上显示“课程表学时已被修改，触发器起到作用”。程序清单如下：

```
CREATE TRIGGER Update_course
ON 课程
FOR INSERT,UPDATE,DELETE
AS
IF UPDATE(学时)
SELECT *
FROM 课程
PRINT '课程表学时已被修改，触发器起到作用'
 /* PRINT 语句用于将消息返回到应用程序*/
```

触发器创建后，如执行下列语句：

```
UPDATE 课程
SET 学时=80
WHERE 课程号= '001'
```

运行结果如图 3-10 所示。

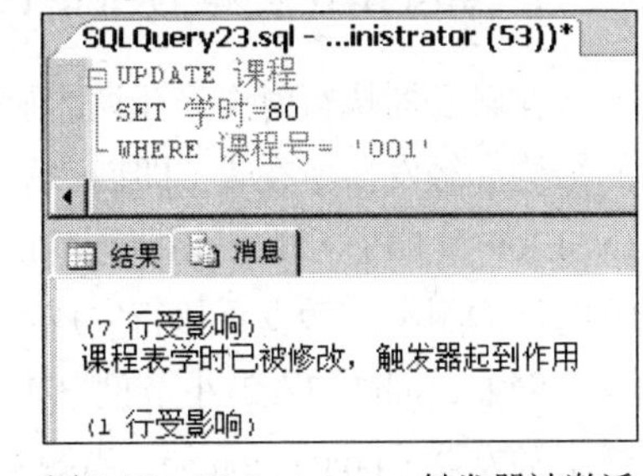

图 3-10　Update_course 触发器被激活

由上例可以看出，创建触发器使用 CREATE TRIGGER 命令，其基本的语法如下：

```
CREATE TRIGGER trigger_name
ON table
FOR { [ INSERT ] [ , ] [ UPDATE ] [,] [DELETE] }
AS
[{IF UPDATE(column) [{AND|OR}UPDATE(column)]
  [...n]
}]
  sql_statement[...n]
```

各部分的参数解释如下。

- 参数 tigger_name 用于指定触发器名。触发器名必须符合标识规则，不能以#或##开头。
- Table 是在其上创建触发器的表。
- FOR 用于指定什么操作执行后激活触发器。
- 关键字 DELETE、INSERT 和 UPDATE 用于指定在表上执行这一操作时将激活相应触发器，必须指定一项或多项，用逗号分隔。

- IF UPDATE（column）子句用于测试在指定的列上进行的 INSERT 或 UPDATE 操作，不能用于 DELETE 操作：UPDATE（column）中的 column 为表或者视图中的列名称，说明这一列的数据是否被 INSERT 或者 UPDATE 操作修改过。如果修改过，则返回 TRUE，否则返回 FALSE。
- 参数 sql_statement 为触发器的 T-SQL 语句，当执行 DELETE、INSERT 或 UPDATE 操作时，对应的触发器操作将生效。
- n 表示触发器中可以包含多条 T-SQL 语句。

注意

（1）CREATE TRIGGER 语句必须是批处理中的第 1 个语句。
（2）创建触发器的权限默认分配给表的所有者，且不能将该权限转给其他用户。
（3）虽然触发器可以引用当前数据库以外的对象，但只能在当前数据库中创建触发器。
（4）虽然不能在临时表或系统表上创建触发器，但是触发器可以引用临时表。

提示

要进一步了解相关知识，可以查看 SQL Server 2008 的联机丛书或在线帮助。

【练习 3-11】通过查找 SQL Server 2008 的联机丛书，了解使用 SQL Server Management Studio 创建触发器的步骤。

【练习 3-12】创建了一个名称为“Update_图书”的触发器。如果发现图书表的单价列发生变化，在屏幕上显示“图书表单价已被修改，触发器起到作用”。尝试更改图书表的单价列以激活该触发器。

3.2.3 使用触发器

1. Inserted 表和 Deleted 表

在触发器执行时会产生两个驻留在内存中的临时表，名为 Inserted 表和 Deleted 表。这两张表的结构和触发器所在表（即创建触发器时 ON 关键字后的表名）的结构相同。Inserted 表用于存储 INSERT 和 UPDATE 语句所影响的行的副本；Deleted 表用于存储 DELETE 和 UPDATE 语句所影响的行的副本。触发器执行完成后，这两张表会自动消失。

例如，回顾 3.2.2 小节例 3-13，我们在课程表上创建了触发器 Update_course，当触发器执行时，产生临时表 Inserted 和 Deleted，它们的结构同课程表相同，如图 3-11 所示。

列名	数据类型	允许空
课程号	char(3)	☐
课程名	varchar(30)	☑
学时	smallint	☑
学分	decimal(3, 1)	☑

图 3-11　Inserted 表和 Deleted 表的结构

在对触发器所在表进行操作时，过程如下。

- 执行 INSERT 操作：插入到触发器所在表中的新行同时被插入到 Inserted 表中。Inserted 表中的行是触发器所在表中新行的副本。
- 执行 DELETE 操作：从触发器所在表中删除的行被传输到 Deleted 表中。Deleted 表和触发器所在表通常没有相同的行。

- 执行 UPDATE 操作：UPDATE 操作可以分解成两个步骤，即先执行 DELETE 操作删除旧数据，再执行 INSERT 操作插入新数据。所以，对触发器所在表执行 UPDATE 操作时，会同时产生 Inserted 表和 Deleted 表。其中，被删除的旧行被传输到 Deleted 表中，插入的新行同时插入到 inserted 表中。

下面分别对课程表执行 INSERT、DELETE、UPDATE 操作，并通过图示说明 Inserted 表和 Deleted 表中数据的变化。

原来课程表中包含 7 行数据，如表 3-2 所示。

表 3-2　　课程表中的数据

课 程 号	课 程 名	学 时	学 分
001	数据库	72	4
002	数学	72	4
003	英语	64	4
004	操作系统	54	3
005	数据结构	54	3.5
006	软件工程	52	3
007	计算机网络应用	60	3.5

首先向课程表中增加一行，课程号为“008”，课程名为“网页设计”，学时为 54，学分为 3。执行如下 SQL 命令：

```
INSERT INTO 课程
VALUES('008', '网页设计',54,3)
```

此时，触发器 Update_course 被激活，产生 Inserted 表，过程如图 3-12 所示。

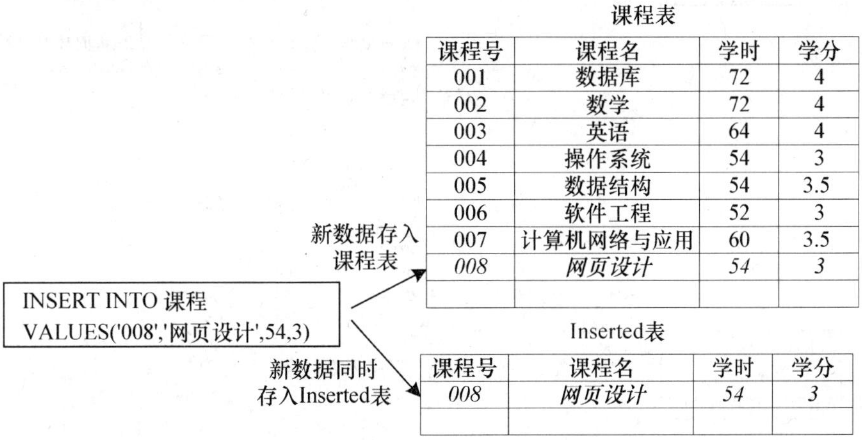

课程表

课程号	课程名	学时	学分
001	数据库	72	4
002	数学	72	4
003	英语	64	4
004	操作系统	54	3
005	数据结构	54	3.5
006	软件工程	52	3
007	计算机网络与应用	60	3.5
008	*网页设计*	*54*	*3*

新数据存入课程表

INSERT INTO 课程
VALUES('008','网页设计',54,3)

新数据同时存入Inserted表

Inserted表

课程号	课程名	学时	学分
008	*网页设计*	*54*	*3*

图 3-12　激活触发器，产生 Inserted 表

然后，将 008 号课程删除，执行如下 SQL 命令：

```
DELETE FROM 课程
WHERE 课程号='008'
```

此时，触发器 Update_course 被激活，产生 Deleted 表，过程如图 3-13 所示。

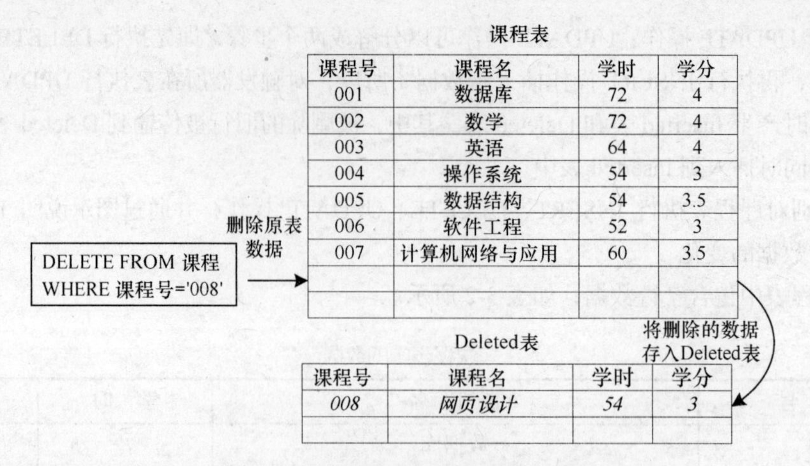

图 3-13 激活触发器，产生 Deleted 表

最后，将 007 号课程的学分修改为 3，执行如下 SQL 命令：

```
UPDATE 课程
SET 学分=3
WHERE 课程号='007'
```

此时，触发器 Update_course 被激活，同时产生 Deleted 表和 Inserted 表，过程如图 3-14 所示。

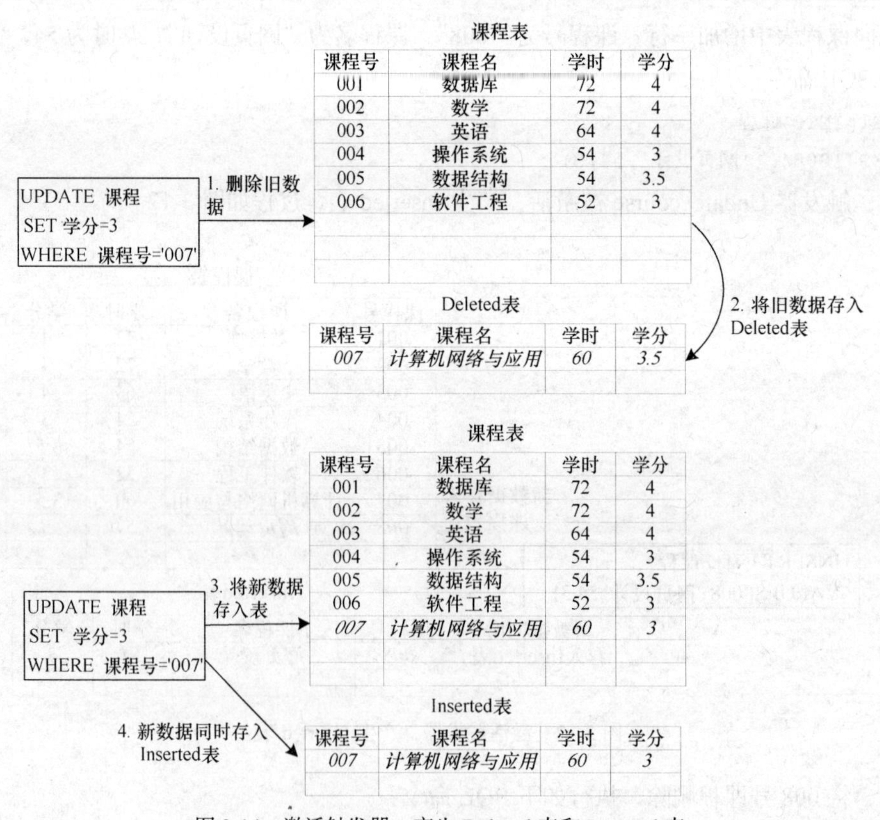

图 3-14 激活触发器，产生 Deleted 表和 Inserted 表

可以使用Inserted表和Deleted表来测试某些数据修改的效果及设置触发器操作的条件。注意，不能直接对 Inserted 表和 Deleted 表中的数据进行更改。

SQL_Server 2008 自动创建和管理 Inserted 表和 Deleted 表。

下面再通过一个例子了解一下 Inserted 表和 Deleted 表的作用。

【例 3-18】在学生表上创建触发器 insert_update_delete_stu，用于查看 Inserted 表和 Deleted 表结构和内容。程序代码如下：

```
CREATE TRIGGER insert_update_delete_stu
ON 学生
FOR INSERT,UPDATE,DELETE
AS
  SELECT * FROM inserted
  SELECT * FROM deleted
```

例如，把学生表中学号为“110102001”的学生姓名改为“张永立”。

```
UPDATE 学生
SET 姓名='张永立'
WHERE 学号='110102001'
```

运行结果如图 3-15 所示。更新语句执行时，触发器 insert_update_delete_stu 被激活，产生 Inserted 表和 Deleted 表，Deleted 表存放旧数据，此时学生姓名为“张立”，Inserted 表存放新数据，此时学生姓名为“张永立”。

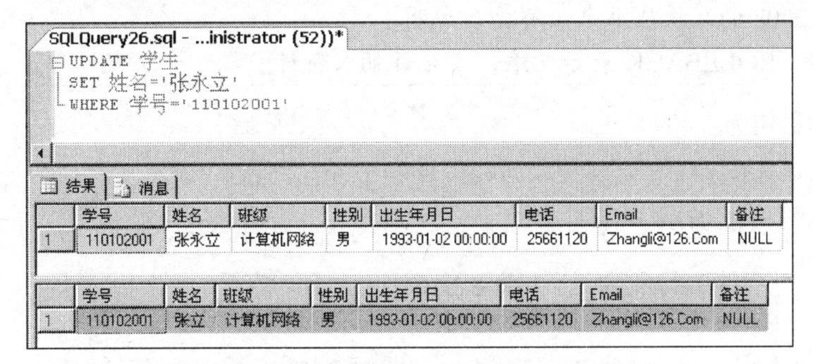

图 3-15 激活触发器 insert_update_delete_stu

【练习 3-13】通过创建一个名为 insert_update_delete_供应商表的触发器，当对供应商表进行修改时激活触发器，查看 Inserted 表和 Deleted 表的内容。将供应商编号为 103 的供应商名称改为“司徒楚雄”，查看触发器的执行结果。

一般来说，对表的修改操作无非就是插入、修改和删除 3 种，所以为了讲解方便，我们把触发器分成 insert 触发器、delete 触发器和 update 触发器，其中 update 操作又可以分解为 delete 和 insert 操作，所以一般将触发器分为 insert 触发器和 delete 触发器两种。

2. INSERT 触发器

当向表中插入记录时，INSERT 触发器被激活。一般情况下，这种触发器常用来检查插入的数据是否满足要求。

【例 3-19】在数据库“学生成绩管理”中创建一触发器，名为“stu_course_sc”。当向选修表插入一行时，检查该行的学号列在学生表中是否存在，课程号列在课程表中是否存在，如有一项不成立，则不允许插入，并显示出错信息“学生表或课程表中没有相关的记录”。

```
CREATE TRIGGER stu_course_sc
ON 选修
FOR INSERT
AS
IF EXISTS(SELECT * FROM inserted
        WHERE inserted.学号 NOT IN(SELECT 学号 FROM 学生)
            OR inserted.课程号 NOT IN(SELECT 课程号 FROM 课程))
 BEGIN
  RAISERROR('学生表或课程表中没有相关的记录',16,1)
  ROLLBACK
 END
```

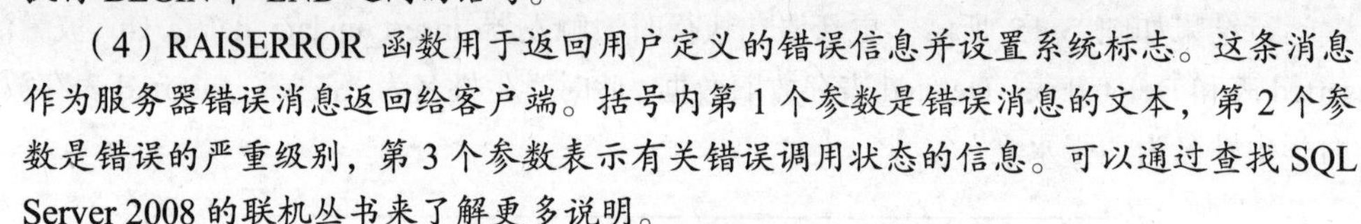

说明

（1）触发器激活时，产生 Inserted 表，存放新插入选修表的那一行。

（2）IF EXISTS表示条件判断，括号内的表达式成立，则返回TRUE，否则返回FALSE。

（3）“inserted.学号”表示新插入行的学号列，“inserted.课程号”表示新插入行的课程号列。如果这两列数据中存在在学生表或课程表中没有对应项时，返回 TRUE，执行 BEGIN 和 END 之间的语句。

（4）RAISERROR 函数用于返回用户定义的错误信息并设置系统标志。这条消息作为服务器错误消息返回给客户端。括号内第 1 个参数是错误消息的文本，第 2 个参数是错误的严重级别，第 3 个参数表示有关错误调用状态的信息。可以通过查找 SQL Server 2008 的联机丛书来了解更多说明。

（5）ROLLBACK 表示回滚，不允许插入新行。

如果执行的语句为：

```
INSERT  INTO 选修 VALUES('110103002','008',90,'2012-2-1')
```

运行结果如图 3-16 所示。

```
SQLQuery28.sql - ...inistrator (52))*
  INSERT  INTO 选修 VALUES('110103002','008',90,'2012-2-1')

消息
消息 50000，级别 16，状态 1，过程 stu_course_sc，第 9 行
学生表或课程表中没有相关的记录
消息 3609，级别 16，状态 1，第 1 行
事务在触发器中结束。批处理已中止。
```

图 3-16　INSERT 触发器举例

提示

要进一步了解相关知识，可以查看 SQL Server 2008 的联机丛书或在线帮助。

【练习 3-14】在数据库“小书店图书进销存”中创建一触发器，名为“销售_图书”，当向销售表插入一条记录时，检查该记录的 ISBN 在图书表中是否存在，如不存在，则不允许插入，并提示出错信息“图书表中没有相关的记录”。

3. DELETE 触发器

DELETE 触发器通常用于防止那些确实要删除，但是可能会引起数据一致性问题的情况，一般

是那些在其他表的外部键；另一方面用于级联删除操作，即在删除父记录的同时级联删除子记录。

【例 3-20】 在“学生成绩管理”数据库中的 3 个表，我们可以这样设想，当某个学生退学不读书了，那么他在选修表中的信息也应该被删除。现创建一个触发器，名为“Delete_sc”。如果要删除学生表中的记录，则与该记录学号对应的选修表中的选修记录也一起删除。程序清单如下：

```
CREATE TRIGGER Delete_sc
ON 学生
FOR DELETE
AS
DELETE 选修 WHERE 选修.学号 IN(SELECT 学号 FROM deleted)
```

当执行以下语句，删除选修表中学号为“100101002”的记录时，我们可观察到学生表和选修表的变化。

```
DELETE 学生
WHERE 学号='100101002'
SELECT * FROM 学生
SELECT * FROM 选修
```

运行结果如图 3-17 所示。

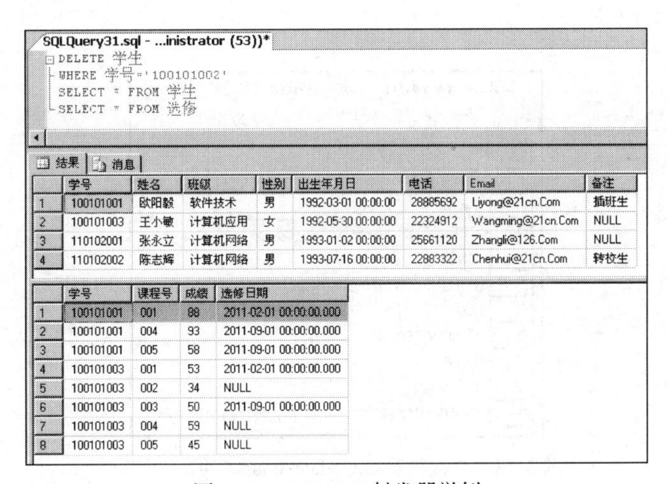

SQLQuery31.sql - ...inistrator (53))*

```
DELETE 学生
WHERE 学号='100101002'
SELECT * FROM 学生
SELECT * FROM 选修
```

结果　消息

	学号	姓名	班级	性别	出生年月日	电话	Email	备注
1	100101001	欧阳毅	软件技术	男	1992-03-01 00:00:00	28885692	Liyong@21cn.Com	插班生
2	100101003	王小敏	计算机应用	女	1992-05-30 00:00:00	22324912	Wangming@21cn.Com	NULL
3	110102001	张永立	计算机网络	男	1993-01-02 00:00:00	25661120	Zhangli@126.Com	NULL
4	110102002	陈志辉	计算机网络	男	1993-07-16 00:00:00	22883322	Chenhui@21cn.Com	转校生

	学号	课程号	成绩	选修日期
1	100101001	001	88	2011-02-01 00:00:00.000
2	100101001	004	93	2011-09-01 00:00:00.000
3	100101001	005	58	2011-09-01 00:00:00.000
4	100101003	001	53	2011-02-01 00:00:00.000
5	100101003	002	34	NULL
6	100101003	003	50	2011-09-01 00:00:00.000
7	100101003	004	59	NULL
8	100101003	005	45	NULL

图 3-17　DELETE 触发器举例

从结果可以看出，学生表中学号为 100101002 的记录和选修表中学号为 100101002 的记录同时被删除。

要进一步了解相关知识，可以查看 SQL Server 2008 的联机丛书或在线帮助。

【练习 3-15】 在“小书店图书进销存”数据库中，创建一个触发器，名为“Delete_进货单据表”，实现如果删除进货单据表中的记录，则与该记录单据号对应的进货明细表中的记录也被同时删除。

3.2.4　查看触发器

查看触发器有两种方法。

（1）使用 SQL Server Management Studio 查看触发器信息。

使用 SQL Server Management Studio 查看触发器信息的方法与使用 SQL Server Management Studio 创建触发器的方法一样，这里就不再叙述了，读者可以查看联机丛书来了解其方法。

（2）使用系统存储过程查看触发器信息。

可供使用的系统存储过程及其语法形式如下。

- **sp_help**：用于查看触发器的一般信息，如触发器的名称、属性、类型和创建时间。格式为：

```
sp_help 触发器名称
```

- **sp_helptext**：用于查看触发器的正文信息。格式为：

```
sp_helptext 触发器名称
```

- **sp_depends**：用于查看指定触发器所引用的表或者指定的表涉及的所有触发器。格式为：

```
sp_depends 触发器名称
sp_depends 表名
```

【例 3-21】要查看触发器 Update_course 的定义信息，可以执行以下的 SQL 语句：

```
EXEC sp_helptext Update_course
```

运行结果如图 3-18 所示。

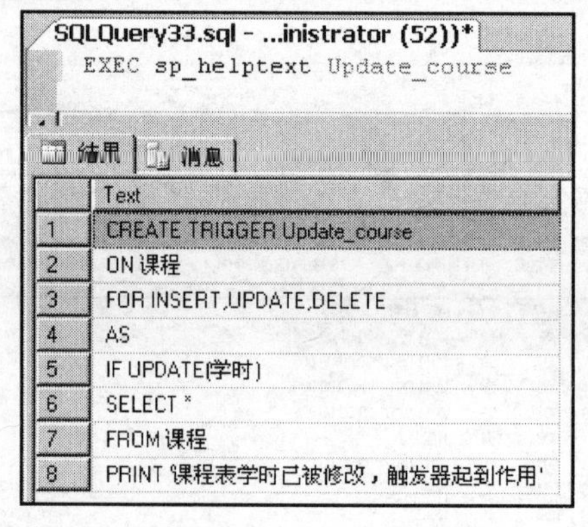

	Text
1	CREATE TRIGGER Update_course
2	ON 课程
3	FOR INSERT,UPDATE,DELETE
4	AS
5	IF UPDATE(学时)
6	SELECT *
7	FROM 课程
8	PRINT '课程表学时已被修改，触发器起到作用'

图 3-18　查看触发器 Update_course 的定义信息

【练习 3-16】使用系统存储过程查看触发器“销售_图书”的定义信息。

3.2.5　修改触发器

1. 使用 SQL Server Management Studio 修改触发器

使用 SQL Server Management Studio 修改触发器信息的方法与使用 SQL Server Management Studio 创建触发器的方法一样，这里就不再叙述了，读者可以通过查看联机丛书来了解其方法。

2. 使用 alter trigger 命令修改触发器

有时因为业务需要，我们有必要对已有的解发器进行修改，修改触发器的语法和创建触发器的语法差不多。下面我们先举一个例子。

【例 3-22】把触发器 Update_course 修改为当删除课程表中的记录时，显示“记录已被删除，触发器起到作用”。执行的 SQL 语句如下：

```
ALTER TRIGGER Update_course
ON 课程
FOR DELETE
AS
SELECT * FROM 课程
PRINT '记录已被删除，触发器起到作用'
```

运行结果如图 3-19 所示。

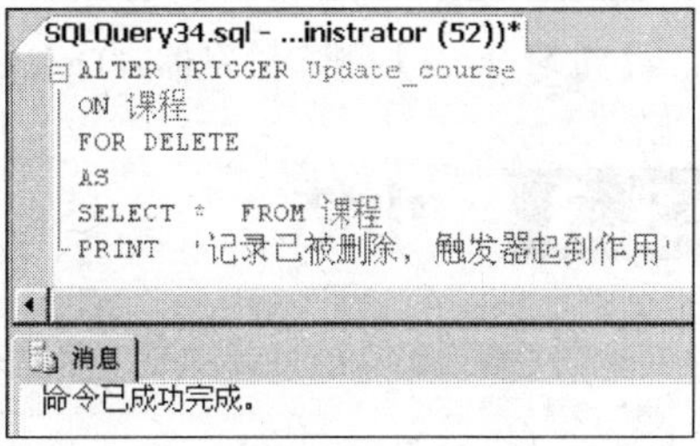

图 3-19　修改触发器 Update_course

由上例可以看出，修改 alter trigger 命令的语法形式如下：

```
ALTER TRIGGER trigger_name
ON table
FOR { [ DELETE ] [ , ] [ INSERT ] [ , ] [ UPDATE ] }
AS
[{IF UPDATE(column) [{AND|OR}UPDATE(column)]
[...n]
sql_statement[...n]
} }
```

各部分的参数解释如下。

各参数含义和 CREATE TRIGGER 语句相同，如要查看，可参考创建触发器命令部分。

要进一步了解相关知识，可以查看 SQL Server 2008 的联机丛书或在线帮助。

【练习 3-17】把触发器“Delete_进货单据表”修改为当删除进货单据表中的记录时，显示“记录已被删除，触发器起到作用”。

3.2.6　重命名触发器

我们先看一个例子。

【例 3-23】把触发器 Update_course 重命名为“Update_课程”。

```
Sp_rename Update_course, Update_课程
```

由上例可以看出，可以使用系统存储过程 sp_rename 命令修改触发器的名称。sp_rename 命令的语法形式如下：

```
sp_rename oldname, newname  /*oldname 为旧名称，newname 为新名称*/
```

【练习 3-18】把触发器“销售_图书”重命名为“图书_销售”。

3.2.7　删除触发器

当有些触发器不需要时，我们可以把它们删除，如下例。

【例 3-24】删除触发器 Update_课程。

```
DROP TRIGGER Update_课程
```

由上例可以看出，可以使用系统命令 DROP TRIGGER 删除指定的触发器。其语法形式如下：

```
DROP TRIGGER { trigger } [ ,...n ]
```

各部分的参数解释如下。

- trigger：要删除的触发器名称。
- n：表示可以指定多个触发器的占位符。

（1）删除触发器所在的表时，SQL Server将会自动删除与该表相关的触发器。

（2）使用SQL Server Management Studio也可以删除触发器。其方法这里就不再叙述了，读者可以通过查看联机丛书来了解其方法。

【练习3-19】删除触发器“Delete_进货单据表”。

3.3 小结

本章主要讲解存储过程和触发器的有关原理及其使用方法，重点讲解存储过程和触发器的操作过程。

1. 创建存储过程

创建存储过程的方法一般有两种。

（1）使用SQL Server Management Studio创建存储过程。

（2）使用T-SQL语句中的CREATE PROCEDURE命令创建存储过程。

2. 执行存储过程

3. 查看存储过程

查看存储过程的方法有两种。

（1）使用SQL Server Management Studio查看用户创建的存储过程。

（2）使用系统存储过程来查看用户创建的存储过程。

4. 修改存储过程

5. 重命名存储过程

6. 删除存储过程

7. 创建触发器

创建触发器的方法有两种。

（1）使用SQL Server Management Studio创建触发器。

（2）使用CREATE TRIGGER命令创建触发器。

8. 修改触发器

修改触发器的方法有两种。

（1）使用SQL Server Management Studio修改触发器。

（2）使用ALTER TRIGGER修改创建触发器。

9. 重命名触发器

10. 删除触发器

第4章 并发与事务

本章重点

事务的有关概念、事务的特征、故障的种类、事务恢复的实现技术、事务的恢复策略、并发控制的有关概念、封锁、封锁协议。

本章难点

事务恢复的实现技术、事务的恢复策略、封锁、封锁协议。

教学建议

由于本章理论性较强，建议讲清楚理论后，让学生做适当的操练即可。

4.1 事务

4.1.1 事务的基本概念与特征

任何程序在计算机系统中运行时难免会出现故障，数据库系统也是如此。为了消除故障造成的严重后果，保障数据库处于正确的状态，数据库中引入了事务（Transaction）的概念。

为了帮助理解事务，我们先看一个问题。

假设小强有两张银行卡A和B，卡A内有1000元存款。一天，小强来到银行，打算将卡A中的200元转账到卡B中。当工作人员刚把卡A中的金额减少200元时，银行突然停电了（这种情况并不多见，我们假设银行也没有备用电源）。那么，恢复供电后，小强查询卡A的金额，会出现怎样的情况？

答案是肯定的，还是1000元。这是因为卡B并没有增加200元。但明明工作人员已经将卡A减少了200元，为何还有1000元呢？这就是事务技术的神奇之处。

所谓事务，指的是一个单元的工作。这个单元中可能包括很多工作步骤，它们要么全做，要么全不做。数据库中执行的操作都是以事务为单元进行的。例如，小强将卡A的钱转到卡B，包含两个步骤：从卡A中减少200元和将卡B增加200元，这就是一个事务。如果只做了第一步，未做第二步，则第一步操作也会被撤销。

我们还可以举一些现实生活的例子来帮助理解事务的概念。

例如，在合同签署仪式上，工作人员必须让合同的甲方和乙方均签字。当双方签字后，此合同生效。如果有一方未签字，则合同无效。可以将合同签署看做一个事务，包含甲方签字和乙方签字两个步骤。

这些例子都说明了事务的基本原理：几个步骤必须都完成，事务才完成。如果任何一步未完成，事务就会撤销。

从SQL语句的角度看，在数据库中，事务包含一条或多条SQL语句，这些语句，要么全部执行，要么全部撤销。

事务具有以下4个特征。

（1）原子性。一个事务是一个逻辑工作单位，是一个不可分割的整体。事务中包含的操作要么都做，要么都不做。

（2）一致性。事务的执行结果必须使数据库从一个一致性状态变为另一个一致性状态。一致性与原子性密切相关。

例如，小强将卡A的钱转到卡B，包含从卡A中减少200元和将卡B增加200元两个步骤。这两个步骤要么都执行，要么都不执行，数据库都处于一致性状态。如果仅完成其中一步，就会出错，使用户损失200元，数据库处于不一致状态。

（3）隔离性。一个事务的执行不能被其他事务干扰，即一个事务内部的操作及使用的数据对其他并发事务是隔离的，并发执行的各个事务之间互不干扰。

（4）持续性。一个事务成功完成之后，它对数据库的所有更新都是永久的。

事务和程序是两个概念。一般来说，一个程序中包含多个事务。

4.1.2 SQL Server中的事务执行模式

在SQL Server中，事务执行模式主要有自动提交事务和显示事务两种。

1. 自动提交事务

自动提交事务是SQL Server默认的事务执行模式。每条单独的语句都是一个事务。在与SQL Server连接后，如不做更改，则采用自动提交事务模式。

2. 显示事务

用户也可以使用T-SQL语句来定义事务，即显示事务。在T-SQL语言中，定义显示事务的语句有三条：

BEGIN TRANSACTION
COMMIT

ROLLBACK

事务以 BEGIN TRANSACTION 开始，以 COMMIT 或 ROLLBACK 结束。

COMMIT 表示提交，当事务所有操作能够正常执行后，提交所有操作，事务执行完成。

ROLLBACK 表示回滚，即在事务运行的过程中发生了某种故障，操作不能继续执行，系统将事务中对数据库所有已完成的操作全部撤销，回滚到事务开始时的状态。

【例 4-1】假设在选修表中，学号为“100101001”的学生由于某些原因不选 004 号课程而改选 002 号课程，并且该课程的考试成绩为 88 分。如果我们将这两个操作定义为一个事务的话，代码如下：

```
BEGIN TRANSACTION
UPDATE 选修
SET 课程号='002'
WHERE 学号='100101001' AND 课程号='004'
GO
UPDATE 选修
SET 成绩=80
WHERE 学号='100101001' AND 课程号='002'
COMMIT
```

代码运行结果如图 4-1 所示。数据修改的结果如图 4-2 所示。

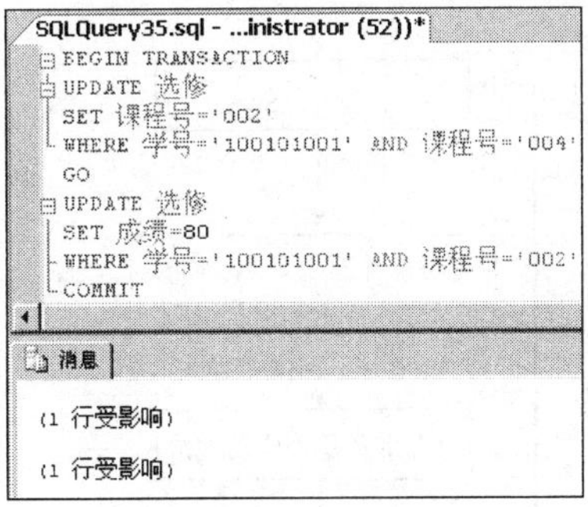

```
SQLQuery35.sql - ...inistrator (52))*
BEGIN TRANSACTION
UPDATE 选修
SET 课程号='002'
WHERE 学号='100101001' AND 课程号='004'
GO
UPDATE 选修
SET 成绩=80
WHERE 学号='100101001' AND 课程号='002'
COMMIT

消息
(1 行受影响)
(1 行受影响)
```

图 4-1　事务实例 1

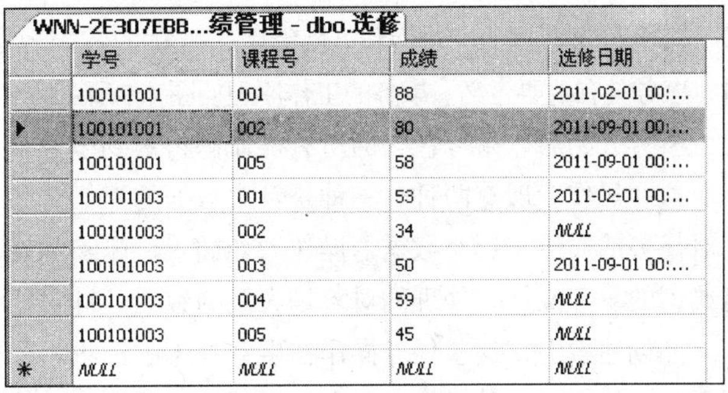

WNN-2E307EBB...绩管理 - dbo.选修

	学号	课程号	成绩	选修日期
	100101001	001	88	2011-02-01 00:...
▶	100101001	002	80	2011-09-01 00:...
	100101001	005	58	2011-09-01 00:...
	100101003	001	53	2011-02-01 00:...
	100101003	002	34	NULL
	100101003	003	50	2011-09-01 00:...
	100101003	004	59	NULL
	100101003	005	45	NULL
*	NULL	NULL	NULL	NULL

图 4-2　数据被修改

但由于编程人员输入错误，把“88”分误写为“8o”分 (为英文字母 o)，导致出错：

```
BEGIN TRANSACTION
UPDATE 选修
SET 课程号='002'
WHERE 学号='100101001' AND 课程号='004'
GO
UPDATE 选修
SET 成绩=8o
WHERE 学号='100101001' AND 课程号='002'
ROLLBACK
```

运行结果如图 4-3 所示。

数据修改的结果如图 4-4 所示。从图中可以看到，第一步操作将课程号修改成“002”也没有执行。这正好体现了事务的特性。

```
SQLQuery36.sql - ...inistrator (52))*
BEGIN TRANSACTION
UPDATE 选修
SET 课程号='002'
WHERE 学号='100101001' AND 课程号='004'
GO
UPDATE 选修
SET 成绩=8o
WHERE 学号='100101001' AND 课程号='002'
ROLLBACK

消息
(0 行受影响)
消息 102，级别 15，状态 1，第 2 行
'o' 附近有语法错误。
```

图4-3　事务实例2

WNN-2E307EBB...绩管理 - dbo.选修

	学号	课程号	成绩	选修日期
	100101001	001	88	2011-02-01 00:...
▶	100101001	004	65	2011-09-01 00:...
	100101001	005	58	2011-09-01 00:...
	100101003	001	53	2011-02-01 00:...
	100101003	002	34	NULL
	100101003	003	50	2011-09-01 00:...
	100101003	004	59	NULL
	100101003	005	45	NULL
*	NULL	NULL	NULL	NULL

图4-4　数据修改的结果

【练习4-1】现将销售表中的一条记录(ISBN为“7-115-08115-6”且销售数量为5本)修改如下：销售单价改为原销售单价的3/4，销售时间改为“2011-03-1”。由于输入错误，误把销售时间写成“2011-30-1”。请写出该事务并执行，查看销售表数据的变化。

4.1.3　事务的工作原理

事务确保数据的一致性和可恢复性。在数据库进行故障恢复时，事务具有重要意义。事务的工作原理如图4-5所示。

事务开始后，事务包含的所有操作都将写到事务日志文件中。这些操作一般有两种，一种是针对数据的操作，另一种是针对任务的操作。针对数据的操作，如插入、删除和修改，这是典型的事务操作，处理的对象是大量的数据。针对任务的操作，如创建索引，这些任务操作在事务日志中记录一个标志，用于表示执行了这种操作。当事务撤销时，系统自动执行这些操作的逆操作，将数据恢复到事务开始前的状态，保证系统的一致性。

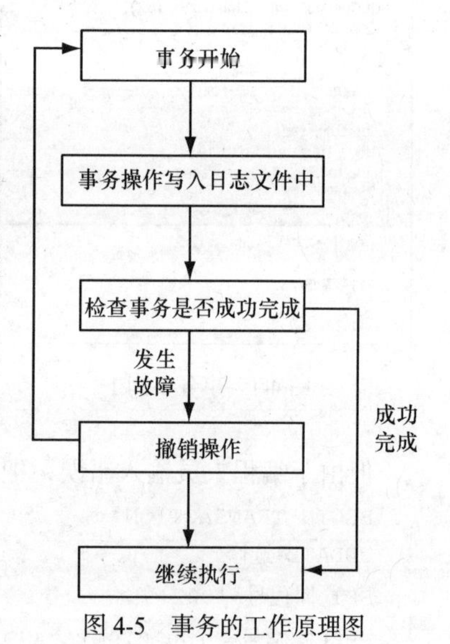

图4-5　事务的工作原理图

4.1.4　数据库系统的故障种类

数据库里可能出现的各种故障包括以下几种。

1. 事务内部的故障

事务故障是某些对数据库进行操作的事务违反了系统设定的条件，如输入数据错误、运算溢出等，使事务未能正常完成就终止（例4-1中出现的故障就属于这种故障）。

2. 系统故障

系统故障主要是由于数据库服务器在运行过程中，突然发生操作系统错误、停电等原因造成

的非正常中断，系统正在执行的事务被突然中断，内存缓冲区中的数据全部丢失，但硬盘、磁带等外设上的数据未受损失（上面分析的银行突然停电就属于这种故障）。

3. 介质故障

介质故障是由于硬件的可靠性较差出现的存储介质发生物理损坏。数据库的数据全部或部分丢失，破坏性较大。

此外，还有计算机病毒等也会对数据库系统构成危害。

总结各类故障，对数据库的影响有两种可能性，一是数据库本身被破坏，二是数据库没有破坏，但数据可能不正确，这是因为事务的运行被非正常终止造成的。

4.1.5　事务恢复的实现技术

我们了解了数据库系统的各种故障后，就可以进一步了解针对这些故障的恢复技术。由于本小节知识点理论性较强，为了帮助读者更好地理解，我们还是以实例的方式来进行讲解。

我们仍以银行转账为例，为了方便讲解，有以下约定：

（1）假设该银行的规模很小；

（2）假设该银行不是联行；

（3）假设该银行没有 UPS 电源。

之所以这样约定，是因为现在的银行系统数据恢复技术远比本书讲解的复杂，我们只需了解其基本的原理，如果读者感兴趣，可以参见其他专业书籍进一步了解详细技术。

假设小强有两张银行卡 A 和 B，卡 A 内有 1000 元存款。一天，小强来到银行，打算将卡 A 中的 200 元转账到卡 B 中。当工作人员刚把卡 A 中的金额减少 200 元时，银行突然停电了。恢复供电后，小强查询卡 A 的金额，还是 1000 元。

下面就根据这个事务来讲一下数据恢复的实现技术。

数据恢复技术的基本原则是建立冗余。这就是说，数据库中任何一部分被破坏的或不正确的数据可以根据存储在别处的冗余数据来重建。建立冗余数据最常用的技术是数据备份和登记日志文件。通常在数据库系统中，这两种方法是一起使用的。

1. 数据备份

数据备份指的是数据库管理员定期地将整个数据库拷贝到磁带或另一个磁盘上保存起来的过程。这些备用的数据文本称为后备副本。

（1）数据备份可以分为静态备份和动态备份。

静态备份是在系统中没有事务在执行时进行的备份。备份操作开始时，数据库处于一致性状态，而备份期间不允许对数据库的任何存取、修改活动。静态转储简单，但转储必须等待正运行的事务结束才能进行，同样地，新的事务必须等待转储结束才能执行。显然，这会降低数据库的可用性。

动态备份是指备份期间允许对数据进行存取或修改，即备份和事务可以并发执行。动态备份可克服静态备份的缺点，它不用等待正在运行的用户事务结束，也不会影响新事务的运行。但是，备份结束时后备副本上的数据并不能保证正确有效。

（2）备份还可以分为海量备份和增量备份两种方式。

海量备份是指每次备份全部数据库。增量备份则指每次只备份上一次备份后更新过的数据。从恢复角度看，使用海量备份得到的后备副本进行恢复一般说来会更方便些。但如果数据库很大，事务处理又十分频繁，则增量备份方式更实用更有效。

2. 登记日志文件

事务日志文件是用来记录事务对数据库的更新操作的文件。数据库系统自动登记日志文件，而不同的数据库系统采用的事务日志文件格式并不完全相同。事务日志文件主要有两种格式：以记录为单位和以数据块为单位。

对于以记录为单位的事务日志文件，文件中需要登记的内容包括：

（1）各个事务的开始（BEGIN TRANSACTION）标记；

（2）各个事务的结束（COMMIT 或 ROLLBACK）标记；

（3）各个事务的所有更新操作。

这里每个事务开始的标记、每个事务结束的标记和每个更新操作均作为事务日志文件中的一个日志记录（log record）。

对于以数据块为单位的事务日志文件，记录的内容包括事务标识和被更新的数据块。由于将更新的整个块和更新后的整个块都放入日志文件中，操作的类型、操作对象等信息就不必放入日志记录中。

为保证数据库是可恢复的，登记事务日志文件时必须遵循以下两条原则：

（1）登记的次序严格按并发事务执行的时间次序；

（2）必须先登记事务日志文件，后修改数据库。

了解了建立冗余数据的两种方法后，我们来进一步了解怎样实现基于事务的恢复。

我们先看看银行转账的实现过程，如图 4-6 所示。

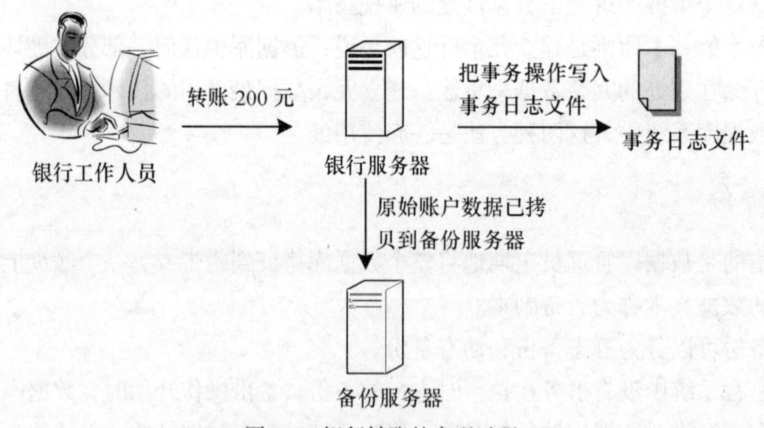

图 4-6 银行转账的实现过程

从图 4-6 中看到，银行的数据库管理员已事先对数据库进行了备份，后备副本存放在备份服务器上。这样，小强的银行卡 A 中的原始存款金额已有备份。当银行工作人员将卡 A 的钱转到卡 B，要执行从卡 A 中减少 200 元和将卡 B 增加 200 元两个步骤。在更改账户数据之前，数据库系统先将操作写入事务日志文件，再来执行数据修改操作。当卡 A 中减少了 200 元时，突然银行停电，卡 B

增加 200 元没有执行。银行恢复供电后，如何恢复数据，保障小强的银行卡 A 还是 1000 元呢？

此时，数据库采用故障恢复技术，其步骤如下。

（1）如果银行数据库服务器在停电事故中数据发生损坏，需要首先将备份服务器的数据复制回来，覆盖原来的数据。

（2）正向扫描事务日志文件（即从头扫描日志文件），找出故障发生时刻前已提交的事务，均重新执行一次。对于故障发生时刻前已开始执行但尚未结束的事务，将其事务标识记入撤销队列。

（3）对撤销队列中的事务进行撤销处理（如将小强卡 A 中的金额重新改为 1000 元）经过事务恢复后，小强在该银行账户的余额还是 1000 元。

4.2 并发控制

4.2.1 并发控制概述

并发是数据库技术中一个非常重要的概念，数据库系统往往要考虑怎样解决并发操作带来的数据不一致性问题。下面我们先看一个例子。

假设住在佛山的小强想乘飞机去上海，同时住在广州的小明也想乘飞机去上海，他们都在同一时间内打电话去各自的售票点订票，下面我们考虑飞机订票系统中的一个活动序列如图 4-7 所示：

（1）佛山售票点（佛山事务）读出广州白云机场售票中心某航班的机票余额 A，A=20 张；

（2）广州售票点（广州事务）读出广州白云机场售票中心同一航班的机票余额也是 A，A=20 张；

（3）佛山售票点卖出一张机票，修改余额 A-1=19，把 A 写回数据库；

（4）同时，广州售票点也卖出一张机票，修改余额 A-1，所以 A 为 19，把 A 写回数据库。

由图 4-7 可以看到，结果明明卖出两张机票，但数据库中机票余额只减少 1。

佛山售票点	广州售票点
读 A=20	
②	读 A=20
③ $A \leftarrow A-1$ 写回 A=19	
④	$A \leftarrow A-1$ 写回 A=19

图 4-7　并发问题举例

我们把这种情况称为数据库的不一致性。这种不一致性是由两个事务同时执行操作（即并发操作）引起的。在这种情况下，由于佛山售票点和广州售票点都同时读取和修改售票中心的数据库，而这种读取和修改是随机调度的，当佛山售票点在读取数据 A(A=20) 时，广州售票点又读取数据 A(A=20)，这时两个售票点同时修改 A(A-1)，然后，佛山售票点把 A=19 写回数据库，广州售票点也把 A=19 写回数据库，把佛山售票点所修改的数据覆盖了。导致数据不一致的问题出现。通常我们把这种情况称为丢失修改。

我们知道，所谓的并发是指多个事务同时存取同一数据的情况。一般来说，并发操作带来的数据不一致性包括 3 类：丢失修改、不可重复读和读“脏”数据，如图 4-8 所示。

1. 丢失修改（Lost Update）

两个事务 T1 和 T2 读入同一数据并修改，T2 提交的结果破坏了 T1 提交的结果，导致 T1 的修改被丢失，如图 4-8（a）所示。上面飞机订票例子就属于此类。

T1事务	T2事务	T1事务	T2事务	T1事务	T2事务
读A=20		读A=20 读B=30 求和=50		①读C=10 C←C×2 写回C	
②	读A=20	②	读B=30 B←B×2 写回B=60	②	读C=20
③ A←A-1 写回A=19				③ROLLBACK C恢复10	
④	A←A-1 写回A=19	③读A=20 读B=60 和=80 (验算不对)			

（a）丢失修改　　（b）不可重复读　　（c）读“脏”数据

图 4-8　3 种数据不一致性

2. 不可重复读（Non-Repeatable Read）

不可重复读是指事务 T1 读数据后，事务 T2 执行更新操作，使 T1 无法再现前一次读取结果，如图 4-8（b）所示。

3. 读“脏”数据（Dirty Read）

读“脏”数据是指事务 T1 修改某一数据，并将其写回磁盘，事务 T2 读取同一数据后，T1 由于某种原因被撤销，这时 T1 已修改过的数据恢复原值，T2 读到的数据就与数据库中的数据不一致，则 T2 读到的数据就为“脏”数据，即不正确的数据，如图 4-8（c）所示。

注意

对数据库的应用有时允许某些不一致性，如有些统计工作涉及数据量大，读到一些“脏”数据对统计精度没什么影响，这时可以降低对一致性的要求以减少系统开销。

产生上述 3 类数据不一致性的原因是并发操作破坏了事务的隔离性。并发控制就是要用正确的方式调度并发操作，使一个用户事务的执行不受其他事务的干扰，从而避免造成数据的不一致性。

并发控制的主要技术是封锁（Locking）。下面我们了解一下封锁的基本原理。

4.2.2　封锁的基本原理

有一个很浅显的道理就是：当两个事务同时对某个对象发出请求时，最好的方法就是任何时候只让一个事务对该对象进行操作，另外一个事务只能等待而不能对该对象进行操作，只有当正在操作的事务操作完才让另外一事务对该对象进行操作。这样就不会出现数据不一致性问题，这就是封锁的基本思想。

封锁是实现并发控制的一个非常重要的技术。所谓封锁就是事务 T 在对某个数据对象，例如表、记录等操作之前，先向系统发出请求，对其加锁。加锁后事务 T 就对该数据对象有了一定的控制，在事务 T 释放它的锁之前，其他的事务不能更新此数据对象。

一般来说，确切的控制由封锁的类型决定。基本的封锁类型有两种：

（1）排他锁（Exclusive Locks，简称 X 锁）；

（2）共享锁（Share Locks，简称 S 锁）。

排他锁又称为写锁。若事务 T 对数据对象 A 加上 X 锁，则只允许 T 读取和修改 A，其他任何事务不能对 A 加任何类型的锁，直到 T 释放 A 上的锁。这就保证了其他事务在 T 释放 A 上的锁之前不能再读取和修改 A。

共享锁又称为读锁。若事务 T 对数据对象 A 加上 S 锁，则事务 T 可以读 A 但不能修改 A，其他事务只能再对 A 加 S 锁，而不能加 X 锁，直到 T 释放 A 上的 S 锁。这就保证了其他事务可以读 A，但在 T 释放 A 上的 S 锁之前不能对 A 做任何修改。

4.2.3 封锁技术

使用封锁技术能解决因并发操作引发的问题，为并发操作的正确调度提供了一定的保证。下面我们举一个简单的例子来说明封锁技术的实现过程。

就针对上述飞机订票活动所出现的问题，采用封锁技术来解决丢失修改。

封锁技术要求每个事务在修改某对象时都必须先对该数据封锁。如图 4-9 所示，佛山售票点在读取和修改 A 之前先对 A 加 X 锁，当广州售票点因为要读取和修改 A 而请求加锁时被拒绝，广州售票点只能等待，等到佛山售票点释放 A 上的锁后，它才获得对 A 的 X 锁，这时它读到的 A 已经是佛山售票点更新过的值 19，再按此新的 A 值进行运算 A-1=18，并将结果值 A=18 送回到磁盘。这样就避免了丢失佛山售票点的更新。

佛山售票点	广州售票点
① 获得A，并	
Xlock A	
② 读A=20	
	申请Xlock A
③ A←A-1	等待
写回A=19	等待
提交	等待
Unlock A	等待
④	获得Xlock A
	读A=19
	A←A-1
⑤	写回A=18
	提交
	Unlock A

图 4-9 用封锁技术解决并发操作中丢失修改的示例

我们知道，对并发操作的不正确调度可能会带来丢失修改、不可复读、读“脏”数据等不一致性问题，而上例我们只是简单地讲了一下使用封锁技术解决丢失修改的过程，目的是让读者了解封锁的基本原理。当然，对于不可复读和读“脏”数据，这两种技术更为复杂，所以有人根据这几种数据不一致类型提出了不同的解决方法，把它们称为：三级封锁协议。限于篇幅，这里不再赘述，有兴趣的读者可以查看联机丛书。

封锁一般情况下是由系统自动完成的，用户无须干扰。

【练习 4-2】并发操作可能会产生哪几类数据不一致？用什么方法能避免各种不一致的情况？（第2个问题建议通过查看联机丛书解决）

4.3 小结

事务和并发是数据库中的两个重要概念，在保护数据库的可恢复性和多用户、多事务方面具有重要意义，本章主要讲述了事务和并发的基本原理和解决方法。

1. 事务的特征

事务具有4个特征：原子性（Atomicity）、一致性（Consistency）、隔离性（Isolation）和持续性（Durability）。这4个特性也简称为ACID特性。

2. 事务的工作原理

事务开始之后，事务所有的操作都陆续写到事务日志中。写到日志中的操作，一般有两种：一种是针对数据的操作，另一种是针对任务的操作。

3. 故障的种类

（1）事务内部的故障。
（2）系统故障。
（3）介质故障。

4. 事务恢复的实现技术

恢复的基本原理十分简单，可以用一个词来概括：冗余。建立冗余数据最常用的技术是数据备份和登记日志文件。

5. 事务的恢复策略

（1）事务故障的恢复。
（2）系统故障的恢复。
（3）介质故障的恢复。

6. 并发操作带来的数据不一致性

包括3类：丢失修改、不可重复读和读“脏”数据。

7. 封锁

封锁是实现并发控制的一个非常重要的技术。

第5章 数据库设计

本章重点

掌握数据依赖的分析方法；三大范式的要义和应用；了解数据库设计的一般流程，重点掌握数据库的逻辑设计和物理实施；理解真实可用的系统的复杂性及其应对。

本章难点

透彻地理解范式和设计方法，并应用于中小型应用系统的数据库设计和实施。

教学建议

特别注意用实例来说明问题，注意让学生先做好逻辑上的设计，然后才上机物理实施，强调思考的重要性，避免学生盲目无效地操作。

5.1 数据依赖

1. 依赖

有了 X，便确定了唯一的 Y， 称 Y 依赖 X，记为 X→Y。

职工号（职工号，姓名，性别，年龄，职务），其示例如表 5-1 所示。

表 5-1 职工

职工号	姓 名	性 别	年 龄	职 务
01	张三	男	30	经理
02	李四	女	23	CIO

在这个关系中，有了职工号，就可以唯一地确定一条记录。SQL “Select 姓名 from 职工表 where 职工号='01'” 要么没有记录返回，要么返回一条。各字段依赖关系如下：

职工号→姓名，职工号→性别，职工号→年龄，职工号→职务

可简记为：职工号→（姓名，性别，年龄，职务）

【练习 5-1】学生（学号，姓名，性别，出生年月日），写出其中的依赖。

假如关系是这样的：学生（学号，身份证号，姓名，性别，出生年月日），此时学号和身份证号都是唯一键，则

学号→（身份证号，姓名，性别，出生年月日）

身份证号→（学号，姓名，性别，出生年月日）

学号←→身份证号

怎样才能找出字段间的依赖关系呢？这里给出一个方法：矩阵穷举法，即把每个字段间的关系列出来。如表 5-2 所示，逐行考虑。先看第一行“职工号”，“职工号”依赖哪个字段呢？逐一问答：

（1）有了“姓名”，可否唯一确定“职工号”？如果姓名唯一，则可以，否则不行。

（2）有了“性别”，可否唯一确定“职工号”？

（3）有了“年龄”，可否唯一确定“职工号”？

（4）有了“职务”，可否唯一确定“职工号”？

（5）有了“姓名”、“性别”、“年龄”、“职务”的任意组合，可否唯一确定“职工号”？

对于以上各题的分析解答，便可得出所有的依赖关系。对于有依赖的，在交叉点画勾，这样便得到表 5-2。因为“职工号”的唯一性，故一个“职工号”，如“0101”，使用 select * from 职工 where 职工号='0101'，结果最多只可能有一行。

查看表中各列，可以看出，“职工号”这一列最多“√”，所有其他字段都依赖于“职工号”，既然如此，则“职工号”可作为主键。

表 5-2　矩阵穷举法：职工表中的依赖

		职工号	姓 名	性 别	年 龄	职 务
1	职工号					
2	姓名	√				
3	性别	√				
4	年龄	√				
5	职务	√				

2. 完全依赖，部分依赖

设一个教师任课关系为：教师任课（教工号，姓名，职称，课程号，课程名，课时数，课时费），该关系给出某个学校每个教师在一个学期内任课安排的情况。假定每个教师可以讲授多门课程，每门课程可以由不同教师来讲授，不同的教师教同一门课有不同的课时费，同一门课不同的老师教亦有不同的课时费。示例表如表 5-3 所示。

表 5-3　教师任课

教工号	姓 名	职 称	课程号	课程名	课时数	课时费
01	何	教授	C001	C 语言	80	20.00
02	李	讲师	C001	C 语言	80	10.00
01	何	教授	C002	数据库	60	20.00

用矩阵穷举法分析，如表 5-4 所示。

表 5-4 教师任课表中的依赖

	教工号	姓名	职称	课程号	课程名	课时数	课时费
教工号							
姓名	√						
职称	√						
课程号							
课程名				√			
课时数				√			
课时费	√			√			

因为“不同的教师教同一门课有不同的课时费，同一门课不同的老师教亦有不同的课时费”，故“课时费”依赖于“教工号”和“课程号”的组合。查看表 5-4 中的各列，可以看出“教工号”和“课程号”是关键字段，这两个字段合起来，可以决定其他所有字段，故主键可设为（教工号，课程号），并有如下依赖：

教工号→（姓名，职称）

课程号→（课程名，课时数）

（教工号，课程号）→（姓名，职称，课程名，课时数，课时费）

由于“教工号”和“课程号”都是主键（教工号，课程号）的一部分，故称（教工号，课程号）→（姓名，职称，课程名，课时数）为部分依赖。

显然，对于课时费，则必须是：（教工号，课程号）→课时费，这种需要整个复合键才能决定的依赖被称为完全依赖。

如果在设计时要求“课程名”唯一，则有表 5-5。此时，除了前述的分析依然可以成立之外，“课程名”可以代替前述分析中的“课程号”，即

部分依赖：（教工号，课程名）→（姓名，职称，课程号，课时数）

完全依赖：教工号→（姓名，职称）

课程名→（课程号，课时数）

（教工号，课程名）→课时费

表 5-5 教师任课表中的依赖

	教工号	姓 名	职称	课程号	课程名	课时数	课时费
教工号							
姓名	√						
职称	√						
课程号					√		
课程名				√			
课时数				√	√		
课时费	√			√	√		

（1）表5-5中涂黑的地方表明，“课程号”和“课程名”是对等的，“课时费”依赖“课程号”和“课程名”二选一和“教工号”的组合。为了简化设计，对于已发现的对等字段，可确定一个字段为主用字段，另一个为候选字段。这时重画矩阵，对于候选字段，省略主用字段中已表达出来的依赖。

（2）尽管（教工号，课程名）是一种选择，但（教工号，课程号）做主键更恰当，因为“课程号”比“课程名”更短小，并且设计原意就是用来唯一代表课程的编号。

（3）只有在主键是复合键时，才有部分依赖之说，如果是单一字段的主键，则肯定是完全依赖。

【练习5-2】如表5-6所示的选修表：选修（学号，姓名，性别，课程号，课程名，学分，成绩），一个学生一门课只能选一次，一门课可被多个学生选，其中课程名唯一。指出其中的完全依赖和部分依赖。

表5-6　　选修

学号	姓名	性别	课程号	课程名	学分	成绩
01	张三	男	C01	C语言	2	80
01	张三	男	D01	操作系统	3	30
02	李四	女	C01	C语言	2	80

矩阵穷举：

	学号	姓名	性别	课程号	课程名	学分	成绩
学号							
姓名							
性别							
课程号							
课程名							
学分							
成绩							

3. 直接依赖，传递依赖

设一个学生关系为（学号，姓名，性别，系号，系名，系主任名），通常每个学生只属于一个系，每个系有许多学生，每个系都对应唯一的系名和系主任名，其中系名唯一。示例表如表5-7所示。

表5-7　　学生

学号	姓名	性别	系号	系名	系主任名
01	张三	男	1	计算机系	陈遵德
02	李四	男	1	计算机系	陈遵德
06	王五	女	2	经济管理系	谢金生

根据前述所学知识，可以看出“系号”和“系名”为对等字段。如果一时不能看出这一情况，

亦可进行全面的矩阵穷举分析，在分析中发现之。选用“系号”为主用字段，则有表 5-8 所示的结果。

表 5-8　　学生表中的依赖

	学　号	姓　名	性　别	系　号	系　名	系主任名
学　号						
姓　名	√					
性　别	√					
系　号	√					
系　名				√		
系主任名				√		

查看各列，根据前述所学知识，可以初步认定（学号，系号）为主键，因为根据分析结果，从（学号，系号）唯一可得其他字段。但是“系号”依赖于“学号”，故“系号”可从主键的字段组合中去掉，这样，主键确认为“学号”。依赖如下：

学号→（姓名，性别，系号，系名，系主任名）

学号→（姓名，性别，系号）

学号→系号→（系名，系主任名）

其中，系名、系主任名直接依赖于系号，对学号则是传递依赖。

【练习 5-3】假如有关系：图书（书号，书名，价格，出版社编号，出版社名称，出版社地址），出版社名称唯一，其示例如表 5-9 所示。指出其中的直接依赖和传递依赖。

表 5-9　　图书

书　号	书　名	价　格	出版社编号	出版社名称	出版社地址
01	C++	50.00	001	清华	北京
02	Java	26.00	001	清华	北京
07	C#	39	002	人邮	北京

矩阵穷举：

	书　号	书　名	价　格	出版社编号	出版社名称	出版社地址
书　　号						
书　　名						
价　　格						
出版社编号						
出版社名称						
出版社地址						

5.2 范式

范式是人们在长期的数据库设计的理论研究和实践中总结出来的规范，有第一范式、第二范式、第三范式、第四范式等。中小型应用一般设计到满足第三范式便可以了。需要注意的是，传统的范式讲解晦涩难懂，对初学者来说难以学以致用，本书从设计实务出发来讲述范式，与传统的形式化的范式理论有所不同。

5.2.1 第一范式

第一范式：每个字段是最小单位。

记住关键字：最小单位。

初学者做数据库设计，最常见的问题是不满足第一范式。

在设计不好的表中，常遇到如下 3 种类型的字段。

（1）多成分字段（又称复合字段），它的值中包含两个或多个不同的项。

如表 5-10 所示，地址中包含省份、城市等信息，便是一个多成分字段。

表 5-10 多成分字段“地址”

地　址
广东省广州市北京路 21 号
四川省成都市环市路 102 号

（2）多值字段，包含相同类型的多个实例。

如表 5-11 和表 5-12 所示，学生表中的字段“参加的社团编号”，便包含了多个社团编号。

表 5-11 学生

学　号	姓　名	参加的社团编号
1101	张三	01，02，03
1102	李四	02，03
1106	王五	01

表 5-12 社团

编　号	名　称
01	雏鹰文学社
02	读富俱乐部
03	疯狂英语公社

（3）计算字段，包含由其他字段计算的结果。

例如，在表 5-13 所示的进货明细表中，金额字段是计算字段，金额=数量 × 进货单价。

表 5-13 进货明细

进货单号	明细号	ISBN	数　量	进货单价	金　额
000001	1	7-115-08115-6	10	30	300
000001	2	7-115-08216-6	10	12	120
000002	1	7-302-09285-0	15	15	225

要符合第一范式，就必须修正这 3 种字段。要注意的是，计算字段实际上是完全依赖于其他字段，传统意义上与第一范式没有关系，但深思之，归于第一范式也没什么不可：它比最小单位还小，因为它完全是冗余的。

下面对这 3 种字段进行完全的分析，并提出相应的解决方法。

1. 多成分字段

多成分字段难以处理是因为它的值包含两个或多个不同的项目，难以从中提取信息，并且对表中记录按字段值排序或分组也很困难。传统的第一范式主要是解决多成分字段问题。

表 5-14 所示为一个客户表，记录了客户的信息，其中“联络信息”字段包含“长途区号”、“办公电话”和“家庭电话”，显然，这是一个多成分字段。另外，常见的姓名字段其实也包含了姓和名两种信息项。

表 5-14 客户

姓 名	性 别	单 位	城 市	邮 编	联络信息
王明	男	天津大学	天津	300152	022 82310542 64356622
欧阳晶	女	东北化工	沈阳	110021	024 65555555 78888888
欧芹	女	华联商场	上海	2012000	021 77777777 99999999

对于多成分字段，假如它的成分数量是固定的，则可以把各个成分作为独立的字段。表 5-15 所示为修正后的客户表。

表 5-15 修正后的客户表

姓	名	性 别	单 位	城 市	邮 编	长途区号	办公电话	家庭电话
王	明	男	天津大学	天津	300152	022	82310542	64356622
欧阳	晶	女	东北化工	沈阳	110021	024	65555555	78888888
欧	芹	女	华联商场	上海	2012000	021	77777777	99999999

这里将姓和名分为两个字段，有的时候我们的确需要知道客户的姓，以便自动生成信函之类的东西，假如姓名是一个字段，计算机就无法知道欧阳晶到底是姓欧阳还是姓欧。例如“找出所有姓欧的客户”——Select 姓名 from 客户表 where 姓名 like'欧%'，这样的 SQL 语句会把姓欧阳的客户也包括进来。但是，针对修正后的客户表重写 SQL，问题很圆满地得以解决：Select 姓名=姓+名 from 修正后的客户表 where 姓='欧'。

再看一个例子。表 5-16 所示的部门表可能有一个正主任，多个副主任。

表5-16　部门

部门编号	部门名称	联络电话	主　任
1	销售部	22222222	张三（正） 李四（副） 王二（副）
2	采购部	33333333	王五（正）

修正1

部门编号	部门名称	联络电话	正主任	副主任1	副主任2
1	销售部	22222222	张三	李四	王二
2	采购部	33333333	王五		

修正1把各个主任分别作为一个字段，清晰明了，但到底最多有几个副主任不好确定，如果有更多的副主任，就需要再增加字段。

修正2　部门

部门编号	部门名称	联络电话
1	销售部	22222222
2	采购部	33333333

主任

部门编号	职　务	姓　名
1	正主任	张三
1	副主任	李四
1	副主任	王二
2	正主任	王五

修正2把主任作为一个表单独列出，这样，无论是多少个主任副主任皆可应付了。同时，在必要的时候，亦可把主任表变为一个员工表，把其他员工的信息也记入其中。

总体来看，有两种方法纠正多成分字段，一种是“平展”，即修改现有的表，为每一种成分建立一个字段，如把“姓名”平展为“姓”和“名”，把“联络信息”平展为“区号”、“办公电话”、“家庭电话”、“手机”等；另一种方法是“竖展”，即新增一个表，建立若干个字段，每种成分对应新增表中的一条记录，比如把各部门的“主任”竖展为一个主任表，每个正的或副的主任在主任表中占有一行。如果一个多成分字段的成分个数是固定的，以“平展”为宜，如果成分个数是变化的且较多，以“竖展”为宜。当然，也有其他的影响因素，需视具体的情况而定。同时，事物是发展的，比如，对于“联络信息”，以前只有电话、传真，而现在可有网址、QQ号、Email、网络电话号等，如果想记录全这些联络方式，则使用“竖展”会更好，如表5-17所示。

表5-17　竖展多成分字段“联络信息”

朋友编号	类　别	供应商	值
1	家庭固话	中国电信	22334455
1	小灵通	中国电信	22689911
1	办公固话	中国电信	22337788
1	电子邮箱	网易	baby@126.com

续表

朋友编号	类　别	供应商	值
1	即时通	腾讯	667780999
2	网络电话	腾讯	139667780999
2	手机	中移动	13923255007

【练习 5-4】表 5-18 所示为家庭成员表，记录了学生的社会关系，请修正其设计。注意，社会关系包括的内容很多，不限于父、母、哥、妹。

表 5-18　　家庭成员表

学　号	姓　名	性　别	社会关系			
			父	母	哥	妹
1	张二	男	张学	王小玲	张大	张珊
2	李四	女	李一	李珍		李小小

【练习 5-5】表 5-19 所示为某公司销售系统的客户表，为了分析公司在各省、各城市的销售量分布，请修正其中的多成分字段。

表 5-19　　客户

客户编号	全　　称	简　　称	地　　址
1	广州新大新股份有限公司	新大新	广东省广州市北京路 11 号

【练习 5-6】表 5-20 所示为某模特公司的模特信息表，请重新设计，以符合第一范式。

表 5-20　　模特

编　　号	姓　　名	身高（cm）	体重（kg）	三　　围
0101	白骨精	178	60	88-67-80
0102	孙悟空	156	40	70-60-57

2. 多值字段

和多成分字段一样，多值字段有时在小型系统中是允许的，因为简单的数据检索还是可以方便地做到。如表 5-21 和表 5-22 所示，对前文所述的例子，检索哪些学生参加了编号为 02 的社团，可以这样做：select * from 学生表 where 参加的社团编号 like '%02，%' or 参加的社团编号 like '%，02'。但是，学生表和社团表不能方便地内联结，要查找参加了“读富俱乐部”的学生还是有不少困难，需要使用更复杂的函数甚至编程才能做到。

表 5-21　　学生

学　号	姓　名	参加的社团编号
0501	张三	01，02，03
0502	李四	02，03
0506	王五	01

表 5-22　　社团

编　号	名　　称
01	雏鹰文学社
02	读富俱乐部
03	疯狂英语公社

学生表中“参加的社团编号”是一个多值字段，记录了多个社团编号。回顾以前所学的“学生选修课程”，“学生”与“课程”多对多，中间加入一个表“选修”，便可变成两个一对多了。把这种良好的修正办法用于此处，如图 5-1 所示，另建一个“加入表”，包括字段“学号”、“社团编号”，用于连接学生表和社团表。对于实际的应用，我们可能还需要在加入表中记录加入的时间等一些相关的重要信息。

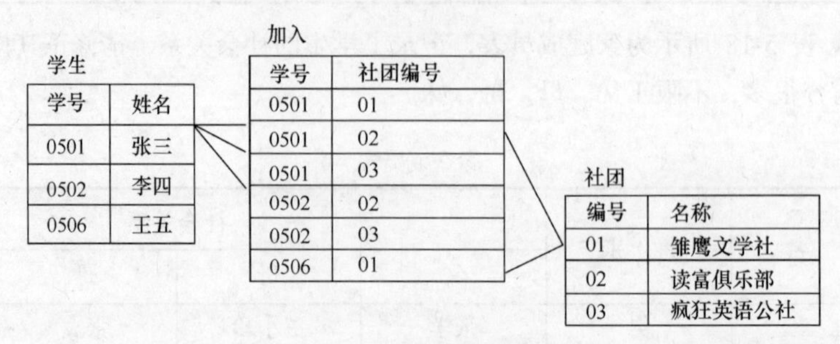

图 5-1　修正多值字段

总体来看，一般用“竖展”的方法修正多值字段，即设计新表，一个值对应新表中的一条记录。

【练习 5-7】按图 5-1 所示，写出查找参加了“读富俱乐部”的学生的 SQL。

【练习 5-8】一部电影有多个演员。请修正表 5-23 中的多值字段。

表 5-23　电影

编　号	名　称	主　演
1	真实的谎言	张三，李四
2	白马王子复仇记	王二麻子，陈红，胡兵

【练习 5-9】表 5-24 和表 5-25 表达了“会员租影碟”这样的信息，请修正之，在修正方案中，加入租碟时间、还碟时间、费用等重要信息。

表 5-24　会员

编　号	姓　名	所租影碟编号
01	张三	01，02
02	李四	02
03	王二麻子	01，03

表 5-25　影碟

编　号	介　质	名　称
01	DVD	断背山
02	VCD	新警察故事
03	EVD	霍元甲

3. 计算字段

计算字段的问题在于数据的冗余，以及需要额外的计算，并可能造成数据不一致。比如在表 5-26 所示的进货明细表中，金额必须在数量和进货单价变化时相应地变化。修正的最简单、有效的方法是把计算字段去掉，当需要计算时，可通过 SQL 或视图来完成。例如，把表 5-26 进货明细表修正为表 5-27。也可以使用数据库管理系统支持的计算列。

表 5-26　进货明细

进货单号	明细号	ISBN	数量	进货单价	金　额
000001	1	7-115-08115-6	10	30	300

续表

进货单号	明细号	ISBN	数　量	进货单价	金　额
000001	2	7-115-08216-6	10	12	120
000002	1	7-302-09285-0	15	15	225

表 5-27　　进货明细

进货单号	明细号	ISBN	数　量	进货单价
000001	1	7-115-08115-6	10	30
000001	2	7-115-08216-6	10	12
000002	1	7-302-09285-0	15	15

（1）使用 SQL。

select *，数量*进货单价 as 金额 from 进货明细

（2）使用 View。

create view 带金额的进货明细 as

select *，数量*进货单价 as 金额 from 进货明细

（3）使用计算列。

create table 进货明细（…，进货单价 money，金额 as 数量*进货单价）

是不是计算字段就一定要去掉呢？也未必全然如此。如果计算比较复杂，需要花费较多的时间得到结果，有时就需要在表中缓存计算结果。比如，表 5-28 中，库存数=进货数-出货数，但是计算相对复杂而费时，此时，就值得考虑在图书表中增设计算字段“库存数”，并且在图书进出货时通过触发器（或其他方法）更新这一字段。

表 5-28　　图书

ISBN	书　　名	出版社	单　价	当前销售折扣	库存数
7-115-08115-6	数据库系统概论	清华大学出版社	40.00	9	3
7-115-08216-6	大学英语	人民邮电出版社	20.00	8	4
7-302-09285-0	网页制作与设计	清华大学出版社	23.00	8	0
7-5024-3117-9	计算机网络与应用基础	冶金工业出版社	16.00	8	5
7-5045-3903-1	SQL Server 2008 标准教程	中国劳动社会保障出版社	35.00	7	2
8-4066-2901-3	数据结构	科学出版社	29.00	9	1
8-589-78969-5	高等数学	高等教育出版社	30.00	9	1
8-689-06576-5	自动化原理	电子工业出版社	25.00	9	2

（4）使用触发器。

① 先修改图书表，可用管理器或 SQL 加入字段“库存数”。

```
use 无涯书社图书进销存
go
——新增库存数字段，整型，非空，默认值为 0。
alter table 图书 add 库存数 int not null default 0
```

② 使用SQL初始化库存数。这个SQL可做成存储过程，这样可随时调用，以便全面且彻底地更新库存数。

```
create store procedure updateStock
as
update 图书 set 库存数 = sIn-IsNull(sOut,0)
from
    图书
    inner join
    (select isbn,sum(数量) as sIn from 进货明细 group by isbn) as inSum
        on  图书.isbn = inSum.isbn
        left join
        (select isbn,sum(数量) as sOut from 销售 group by isbn) as outSum
        on inSum.isbn = outSum.isbn
```

③ 创建触发器。库存的改变受进货和销售的影响。进货明细表和销售表中数据的插入、修改和删除都会影响库存数。根据触发器的原理，无论两表中的哪一种操作，皆有相关的临时表deleted和inserted。对于销售表，deleted表中的数据是删除的，需相应地增加库存数；inserted表中的数据是新增的，需相应地减去库存数。对于进货明细表，则恰恰相反。

```
create trigger whenSale on 销售
after delete,update,insert
as
    if exists(select * from deleted)
        update 图书 set 库存数 = 库存数 + deleted.数量
        from 图书 join deleted on 图书.isbn = deleted.isbn

    if exists(select * from inserted)
        update 图书 set 库存数 = 库存数 - inserted.数量
        from 图书 join inserted on 图书.isbn=inserted.isbn
go
create trigger whenBuy on 进货明细
after delete,update,insert
as
     if exists(select * from deleted)
         update 图书 set 库存数 = 库存数 - deleted.数量
         from 图书 join deleted on 图书.isbn = deleted.isbn

     if exists(select * from inserted)
         update 图书 set 库存数 = 库存数 + inserted.数量
         from 图书 join inserted on 图书.isbn=inserted.isbn
```

【练习5-10】讨论图5-2所示的学生表和班级表，其中班级表中的班级人数是必要的吗？为什么？

学生

学号	姓名	班号
0501	张三	01
0502	李四	01
0506	王五	01
…	…	…

班级

编号	名称	班级人数
01	05会电1	50
02	05会电2	50
03	05软件技术	60

图5-2 学生表和班级表

【练习 5-11】尝试使用触发器管理库存。

5.2.2　第二范式

第二范式：满足第一范式；所有非主键字段完全依赖于主键，而不能部分依赖。

记住关键字：完全依赖，不能部分依赖。

表 5-29 所示为办公时常见的表格形式。由于教工的信息和课程的信息绑在一起，带来大量的数据冗余，数据的插入、修改和删除都有问题。

插入：例如，新来了一个教工，还没有安排他上课，则它的信息如果录入表中，其相应的课程信息全是空的；同样，一门课如果还没有安排老师上，则相应的教工信息是空的。

修改：例如，修改教工何成的职称，从“副教授”改为“教授”，则需要修改多条记录，这不但浪费计算资源，而且可能带来数据的不一致。对于课程，亦有同样的问题。

删除：删除教工就会删除课程，使得一些教工的信息或课程的信息不能反映在表中。

表 5-29　　教工课时费

教工号	姓　名	职　称	课程号	课程名	课时数	课时费
01	何成	副教授	C001	C 语言	80	20
02	李明	讲师	C001	C 语言	80	10
01	何成	副教授	C002	数据库	60	20

针对表 5-29 进行以下操作。

（1）写出数据的依赖关系。

可用矩阵穷举法分析。

教工号→（姓名，职称）；课程号→（课程名，课时数）

（教工号，课程号）→课时费

（2）指定主键。

由（1）分析可见，主键为（教工号，课程号），因为所有字段都可依赖（教工号，课程号）。

（3）更正设计。

更正的方法是，把完全依赖的放在一个表中，一共 3 个表：

教工（<u>教工号</u>，姓名，职称）

课程（<u>课程号</u>，课程名，课时数）

课时费（<u>教工号</u>，<u>课程号</u>，课时费）

（4）把数据转入新设计的表。

注意，虽然原来的表有 3 条记录，但教工只有两个，课程只有两门。

教工

教工号	课程号	职称
01	何成	副教授
02	李明	讲师

课程

课程号	课程名	课时数
C001	C 语言	80
C002	数据库	60

课时费

教工号	课程号	课时费
01	C001	20
02	C001	10
01	C002	20

（5）指出新设计的各表的主键、外键及其表间联系。

教工表的主键是“教工号”；课程表的主键是“课程号”；课时费表的主键是（教工号，课程号），外键是教工号，课程号。

教工（教工号）一对多课时费（教工号）

课程（课程号）一对多课时费（课程号）

【练习 5-12】学生选修课程的信息记录，如表 5-30 所示。

表 5-30　学生选修课程

学 号	姓 名	性 别	课程号	课程名	学 分	成 绩
01	张三	男	C01	C 语言	2	80
01	张三	男	D01	操作系统	3	30
02	李四	女	C01	C 语言	2	80

（1）写出数据的依赖关系。

（2）指定主键。

（3）更正设计。

（4）把数据转入新设计的表。

（5）指出新设计的各表的主键、外键及其表间联系。

【练习 5-13】一个学生参加多个社团的情况表，如表 5-31 所示。

表 5-31　学生加入社团情况表

学生号	姓 名	性 别	社团号	名 称	成立日期	加入日期	职 务
1	王明	男	C001	Flash 爱好者	2011-1-1	2011-1-1	理事长
1	王明	男	C004	文学社	2011-2-3	2011-2-10	会员
3	区洁玲	女	C004	文学社	2011-3-3	2011-3-10	会员

（1）写出数据的依赖关系。

（2）指定主键。

（3）更正设计。

（4）把数据转入新设计的表。

（5）指出新设计的各表的主键、外键及其表间联系。

5.2.3 第三范式

第三范式：在满足第一、第二范式的基础上，所有非主键字段直接依赖于主键，而不能传递依赖。

记住关键字：要直接依赖，不能传递依赖。

表 5-32 所示为记录学生信息的表。

表 5-32　　学生

学　号	姓　名	性　别	系　号	系　　名	系主任名
01	张三	男	1	计算机系	陈遵德
02	李四	男	1	计算机系	陈遵德
06	王五	女	2	经济管理系	谢金生

针对表 5-30 进行以下操作。

（1）写出数据的依赖关系。

可用矩阵穷举法分析。

学号→(姓名，性别，系号)

学号→系号→（系名，系主任名）

（2）指定主键。

因为学号可唯一确定其他字段，可见学号可为主键。

（3）更正设计。

把直接依赖的放在一个表中。

学生表（学号，姓名，性别，系号）

系表（系号，系名，系主任名）

（4）把数据转入新设计的表。

学生

学号	姓名	性别	系号
01	张三	男	1
02	李四	男	1
06	王五	女	2

系

系号	系名	系主任名
1	计算机系	陈遵德
2	经济管理系	谢金生

（5）指出新设计的各表的主键、外键及其表间联系。

学生表主键是“学号”，外键是“系号”；系表主键是“系号”。

系表（系号）一对多 学生表（系号）

【练习 5-14】表 5-33 所示为图书及其出版社信息。

表 5-33　　图书表

书　号	书　名	价　格	出版社编号	出版社名称	出版社地址
01	C++	50.00	001	清华大学出版社	XXXX
02	Java	26.00	001	清华大学出版社	XXXX
07	C#	39	002	人民邮电出版社	YYYY

（1）写出数据的依赖关系。

（2）指定主键。

（3）更正设计。

（4）把数据转入新设计的表。

（5）指出新设计的各表的主键、外键及其表间联系。

综合分析表 5-34 所示的选修表。

表 5-34　　选修表

学号	姓名	性别	班号	班名	系号	系名	系主任	课程号	课程名	课程学分	成绩
001	张三	男	01	11 软 1	1	计算机	陈	91	数据库	3	52
001	张三	男	01	11 软 1	1	计算机	陈	92	VB	2	90
002	李四	女	03	11 会电 1	2	经管	谢	91	数据库	3	67

（1）写出数据的依赖关系。

注意，学生属于班，班属于系。

学号→（姓名，性别，班号）

学号→班号→（班名，系号）

学号→班号→系号→（系名，系主任名）

课程号→（课程名，课程学分）

（学号，课程号）→成绩

（2）指定主键。

（学号，课程号）

（3）更正设计。

把完全且直接依赖的字段放在一个表中。用矩阵穷举法分析关系如下。

	学号	姓名	性别	班号	班名	系号	系名	系主任	课程号	课程名	课程学分	成绩
学　号												
姓　名	√											
性　别	√											
班　号	√											
班　名				√								
系　号				√								
系　名						√						
系主任						√						
课程号												
课程名									√			
课程学分									√			
成　绩	√								√			

分析依赖关系，图中涂黑处正是完全且直接依赖的字段：

学号→（姓名，性别，班号）

学号→班号→（班名，系号）

学号→班号→系号→（系名，系主任名）

课程号→（课程名，课程学分）

（学号，课程号）→成绩

故有如下设计：

学生表（学号，姓名，性别，班号）

班级表（班号，班名，系号）

系表（系号，系名，系主任名）

课程表（课程号，课程名，课程学分）

选课表（学号，课程号，成绩）

（4）把数据转入新设计的表。

学生

学　号	姓　名	性　别	班　号
001	张三	男	01
002	李四	女	03

班级

班　号	班　名	系　号
01	04 软 1	1
03	04 会电 1	2

系

系　号	系　名	系主任
1	计算机	陈
2	经管	谢

课程

课程号	课程名	课程学分
91	数据库	3
92	VB	2

选课

学　　号	课程号	成　　绩
0001	91	52
0001	92	90
002	91	67

（5）指出新设计的各表的主键、外键及其表间联系。

学生表主键是“学号”，“班号”是外键。

班级表主键是“班号”，外键是系号。

系表主键是“系号”。

课程表主键是“课程号”。

选课表主键是（学号，课程号）。

学生表（学生号）一对多 选课表（学号）。

班级表（班号）一对多 学生表（班号）。

系表（系号）一对多 班级表（系号）。

课程表（课程号）一对多 选课表（课程号）。

【练习 5-15】读者借阅图书，如表 5-35 所示。

表 5-35 读者借阅图书

流水号	读者ID	姓名	手机	图书ID	书名	借出时间	归还时间	罚款	操作员ID	操作员姓名
1	001	张	222	20	VB	99-1-1	00-10-1		01	阿江
2	001	张	222	20	VB	01-2-1			02	阿明
3	005	王	444	30	C++	02-8-9			01	阿江

（1）写出数据的依赖关系。

（2）指定主键。

（3）更正设计。

（4）把数据转入新设计的表。

（5）指出新设计的各表的主键、外键及其表间联系。

【练习 5-16】会员租影碟，如表 5-36 所示。

表 5-36 会员租影碟

流水号	会员ID	姓名	手机	影碟ID	类型	名称	租出时间	归还时间	罚款	操作员ID	操作员姓名
1	001	张	111	0101	VCD	XXX	2011-1-1	2011-1-8	2	1	李
2	001	张	111	0201	DVD	XXX	2011-1-8			2	罗
3	006	王	222	0302	LD	YYY	2011-5-13			1	李

（1）写出数据的依赖关系。

（2）指定主键。

（3）更正设计。

（4）把数据转入新设计的表。

（5）指出新设计的各表的主键、外键及其表间联系。

5.3 设计过程综述

数据库设计是系统设计的重要组成部分。一个数据库应用系统的设计，包括很多方面，如业务流重组，软件系统架构等。本书只关注数据库设计，适用于中小型数据库应用系统的开发，适合数据库初学者学习。

本书介绍的是一种一般化的简易的数据库设计过程，每个阶段都很大，限于学时，我们只作简明的介绍。作者认为，要真正领悟数据库设计的要旨，始终需要实践，需要实际设计真正的应用系统的经验，书本知识，只能作为入门和工作中的指引。

本节讲课案例选用“学生选课及成绩管理”，选用此案例主要是因为学生对此比较熟悉。

练习案例选用“无涯书社图书进销存”。选用此案例，一方面学生相对较熟悉，因为大家都购过书，手头都有书；另一方面，进销存系统用得非常普遍，大量的系统，都可以归于进销存这一模型，大型的企业信息化系统，如制造资源管理、企业资源规划、供应链管理等，进销存都是一个核心，选用此案例，有助于学生理解大型系统，亦有助于学生就业；囿于学时和先行课程，以及本门课程的目标和任务，故用“小书店”，而不是针对大型购书中心。

第一阶段：需求分析。

这个阶段的任务是和客户沟通，了解客户的业务流程，收集业务流程中产生的单据和报表，明确客户最核心的功能需求。如有必要，可适当重组客户的业务流程。

输出文档：需求概要，包括总体目标陈述，核心功能列表。

第二阶段：逻辑设计。

逻辑设计的任务是根据需求分析的结果和所收集的资料，找出相关的实体和属性，建立各表的结构和表间联系，保证数据的完整性等。

输出文档：表说明及其结构描述，字段说明，约束说明，关系图等。

第三阶段：物理实现。

根据逻辑设计的结果，在选定的数据库平台上，创建库表、视图、触发器、各约束条件、表间联系等，并输入一些测试数据，用 SQL 检查核心功能实现的可行性。

输出文档：数据库物理文件、SQL 脚本文件。

第四阶段：优化重构。

检查设计，逐一对照目前现实的需求和将来可能的需求，尽力找出其中的不足。应进行可用性测试，按设计目标灌入足够多的数据，然后模拟现实测试之。

现在进行修改相对较易，如果已经针对数据库进行了大量编码，那时再修改数据库，就可能会对整个软件系统产生影响，所以早改比晚改好。

输出文档：重构说明书，更新后的一些文档。

5.4 需求分析

需求分析是一切数据库系统开发的第一步骤。一个系统最后能不能用起来，就要看系统设计人员对用户需求的把握。

需求分析要做的工作是：和客户沟通，了解客户的业务流程，收集业务流程中产生的单据和报表，明确客户最核心的功能需求。如有必要，可适当重组客户的业务流程。最后把需求整理成文档。

需求分析要点如下，真正的领悟有待实践。

（1）带好笔记本，准备好问题，与客户举行座谈会。一般是和客户的主管领导、相关人员先开一个小会，获得总体信息，然后到一线去参观，与一线人员沟通。

（2）倾听客户的讲解，适时提出问题，引导客户给出自己需要的资讯。

（3）常用的观察点：

客户有多少台计算机，用的是什么操作系统和应用软件。

客户有什么样的计算机维护人员。

客户当前的资料是怎么组织管理的，有没有很好地编码。

客户有什么样的网络。

……

（4）常用的问题。

针对观察点提出问题，如你们有多少台计算机？配置是什么样的？

你们工作中觉得最麻烦的是什么？

你们觉得当前的系统哪个方面不好？

这件工作整个过程是怎样的？

……

（5）请客户安排一个适当的人作为联系人，取得该联系人的联络信息，该客户的主管领导的联络信息。

（6）给客户一个列表，要求客户提供当前工作中的报表、单据、业务流程简要说明等资料等。

（7）不同的客户有不同的沟通方式：有时编写程序自已用，有时编写程序为自己公司设计应用；有时客户的规模很小，有时客户的规模很大。在实践中，则会感觉到其中沟通方式的不同。

（8）沟通并非一次就能完成，应和客户联系人搞好关系，做到无障碍沟通，尽力得到相关的资料。

（9）尽力把握客户的最核心需求，不要鸡毛蒜皮一把抓，用手工就能很好工作的事，就不要用计算机。

（10）业务流程不同，数据库的设计也不同。但业务流重组是一件大事，已超出本书的范围。简单的业务流重组是可以凭专业直觉的，如超市使用计算机后，盘点、零售结账、销售额统计等自然而然就和手工不一样了。

（11）最后总结出需求文档：

① 简明的任务陈述；

② 核心需求列表；

③ 与业务流相称的单据和报表。

其中①和②是数据库设计所需要的。

下面以“读富职业技术学院学生选课与成绩管理系统”进行说明。

假如小强是一个中小型数据库应用系统的资深开发人员，其所在的公司与读富职业技术学院有了开发学生选课与成绩管理系统的意向，现在小强率领开发人员（或许就那么两三个人）与该学院举行座谈会。

去之前，小强准备了以下问题。

（1）学生从选修到成绩给出整个流程是怎样的？哪个环节最烦人？现行的工作流程有什么不如意之处？当前使用了计算机辅助工作吗？

其他需要加以关注的细节问题：

（2）选修课开出是一个什么样的流程？

（3）选修课开出后，什么样的学生可以选什么样的课程？

（4）成绩是如何给出的？

（5）成绩是百分制吗？或是别的什么制式？

座谈会邀请了学院主管办公自动化的信息中心傅主任，主管教学工作的教务处卢处长，教学管理科的王科长，以及相关的科员小周、小李等。经过座谈，并参观教学管理科的工作现场，小强得到以下资讯。

现有的业务流程如下。

（1）教师根据教学计划开出课程，课程暂时还没有统一的编号。

（2）学生在前一学期期末选好课程，教学管理科根据选修人数决定是否开出。

（3）对开出的课程安排教师。

（4）期末教师把分数送到教务处。一般分数是这样计算的：学期分=平时分×30%+期末考试分×70%，同时计算优秀率和及格率。分数有的是百分制，有的是 5 级制（不及格，及格，中，良，优）。有的课程是考查课，没有平时分，只有学期分。期末考试分数在 50 分以下的，学期分就是实际考试的分数，不再作期末分公式计算。

（5）教务科把分数登入到计算机。原来有一个单机版的成绩管理系统，DOS 下的。

（6）把分数给声讯台，学生通过声讯台电话查分。

（7）允许不及格的在下学期补考，以及在毕业前补考。

（8）期末统计教师的工作量。不同职称的教师上不同的课有不同的课酬。

当前业务流的麻烦有以下几个方面。

（1）每次老师手工计分，不能共享学生的数据，容易出错，比较麻烦。

每次老师把登分表交上来以后，教务科还得输入计算机，期间会出差错，而且较费时费力。

（2）虽然有辅助系统，但查询不及格的数据不是那么便利。

（3）统计工作量和课酬比较麻烦。

（4）声讯台查分费用较高，学生颇有意见。

同时，小强亦得到当前业务流中的单据和报表。

（1）某门课的选课学生名单。

（2）某门课的登分表（考试课的，考查课的，百分制的，5 级制的各一份）。

（3）教师工作量统计表。

经分析已有的资讯，并和教务科商量，最后业务流重组如下。

（1）在学生入学时输入学生信息。某些信息注册时由招生办输入，某些信息由学生自行输入。

（2）各系通过互联网登记下学期准备开的课，公选课由教务科登记。

（3）打印下学期要开的课，由教师手工选课，系里协调，确认后各系通过网络录入计算机。

（4）学生在网上自行选修下一学期的课程，根据情况由教务科决定是否开出。

（5）期末教师通过网络自行登分，期末分、及格率和优良率由系统自动计算。

（6）学生通过网络查分，也可以通过邮件发送分数给学生。

（7）用邮件通知学生补考；学生在网上确认补考并交费用。

分析相关的资料，经充分的沟通，得到需求描述文档。

核心需求描述

ver1.0	ver1.1
小强	小强
2011-8-22	2011-9-1

名称：

读富职业技术学院学生选课与成绩管理系统

任务：

基于网络的学生成绩的录入、修改、查询系统，兼带教工工作量统计。

核心需求：

（1）学生信息的录入、编辑、查询、打印（报表见样张1～3）。

（2）教工信息的录入、编辑、查询、打印（报表见样张4～5）。

（3）学生在网上选课，选课数据的录入、编辑、查询、打印（报表见样张6～10）。

（4）教师工作量统计（报表见样张11）。

（5）教师期末登分，期末分计算、及格率和优良率计算；出登分表（报表见样张12）。

（6）向学生发送邮件，通知分数或补考。学生可在网上查分。

（7）邮件通知学生补考。学生到财务处交费，然后上网登记补考。

（8）按学生统计课程学习情况：已修课程、总学分、需补考课程等（报表见样张13）。

（9）很多报表是按班、年级、系来打印的。

（附：单据和报表样张）

（以下略）

【练习 5-17】教你数据库的老师开了一家小书店，叫“无涯书社”，主要业务是图书零售，现在想请你帮忙开发一个小型的管理系统，请完成需求分析并写出：（1）业务流描述（简要描述进书、售书、盘点月结等）；（2）需求描述。

5.5 逻辑设计

逻辑设计的任务是根据需求分析的结果和所收集的资料，找出相关的实体和属性，建立各表的结构和表间联系，保证数据的完整性等。

逻辑设计实际上是分析现实世界，通过总结归纳，明确事件的参与主体及其之间的关系，然后用逻辑结构表达出来，为物理实现做好准备。

本节分出识别主题、识别字段、识别联系等多个小节，每个小节并非是一个分界明显的阶段，事实是，一个有经验的设计人员，当处于一个阶段考虑问题时，也会时时留意下一阶段的任务，使得整个设计事务快速地完成，但为了陈述方便，我们还是分开来写。

5.5.1 对象命名

无论是数据库文件名、表名、字段名，或者其他什么对象的命名，请遵循以下原则。

✓ 意义明确直观，直达被命名对象的内容。

✓ 字数不要太多，让人一眼看上去，大致就明白其中的含义。

✓ 最好不要用缩写，尤其是非通用的缩写。

✓ 如果开发人员英文水平较高，可考虑使用英文命名，这样可加快输入的速度。

✓ 汉语拼音是一个不错的选择，因为有的数据库系统可能不支持汉字。

✓ 大型的开发一般会采用简短的英文或拼音命名，然后配备完整的文档加以说明。本文的命名规则更适宜中小型系统，命名大量采用直观的本地化文字，这有益于系统的维护。

- 数据库文件命名示例：

```
DfErp_Data.mdf, DfErp_Log.ldf, DfErp_LOB.mdf
```

这里，Df是软件开发公司的品牌（也可能是软件用户名称缩写，这里用缩写是为了避免文件名过长），Erp表明这是一个企业资源规划软件，Data表明是数据文件，Log表明是日志文件，LOB （large object）表明是记录 text，ntext，image 这样的大型可变长字段的数据文件。

- 数据库命名示例：

读富工资管理系统，读富 ERP，学生选课与成绩管理，节拍影音出租，……

数据库命名中，一般会包含开发公司的名称（或软件用户的名称），软件的功能（如工资管理、学生选课与成绩管理、影音出租）等，结尾还可加上"系统"等字眼。

- 表命名示例：

学生，教工，员工，图书，供应商，客户，会员，影碟，职称列表，……

- 字段命名示例：

姓名，职称，职称代号，性别，省份，城市，县市，名称，简称，全称，电邮，QQ，……

- 查询和视图命名示例：

101 栋宿舍楼的女生，来自上海的学生，计算机操作基础课不及格的学生名单，当前月购买额超过 100 万的客户，……

5.5.2　识别主题

主题意味着一项业务、一个实体、一种列表等，一般对应了一个表。比如，学生、课程、选修、教工、职称分类等都可以被看作主题。

如何有效地识别主题呢？

1．从感觉入手

一个图书馆借书系统，自然有读者、图书、图书管理人员等；一个进销存管理系统，自然有货品、仓库、供应商、客户等；一个卡拉 OK 点歌系统，自然有歌曲、厅房等；一个影碟出租管理系统自然有影碟、客户、出租等主题。这些都是非常自然的事情，并不需要太多烦琐的分析。

至于"学生选课与成绩管理"，自然有学生、课程、教师、选修等主题。

2．从单据和报表入手

单据和报表中，常常隐含着大量的主题信息。因为单据常常是一种凭据，时间、地点、事件、数量、经手人等皆有，是挖掘主题最重要的资源。相对而言，报表所包含的主题信息较少。

图 5-3 所示为读富职业技术学院的登分表，按序逐一看过去，就会发现可能的主题有学年、课程、班级、教师、学生，当然，登分表也是一个主题。

【练习 5-18】图 5-4 所示为一份出仓单，请写出此单据可能隐含的主题。

3．从需求描述入手

分析需求描述的遣词造句，可以发现隐含的主题。下面是读富职业技术学院学生选课与成绩管理系统的需求描述。要特别关注其中的主语、谓语、宾语。

核心需求描述

ver1.0	ver1.1
小强	小强
2011-8-22	2011-9-1

读富职业技术学院登分表

学年：2005~2006　　课程：数据库原理与应用
班级：05软件1班　　教师：小强　　日期：2006-2-10

学号	姓名	平时分	考试分	期末分	学号	姓名	平时分	考试分	期末分
050101	胡毅锋								
050102	刘冰								

应考人数：　　及格率：

实考人数：　　优秀率：

教师签名：

图5-3　登分表

广东东宝电器有限公司
产品出仓单　　单号：010809

出仓仓库：合肥外仓　　日期：2005-10-10

客户：合肥天虹商场　　送货地点：

序号	编号	品名规格	数量	单价	金额
1	0101	DB0106 热水器	10	500.00	5000.00
2	0106	DB0207 热水器	20	800.00	16000.00
3	0205	TVP28 电视机	1	8000.00	8000.00

备注：　　合计：29000.00

领导：　主管：　业务员：　制单：　复核：

图5-4　产品出仓单

名称：

读富职业技术学院学生选课与成绩管理系统

任务：

基于网络的学生成绩的录入、修改、查询系统，兼带教工工作量统计。

核心需求：

（1）学生信息的录入、编辑、查询、打印（报表见样张1～3）；

（2）教工信息的录入、编辑、查询、打印（报表见样张4～5）；

（3）学生在网上选课，选课数据的录入、编辑、查询、打印（报表见样张6～10）；

（4）教师工作量统计（报表见样张11）；

（5）教师期末登分，期末分计算、及格率和优良率计算，出登分表（报表见样张12）；

（6）向学生发送邮件，通知分数或补考。学生可在网上查分；

（7）新学期，邮件通知学生补考。学生到财务处交费，然后上网登记补考；

（8）按学生统计课程学习情况：已修课程、总学分、需补考课程等（报表见样张 13）；

（9）很多报表是按班、年级、系来打印的。

（附：单据和报表样张，此处略）

【练习 5-19】从以下核心需求文档中找出可能隐含的主题。

核心需求描述

ver1.0　　　　ver1.1

小强　　　　小强

2011-8-22　　　　2011-9-1

名称：

节拍影音出租店影碟出租管理系统

任务：

单机影碟出租归还和查找，计算租费。

核心需求：

（1）会员信息的录入、编辑、查询、打印（报表见样张 1～3）。

（2）非会员统一用会员“散客”来代表。

（3）会员的退会、续会等处置。

（4）影碟信息的录入、编辑、查询、打印（报表见样张 4～5）。

（5）碟的丢失、损坏等处置。

（6）租碟。

（7）还碟。

（8）盘点。

（9）月结统计各碟的收益、各月店面的收益。

（附：单据和报表样张，此处略）

4. 从业务流描述入手

这和从单据入手是一样的，都是从文档中发掘主题。这里不再赘述。

5. 在沟通时留意

和客户沟通时多加留意对方的话，如能记录则更佳，然后像分析需求文档一样进行分析，从中找出主题。

6. 从分类着手

可以把表分为以下几类。

（1）事务表：记录事务的发生，如凭证表、单据表等。例如，学生选课管理中，选课是一项事务，相应的表是事务表。进销存管理中，进货、出货、退货都是事务。事务的特征是：有相关的人、物、数量、时间等属性。事务一般与动词/谓语对应。事务表的记录需要经常增删修改。

（2）基础表：相对稳定，与事务相关，如客户、产品、学生、教师、课程等。基础表常和名词/主语/谓语对应。基础表常被事务表引用，一旦引用，就需要保证参照完整性，不能随意改动。

（3）辅助表：比如在学生选课管理中，每个教师有职称，可把各种职称记录在一个表中，视为辅助表。辅助表比基础表更稳定，变化的几率更小，常用来记录社会化而不是个性化的信息。辅助表中的数据常被事务表和基础表引用。

【练习5-20】一个进销存系统常有下面这些表，指出这些表分别属于哪一类？

员工表、部门表、客户表、供应商表、产品表、仓库表、工种表、进仓单表、出仓单表、退货单表、退货单表、维修单表

基础表：

事务表：

辅助表：

【练习5-21】无涯书社图书进销存系统中，有哪些基础表？哪些事务表？哪些辅助表？

7. 从主谓宾陈述模式入手

读者借阅图书、会员租影碟、学生选修课程，都是主谓宾模式。这种陈述模式是常见的，一般总是意味着3个主题：一个事务，两种事务的参与者，所以至少要3个表。读者借阅图书：读者表，借阅表，图书表；会员租影碟：会员表，租还表，影碟表；学生选修课程：学生表，选修表，课程表。

8. 分析事务参与者的来龙去脉，从核心延展

影音出租管理系统的核心功能是：会员租还影碟。这是一个核心，表达了一个事务：租还，参与者是会员和影碟。

但是，当我们深入分析参与者时会发现，A）谁把碟租给了会员？是店员，所以店员是不是也要作为一个主题呢？B）对于影碟，有多种分类，LD、VCD、DVD、TAPE等，那么这种分类可否作为一个主题呢？C）对于影碟，影星很重要，很多人租碟是冲着影星来的，那么，影星要不要作为一个主题呢？D）碟从哪里来？碟从供应商来，那么，供应商要不要作为一个主题呢？如果供应商是一个主题，那进货这个事务也是一个主题……

以上介绍了几种识别主题的技术，在实际工作中，一般会混着用。我们总是先明确需求，然后把相关的可能的主题写下来，然后逐步求精，筛去不必要的，增补新发现的。每个主题应该是纯粹的，而不是复合了一大堆其他的信息，这可以对照3个范式，按照范式修订。最后得出一个主题列表，给每个主题一个恰当的名字，对于不是一目了然的主题，给出描述。另外，在分析过程中，对于明显的字段信息，亦可直录下来，放入表中。

小强使用各种方法，分析了读富职业技术学院给出的资料，并在充分的沟通下，得到表5-37，该表显示了选课与成绩管理系统的最终主题列表，各表已明确的字段亦同时列出。

注意

（1）真实的系统有许多应付变化的设计，限于篇幅，这里省略了。

（2）邮件发送可以另外设计单独的程序来解决，该程序从本系统读取信息，然后发送。

（3）多种分制、重修重考之类的问题是较复杂的，我们将放在课程设计中讲解。

表 5-37　　读富职业技术学院学生选课与成绩管理系统主题列表

名　称	类　型	描　　述	明确的字段
学生	基础表	包括脱产、业余、电大等所有办学形式的学生	学号，姓名，Email
课程	基础表	一切课程，包括各专业必修课和公选课	课程号，课程名，学分
教工	基础表		工号，姓名
班级	基础表		班号，班名
系部	基础表	学院各参与了教学和教学管理的单位，该部门的人员会出现在单据或报表上	系号，系名
专业	基础表	各系开出的所有专业	专业代号，专业名称
选修	事务表	学生必修和选修课程的信息	学号，课程号，选修时间
任教	事务表	教师讲授某门课程	教师工号，课程号，课时费，任教学期
职称	辅助表	记录教授、工程师等，为工作量和课酬计算提供参考	职称代号，职称名称

5.5.3　识别字段

有了主题列表，也就对应着有了表。那么，每个表要哪些字段呢？识别字段，就是要求分析人员对主题体察入微，明了其中的细节和特点，分清楚哪些是我们需要的属性，哪些是不必考虑的属性，同时思考是不是需要根据主题的特点构建字段，思考每个字段的类型和大小，最终建立每个主题的字段列表。

识别字段主要是识别实体或事务的属性，但又不仅仅如此。例如读者借阅图书：

借阅（读者证号，图书编号，借出时间，归还时间，罚款，借书管理员工号，还书管理员工号）

看上去，借阅的各种属性已经完备，似乎可以用（读者证号，图书编号）做主键。但深入体察，一个读者同一本书可以借阅多次，（读者证号，图书编号）做主键并不恰当，为此，加上一个自动编号作为流水号，并设为主键：

借阅（流水号，读者证号，图书编号，借出时间，归还时间，罚款，借书管理员工号，还书管理员工号）

不仅如此，有时我们知道字段，但要把字段归属到某个主题却有一定的困难。比如，我们知道要记录课时费，但到底放在哪一个主题呢？这需要分析计费模式。一个教师上一门课，每个课时（一般一节课一个课时，40分钟左右）得多少课酬，这是由课程的种类、教师的职称决定的，同样的职称上同样的课得到同样的课酬。这样就有依赖关系：（课程种类，职称）→课时费，依此可建表：课时费（课程种类，职称，课时费），如表5-38所示。

表5-38　　课时费表

课程种类	职　　称	课时费
理论课	教授	50.00
理论课	副教授	40.00
理论课	讲师	30.00
理论课	助教	25.00
实训课	教授	40.00
实训课	副教授	30.00
实训课	讲师	25.00
实训课	助教	20.00

对于较大型的应用，更实际可用的设计是：把课程种类作为一个表，职称作为一个表，课时费作为一个表。

课程种类（编号，种类，……）

职称（编号，名称，……）

课时费（编号，课程种类编号，职称编号，课时费）

有了这个课时费表，是否就没有必要在别的地方再记录什么相关的信息了呢？试想，哪一天课时费变了，那教师原来上过的课的课酬就不能正确计算了，为此，还需在任教表中记录课时费，如表5-39所示。

表5-39　　任课表

教师编号	课程编号	课时费
01	201	50.00
02	202	40.00

这样一来，课时费表是不是就不需要了呢？其实，此时的课时费表中的课时费，可用来自动填写任课表中的课时费。

在现实的工作中，我们在获取主题信息时，也会感受到与那些主题相关的字段，可以把那些字段的信息记下来，形成列表，在做识别字段的工作时，回过头来再对这些字段进行细致地推敲。

为了得到字段，和识别主题一样，我们需要与客户沟通，分析单据、报表等资料。此时，报表会有很大的价值。比如，登分表可看做是一种报表，如前文所述，从登分表中可得到字段列表：学年、课程名称、班级名称、教师姓名、日期、学号、姓名、平时分、考试分、期末分。

需求文档可以说是最重要也是最终的文档。比如，要发邮件通知学生，则学生必然有电子信箱；要统计学分，课程就得有学分信息等。

所得字段不应该是多成分字段、多值字段和算字段。更不能让同一种意义的字段，同时出现在两个表中（是谓重复字段），除非是主外键的关系。图 5-5 所示为一个重复字段的例子，学生表中的字段“名称”重复了班级表中的字段“名称”，其实想知道某学生所在班的名称，只需两表内联结就可以查出来，无须重复记录。

学生

学号	姓名	班号	名称
0501	张三	01	05 会电 1
0502	李四	01	05 会电 1
0506	王五	01	05 会电 1
…	…	…	…

班级

编号	名称	班级人数
01	05 会电 1	50
02	05 会电 2	50
03	05 软件技术	60

图 5-5　重复字段示例

识别出字段后，还得根据现实情况，设计字段的类型和大小。对于未确定平台的应用系统，可用通用型数据类型（如 SQL 标准的数据类型），或列出字段的数据范围。对于已确定平台的应用系统，可直接使用平台的数据类型。本书使用 SQL Server 2008 数据库。

在主题和字段的识别过程中，应时时在意客户的需求。当规划好主题及其字段后，应该逐一对照需求，检查看看当前的设计规划能否切实满足需求。

再来看学生选课与成绩管理系统，以下是小强的设计。注意，小强在字段的设计中，识别出学期这一主题。有了学期这一主题，一个学期的事务就可以从一个新学期的插入开始，并在整个系统中，控制时间的有效性。

职称(职称代号 tinyint，名称 char(12))

专业(专业代号 smallint，专业名称 char(12)，学制 tinyint，所属系号 char(3))

系部(系号 char(3)，系名 char(16))

班级(班号 char(6)，班名 varchar(20)，级 int，专业代号 smallint)

学生(学号 char(9)，姓名 char(10)，性别 smallint，Email varchar(50)，所在班级号 char(6)，出生年月日 datetime，入学时间 datetime)

课程(课程号 char(4)，课程名 varchar(30)，学分 decimal(4，1))

教工(工号 char(4)，姓名 char(10)，岗位 char(10)，职称代号 tinyint，所属系部号 char(3))

学期(学期代号 smallint，起始日期 datetime，结束日期 datetime，所属学年 char(9))

选修(学号 char(9)，课程号 char(4)，成绩 decimal(4，1)，学期代号 smallint)

任教(流水号 int identity(1,1) 教师工号 char(4)，课程号 char(4)，课时费 smallmoney，学期代号 smallint)

【练习 5-22】列出无涯书社进销存的各个表及其字段和字段的类型大小。

5.5.4　键

1. 候选键，主键，候补键

首先明确几个概念。

候选键：可以唯一标识一条记录的一个或多个字段。注意这几个要点：A）一个或多个字段；B）少一个字段不行；C）多一个字段则多余。

主键：是候选键，在表设计时指定的。

候补键：除主键之外的候选键。

2. 主键要素

主键应满足如下条件，才是一个好的主键。

（1）不能是多成分字段。

（2）值是唯一的，可以唯一地确定表中的每条记录。

（3）不能包含空值。

（4）值不能违背单位的安全性规则或私有性规则。像身份证号、口令等都不适宜用来做主键。

（5）其他字段是完全而且直接地依赖于它。

（6）主键一旦确定，一般不允许修改，尤其是主键被其他表引用之后。所以那些经常要改动的字段不适宜做主键。

3. 人工键

学生表的主键是学号，课程表的主键是课程号，当我们仔细思考这些主键的由来时，会发现这些主键是人工定出来的。是的，这是一种常见的手法，因为人工产生的编号，是一定可以保证唯一性的。有时，人工定做一个主键，是常规工作流程的需要，比如学号，即使不用计算机我们也这么做；有时，则因为表本身所具有的唯一键做主键不太好或者根本就没有，必须设计一个键来做主键。表5-40、表5-41、表5-42分别给出了一个例子。表5-40所示为企业常用的员工表，工号是一个人工主键。表5-41所示为职称表，编号是一个人工主键。表5-42所示为部门表，编号是一个人工主键。

表5-40　　员工表

工　号	姓　名	入职日期	职称代号	所在部门编号	<其他字段……>
101	张三		1	1	
111	李四		5	2	
…	…	…	…		…

表5-41　　职称表

编　号	名　称	津　贴
1	教授	1000.00
2	副教授	800.00
3	高级工程师	700.00
4	讲师	600.00
5	工程师	500.00
6	助教	400.00
7	助工	300.00
8	无	100.00

表 5-42　部门表

编　　号	名　　称	办公地点	负责人工号

【练习 5-23】有一个学生毕业后分配到某大型工厂，该工厂有一个图书借阅室，该学生模仿学生选修课程，设计了 3 个表：读者表、借阅表和图书表。请讨论各个表有哪些字段？有哪些候选键？哪个做主键恰当一些？注意，同一本书可以被同一读者借阅多次。

4. 自动键

几乎每个数据库管理系统都提供了自动产生唯一编号的机制。如表 5-43 所示，从 1 开始，步长为 1，每插入一条记录，递增产生一个唯一的值。注意，其中第 4 条记录已被删除。

表 5-43　流水号为自动键

流 水 号	…	…
1		
2		
3		
4		

这样自动产生的数可以做主键。如果在很多并发用户的情况下，需要知道记录插入的顺序，那么，这种自动键是一个不错的选择。

【练习 5-24】检视无涯书社进销存现有的设计，指定各表的主键，同时指出哪些是人工键？哪些是自动键？

5.5.5　枚举列表

有时，一个字段的值域是有限的几种取值，可以枚举完。考虑教工表：教工（工号，姓名，…，职称），在这里，如表 5-44（1）所示，是直接把职称写进去呢，还是把职称另立新表，把整个值域放入表中呢？

表 5-44　（1）教工

教工号	课程号	职　　称
01	何成	副教授
02	李明	讲师

改为如表 5-44（2）所示的设计，另加职称表如表 5-45 所示。

表 5-44　（2）教工和职称

教工号	课程号	职称代号
01	何成	2
02	李明	3

表5-45　　　　　　　　　　　　　　职称

职称代号	名　　称
0	无职称
1	教授
2	副教授
3	讲师
4	助教
5	高工
6	工程师
7	助工

事实是，另起一个枚举表是有益的：A）节省存储空间。职称代号只是一个小整数，比字符串节省空间；B）提高性能。小整数计算比字符串要快；C）提高弹性，应付变化。哪天学校给不同的职称发放不同的津贴，则可在职称枚举表中加入这一信息，如图5-46所示。显然，职称枚举表是一个辅助表。

表5-46　　　　　　　　　　　　　　职称

职称代号	名　　称	津　　贴
0	无职称	100
1	教授	800
2	副教授	600
3	讲师	500
4	助教	400
5	高工	600
6	工程师	500
7	助工	400

【练习 5-25】无涯书社给图书按内容分类：小说、经管、计算机……请设计表达此分类的枚举表。

5.5.6　子集表

有时，一个表中出现大量空白，究其原因，可能是主题中还可分出子主题。如表5-47所示，无涯书社的图书销售中，少儿图书占了很小一块，而少儿图书的两个重要属性需要记录：一是适宜什么年龄段，二是是否是彩页。

而更好的设计是把“少儿图书”这一“图书”子类的特别属性独立为一个表，如表5-48（1）、表5-48（2）所示。

表 5-47　图书

图书 ID	ISBN	书　名	出版社	单价	当前销售折扣	起始年龄	截止年龄	彩页
1	7-115-08115-6	数据库系统概论	清华大学出版社	40.00	9			
2	7-115-08216-6	大学英语	人民邮电出版社	20.00	8			
3	7-302-09285-0	网页制作与设计	清华大学出版社	23.00	8			
5	7-5024-3117-9	计算机网络与应用基础	冶金工业出版社	16.00	8			
6	7-5045-3903-1	SQL Server 2008 标准教程	中国劳动社会保障出版社	35.00	7			
8	8-4066-2901-3	数据结构	科学出版社	29.00	9			
9	8-589-78969-5	高等数学	高等教育出版社	30.00	9			
10	8-689-06576-5	自动化原理	电子工业出版社	25.00	9			
12	2-111-0987-1	看图识字	少儿出版社	10.00	9	4	6	是
14	2-111-0972-2	哪咤传奇	少儿出版社	12.00	9	10	15	否

表 5-48　（1）图书

图书 ID	ISBN	书　　名	出版社	单价	当前销售折扣
1	7-115-08115-6	数据库系统概论	清华大学出版社	40.00	9
2	7-115-08216-6	大学英语	人民邮电出版社	20.00	8
3	7-302-09285-0	网页制作与设计	清华大学出版社	23.00	8
5	7-5024-3117-9	计算机网络与应用基础	冶金工业出版社	16.00	8
6	7-5045-3903-1	SQL Server 2008 标准教程	中国劳动社会保障出版社	35.00	7
8	8-4066-2901-3	数据结构	科学出版社	29.00	9
9	8-589-78969-5	高等数学	高等教育出版社	30.00	9
10	8-689-06576-5	自动化原理	电子工业出版社	25.00	9
12	2-111-0987-1	看图识字	少儿出版社	10.00	9
14	2-111-0972-2	哪咤传奇	少儿出版社	12.00	9

表 5-48 （2）少儿图书

图书 ID	起始年龄	截止年龄	彩　页
12	4	6	是
14	10	15	否

这时，少儿图书表便是一个子集表，两表的关系是：

图书表（图书 ID）一对一少儿图书表（图书 ID）

【练习 5-26】假如无涯书社想开展会员促销策略。会员分社会会员、学生会员、少儿会员，请分析下面所给出的信息，使用子集表的方法作出良好的设计。

社会会员（姓名，手机，联络固话，等级）

学生会员（姓名，手机，联络固话，等级，学生证号，所在学校，所学专业）

少儿会员（姓名，家长手机，家长联络固话，等级，家长姓名，少儿出生年月日）

5.5.7 联系的表示

在前面的章节我们已介绍了表间联系：一对一，一对多，多对多。有多种方法图示实体或对象间的联系，传统的有 ER 图，现在有 UML 之类。

1. ER 图

E 表示实体（Entity），R 表示联系（Relationship）。

实体使用矩形表示，矩形内写上实体名称。

菱形表示联系，菱形框内写上联系名。

椭圆形表示属性，椭圆形框内写上属性名。

连接线表示实体、联系与属性之间的所属关系或实体与联系之间相连的关系。

如图 5-6 所示，学生选修课程，一门课可被多个学生选，一个学生可选修多门课，实体学生和实体课程是多对多的联系。

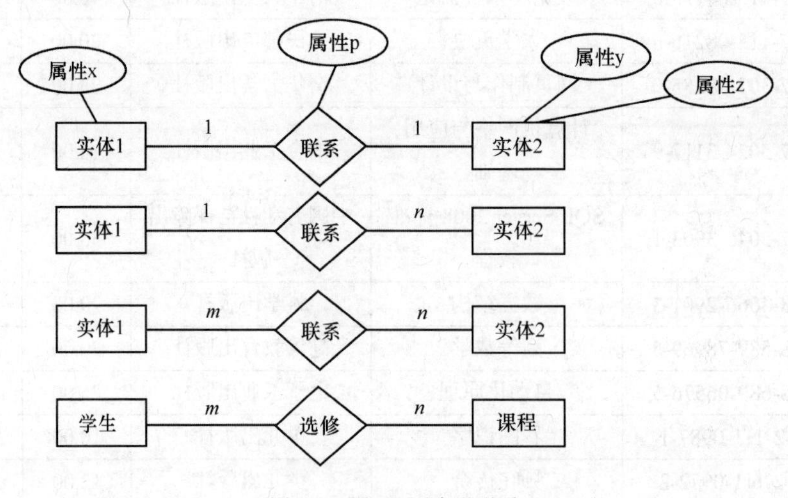

图 5-6 用 ER 图表示联系

如果每选修一门课要填一张选修单，把选修看做一种实体（有的书上看做联系型），作为联系学生实体和课程实体的桥梁，并与选修表对应，则如图 5-7 所示。

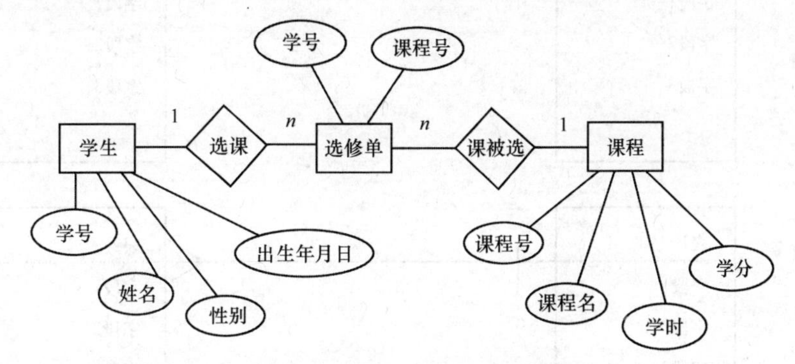

图 5-7（1） 学生选修课程 ER 图

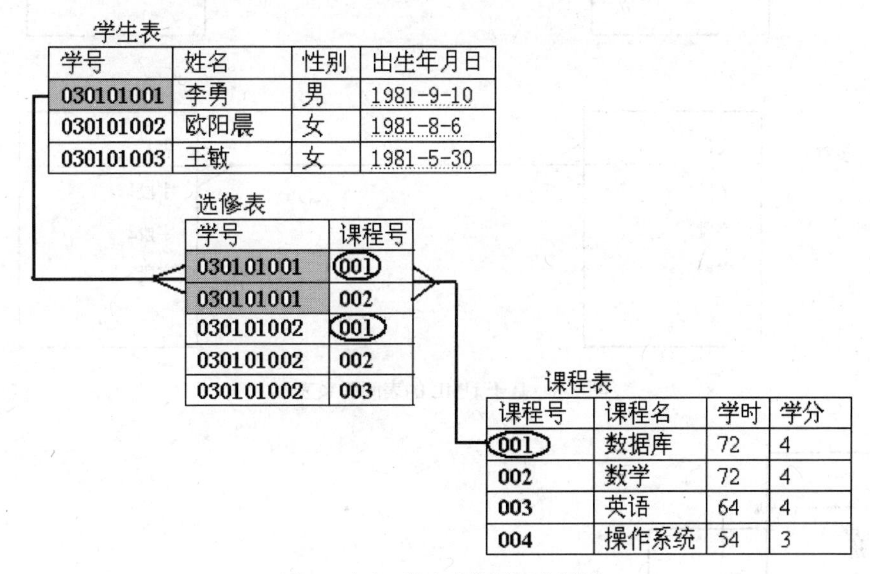

学生表

学号	姓名	性别	出生年月日
030101001	李勇	男	1981-9-10
030101002	欧阳晨	女	1981-8-6
030101003	王敏	女	1981-5-30

选修表

学号	课程号
030101001	001
030101001	002
030101002	001
030101002	002
030101002	003

课程表

课程号	课程名	学时	学分
001	数据库	72	4
002	数学	72	4
003	英语	64	4
004	操作系统	54	3

图 5-7（2） 学生选修课程实例图

2. UML 图

UML 是统一建模语言，最初是用来对象建模的，现在已作为形式化工具广泛地运用于各领域。下面介绍的便是一种基于 UML 的表间联系的表示方法。

如图 5-8 和图 5-9 所示，用一个矩形表示一个表，表名写在抬头，字段写在下面，中间用虚线分隔，主键和外键分别标注 PK 和 FK。

3. 自联系的 UML 图

在表 5-49 所示的员工表中，一个员工有一个直接上司，一个直接上司可能有多个下属。这里工号是主键，上司工号引用了工号，相当于外键。

自联系一般发生在这种情况下：A 和 B 同类，有共同的属性记录在同一个表，同时一个 A 和多个 B 发生联系。

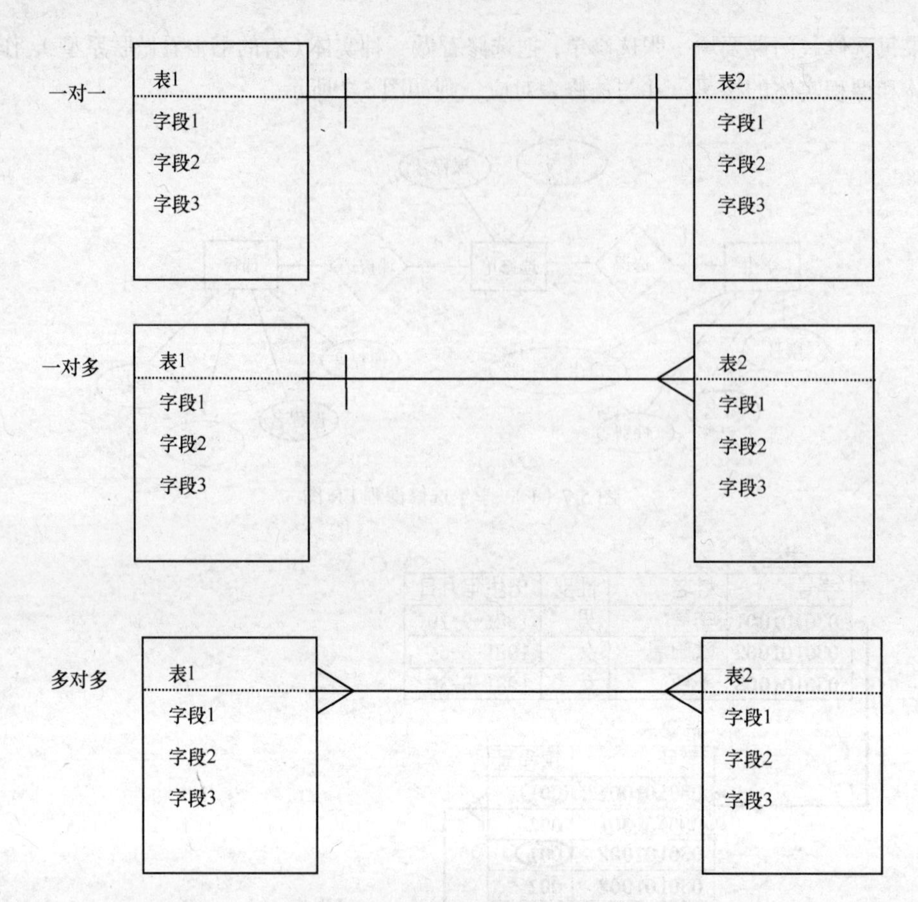

图 5-8　基于 UML 的表间联系表示

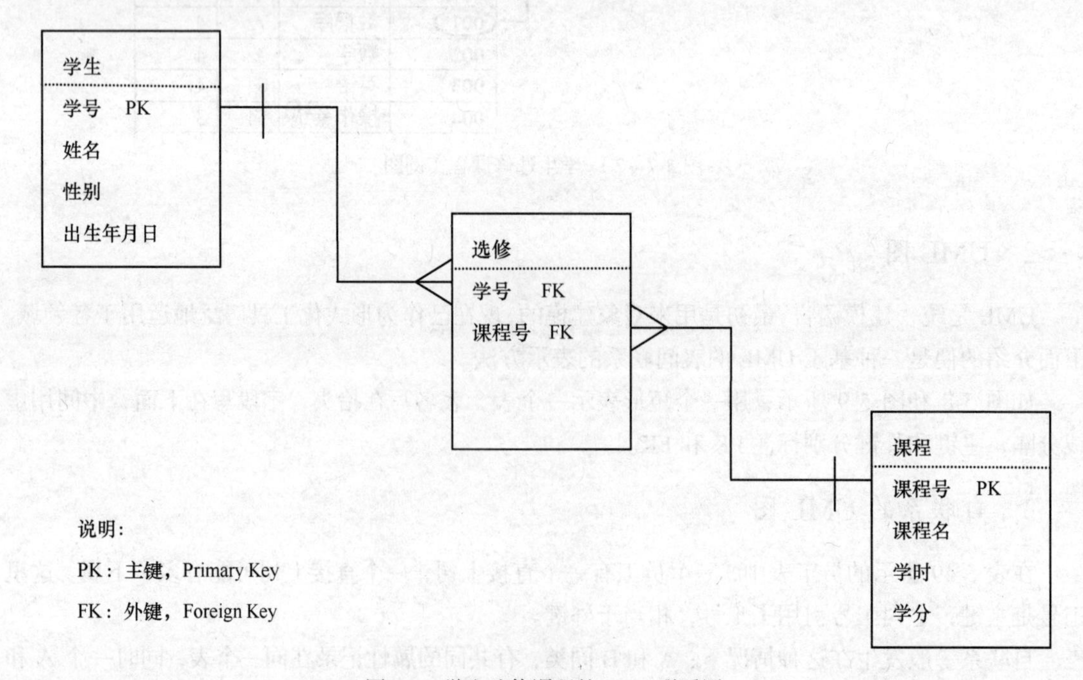

图 5-9　学生选修课程的 UML 联系图

表 5-49　员工

工　号	姓　名	…	上司工号
0101	张三		
0102	李四		0101
0103	王二麻子		0102
0201	王菲		0101
0202	容祖儿		0102

自联系的表示如图 5-10 所示。

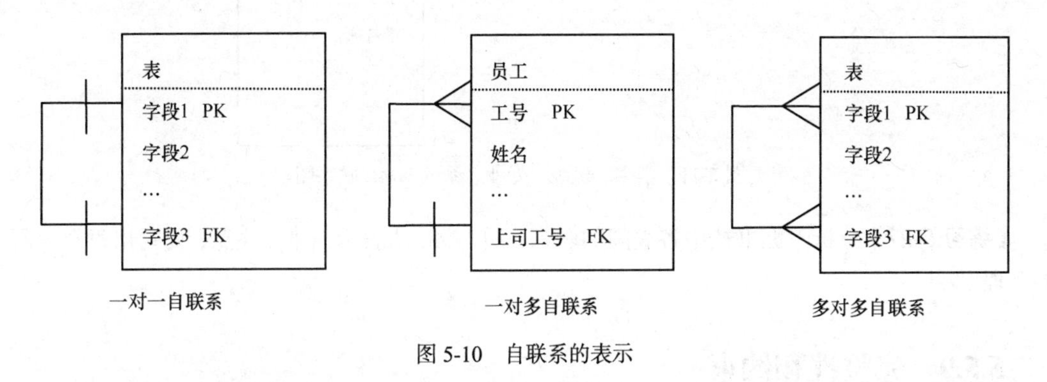

图 5-10　自联系的表示

5.5.8　识别联系

我们知道，联系是有方向的，A 表一对多 B 表，A 表一对一 B 表，常称 A 表为父表，B 表为子表。表之间到底有何联系呢？尽管有些书上介绍了一些形式化的识别联系的方法，如矩阵法，但作者认为并不实用。最好的方法是对现实的观察，有经验，有直觉，然后配以适当的分析即可。

例如，“学生选修课程”这样的主谓宾模式是容易识别联系的：主语代表一个主题，谓语代表一种事务，亦可作为一个主题，课程当然也代表一个主题；现实情况是，一个学生可选修多门课，一门课可被多个学生选修，是多对多，但加入事务表后，可化作两个一对多。

比较困难的识别在于多个看似平等的实体：学生，班级，系，专业。这一定要分析现实的情况：一个专业一般会有多个班，而一个班一般总是由同一专业和年级的学生组成的，而一个系有多个专业。因而有如图 5-11 所示的结果：

一个班有多个学生，一个学生属于一个班，班级对学生是一对多。

一个专业有多个班，一个班只能是一个专业，专业对班级是一对多。

一个系有多个专业，一个专业必属一个系，系对专业是一对多。

可以尝试使用下述步骤进行联系识别。

（1）把所有已识别的主题列出来。

（2）把所有明显的联系取出来。

（3）列出所有主谓宾模式的联系，如果有多对多，加上一个事务表变为两个多对多，正如在学生和课程中加上选修表。

（4）拓展已有的联系，把已识别的联系再联系起来，直至所有主题是连通的。

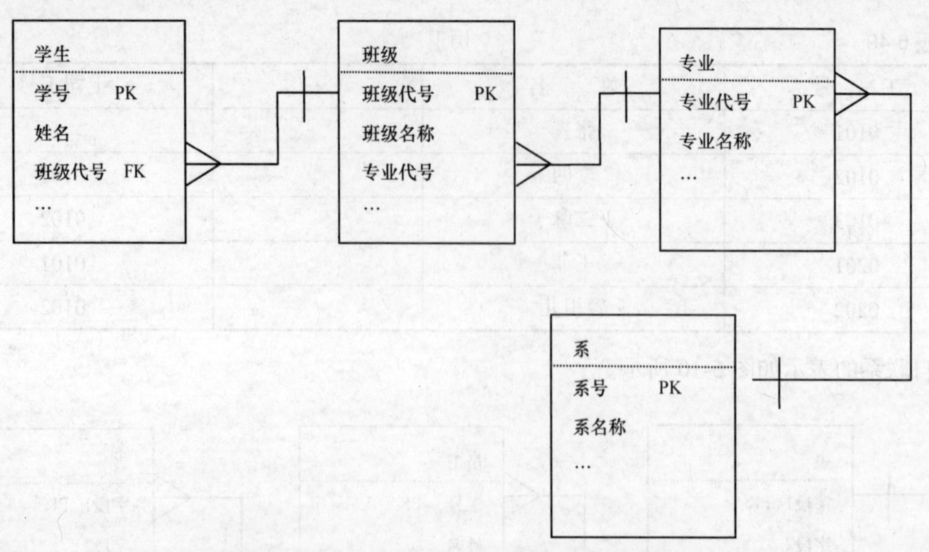

图 5-11　学生、班级、专业、系的 UML 联系图

【练习 5-27】分析无涯书社中各表间的联系，用 UML 法表示出来。注意，要写出每个表所有的字段。

5.5.9　完整性和约束

承接第 1 章所讲内容，我们进一步分析新设计的“学生选课与成绩管理”中各表的约束。对于约束的设计，可以输出类似这样的表作为约束说明，也可以和字段的说明合并，如表 5-50 所示。

表 5-50　约束的初步设计

表名	主键	外键	唯一	检查	其他
学生	学号	所在班级号		学号由 9 个数字的字符构成，性别只能是男或女	入学时年龄不超过 30 岁
课程	课程号		课程名		
教工	工号	职称代号，所属系部号			
班级	班号	专业代号	班名		
系部	系号		系名		
学期	学期代号				
选修	（学号，课程号）	学期代号			
任教	流水号	教师工号，课程号，学期代号			
职称	职称代号		名称		
专业	专业代号	所属系号	专业名称		

另有“非空”约束未在表 5-50 中列出。初步设计时，可让所有非主键的字段允许空，并且可把空约定为“未确定”。事实上，非空方面会考虑取值唯一的字段，用以计算的字段。例如，课程名、班名、系名、职称名称、专业名称等可规定非空，因为这些唯一的名称常常在工作中扮演重要的角色，在主键确定前便已经有了。而学分、成绩、课时费等是重要的基础数据，大量的统计计算基于它们，规定非空并赋予默认值可带来极大的便利并降低出错的几率。

设计约束时，请考虑以下几方面。

✓　首先使用了恰当的数据类型，使数据在类型上便得以约束。

✓　各表有恰当的主外键，把各个表联结起来。

✓　如果某字段的值域可以枚举，则使用枚举集，然后实施外键约束。

✓　大部分外键约束需要实施参照完整性。

✓　大部分外键约束需要实施级联更新，但大部分不应该实施级联删除。比如学生选修，学生表中的记录删除时固然应该删除他选修的信息，然而学生信息本来就不应该删除，即使他退学了，他的历史也应该予以保留。但是，一张进货单不需要时，可能保留的意义就不大了，予以删除时，可以同时把明细删除，因为从更高层次来看，单据及其明细本来就是一体的，因而单据表和单据明细表可实施级联删除。

✓　在字段上的约束都是明确而十分必要的。要分清责任：是操作人员的？程序的？还是数据库的？只有数据库负责的约束才写入数据库中。比如，保证课程名称的唯一性，这可以由数据库来负责，但保证成绩输入正确，则应该由操作员来负责，成绩是不是允许负数，则应该由程序来负责。

✓　约束越少性能越高，用户输入数据时感觉越好。

5.5.10　说明文档

可以把表说明及其结构描述、字段说明等整理成一篇标准的说明文档，并把其中的冗余信息去掉。其格式如下。

学生选课及成绩管理系统

库表设计

■　表描述、表结构及表级约束、字段及字段级约束说明

职称：辅助表，枚举所有职称。

名　称	类型和大小	值域	键	唯一性	空值	默认值	其他约束
职称代号	tinyint		主键				
名称	char(12)			唯一	非空		

职称的名称选用公认的称谓，如教授、副教授、讲师、助教、工程师等。

系部：基础表，枚举所有系部。

名　称	类型和大小	值　域	键	唯一性	空值	默认值	其他约束
系号	char(3)	3 位数字	主键				
系名	char(16)			唯一	非空		

专业：基础表，枚举所有专业。

名称	类型和大小	值域	键	唯一性	空值	默认值	其他约束
专业代号	smallint		主键				
专业名称	char(12)			唯一	非空		
学制	tinyint	2,3				3	
所属系号	char(3)		外键系部（系号）				

学制表达2年制或3年制之类的信息。

班级：基础表，列出所有班级。

名　称	类型和大小	值　域	键	唯一性	空值	默认值	其他约束
班号	char(6)		主键				
班名	char(12)			唯一	非空		
级	int	1998之后的年份					
专业代号	smallint		外键专业（专业代号）				

学生：基础表，列出学生的信息。

名称	类型和大小	值域	键	唯一性	空值	默认值	其他约束
学号	char(9)	9个数字	主键				
姓名	char(10)				非空		
出生年月日	datetime						
性别	char(2)	男，女				男	
Email	varchar(50)						
所在班级号	char(6)		外键班级（班号）				
入学时间	datetime						

课程：基础表，列出所有开出的课程。

名　称	类型和大小	值　域	键	唯一性	空值	默认值	其他约束
课程号	char(4)		主键				
课程名	varchar(30)			唯一	非空		
学时	decimal(4,1)				非空	0	
学分	decimal(4,1)				非空	0	

教工：基础表，列出所有的教工。

名　称	类型和大小	值域	键	唯一性	空　值	默认值	其他约束
工号	char(4)		主键				
姓名	char(10)				非空		
岗位	char(10)						
职称代号	tinyint		外键职称（职称代号）				
所属系部号	char(3)		外键系（系号）				

岗位由人事处提供，如处长、副处长、系主任、主讲教师等。

学期：基础表，为各个学期提供时间分界。

名　称	类型和大小	值域	键	唯一性	空值	默认值	其他约束
学期代号	smallint		主键				
起始日期	datetime				非空		
结束日期	datetime				非空		
所属学年	char(9)						

选修：事务表，记录学生选修课程的信息和成绩，以便管理学分等。

名　称	类型和大小	值域	键	唯一性	空值	默认值	其他约束
学号	char(9)		外键学生（学号）		非空		
课程号	char(4)		外键课程（课程号）				
平时成绩	decimal(4,1)				非空	0	
考试成绩	decimal(4,1)				非空	0	
学期代号	smallint		外键学期（学期代号）				

主键为（学号,课程号）。成绩只可记录数字型的成绩，如果要记录其他类型的成绩，可用负数约定，或重新设计本表。

任教：事务表，记录老师任教的信息，以便统计工作量等。

名　称	类型和大小	值域	键	唯一性	空值	默认值	其他约束
流水号	int identity(1,1)		主键				
教师工号	char(4)		外键教工（工号）				
课程号	char(4)		外键课程（课程号）				
课时费	smallmoney				非空	50	
学期代号	smallint		外键学期（学期代号）				

课时费的单位是元/节。

■　库级约束和业务规则说明。

（1）联结主外键，实施完整性约束。所有联系实施参照完整性和级联更新，但全部不实施级联删除。

（2）每个学期先初始化本学期的学期代号等数据，事务总是发生在某个学期内。

（3）学生入学时，不可超过 30 岁。

（4）及格成绩为 60 分。

（5）期末成绩=平时成绩×30%+考试成绩×70%。

■　核心功能实现思路。

（1）学生、教工等基础信息的录入、编辑、查询、打印。

使用 insert into、update、select 等查询配以编程即可实现。

（2）教师工作量统计。

使用 select sum（学时）from 任课和选修表内联 where…。

必要时和学期表联结起来计算各个学期的工作量。

（3）教师期末登分，期末分计算、及格率和优良率、缺考等计算；出登分表。

使用 insert、update 等查询进行登分。

select 期末成绩=平时成绩×0.3 + 考试成绩×0.7 from 选修可获得期末分列表，亦可在别处使用这一公式进行计算。

及格率=及格数/总数。及格数和总数皆可从选修表中用 select count(*) from 选修 where 课程号和学期组成的条件中找出，必要时还可用 group by 课程号一次性计算出来。优良率有类似的方法。

查本学期某门课的缺考：select 学生.学号，学生.姓名，课程.课程号，课程.课程名 from 学生、选修、学期、课程内联 where 选修.学期代号=某学期的学期代号 and 选修.课程号=某课程的课程号。

（4）向学生发送邮件，通知分数或补考。学生可在网上查分。

由第三方程序，使用 select…where 学生给出的条件检索数据即可。

（5）邮件通知学生补考。学生到财务处交费，然后上网登记补考。

由第三方程序通过查询获得数据并发送邮件。如果可能，与第三方财务软件连接。本系统数据库设计未能提供补考登记，补考的成绩登记亦未有较好的方案（在实训章节我们再讲解相关内容。）

（6）按学生统计课程学习情况：已修课程、总学分、需补考课程等。

联结学生、选修、课程，并按照 60 分为及格的业务规则，即可查出相关信息。

（7）很多报表是按班、年级、系来打印的。

显然，只需要查询时使用 group by 班级.班号，group by 班级.级，group by 系.系号，group by 专业.专业代号，即可分出班、年级、系和专业。

5.5.11　良构标准和过程

如果一个数据库的设计符合应用需求，能够利用数据库管理系统便利地实现各种功能，各表和字段符合规范，查询设计方便，性能足够好，我们便说库表是良构的。良构之下的表和字段设计标准，可对照理想表和理想字段的标准。

1. 理想表

- ✓ 它代表单个主题。确保主题明确，可以减少大多数的设计问题。代表单个主题，也就不知不觉符合了第二范式和第三范式。
- ✓ 它有一个主键。主键唯一地标识了每一条记录，并且在建立表间联系时起关键作用。
- ✓ 它不包含多成分或多值字段或计算字段，符合第一范式。
- ✓ 它不包含不必要的重复字段。
- ✓ 它仅包含绝对最小数量的冗余数据。关系数据库永远不会完全没有冗余数据，但应尽量使之最少。

2. 理想字段

- ✓ 它代表了表主题的显著特征。表代表了一个特定的主题，可能是事物或事件。理想字段就代表了那个事物或事件的显著特征。
- ✓ 针对需求，它只包含单个值，不是多值字段。
- ✓ 针对需求，它不需要被拆分成更小的单位，它不是多成分之段。
- ✓ 它不是计算字段。
- ✓ 除了用于表间连接，否则，它在整个数据库中是唯一的。
- ✓ 当它出现在多个表中时，它的数据类型保持不变，而值域在作为主键时是最大的。

3. 过程

一个良好的逻辑设计过程是如下。

（1）与客户沟通，分析单据、报表、需求，获得主题和字段信息。

（2）在识别主题的时候，把识别到的特征记下来，如果该特征明确地属于某主题，则直接归于该主题；如果不能明确归属，则可先记录，留待下阶段再做推敲。

（3）归属到各个主题。如有必要，还得增删上一步所确认的主题。

（4）对各表，对照理想表标准。

（5）对各字段，对照理想字段标准。

（6）各表间有恰当的联系，通过联系，各表是连通的，即任意两个表，通过连接线可以相通。

（7）针对库，设计恰当的库级规则。

（8）针对表，设计恰当的表级规则。

（9）针对各表的字段，设计恰当的字段级规则，填写好字段说明。

（10）检查设计是否满足客户需求。

（11）撰写完整的库表设计说明。

【练习 5-28】写出无涯书社图书进销存的逻辑设计文档。

5.6 物理实现

根据逻辑设计的结果，在选定的数据库平台上创建库表、视图、触发器、各约束条件、表间联系等，并输入一些测试数据，用 SQL 检查核心功能实现的可行性和正确性。

在第 1 章，我们已在 SQL Server Management Studio 内实现了主外键约束、检查约束等简单的约束。SQL Server 2008 提供了 5 类基本的约束机制，这些约束机制可在 SQL Server Management Studio 中实现，亦可使用 T-SQL 实现。为了实施在逻辑阶段定义的约束，如表 5-51 所示，可使用 SQL Server 2008 提供的各种机制。

表 5-51　　SQL Server 2008 实施约束的机制

完整性约束	SQL Server2000 提供的机制
实体完整性	索引、UNIQUE 约束、PRIMARY KEY 约束或 IDENTITY 属性
域完整性	限制类型（通过数据类型）、格式（通过 CHECK 约束和规则）或可能值的范围（通过 FOREIGN KEY 约束、CHECK 约束、DEFAULT 定义、NOT NULL 定义和规则）
引用完整性	外键约束，并在必要时实施级联更新和级联删除
用户定义完整性	列级和表级 CHECK 约束、存储过程、触发器

可按下列步骤物理实现约束。

（1）用 SQL Server Management Studio 或 SQL 创建库，注意指定数据和日志文件。

（2）用 SQL Server Management Studio 或 SQL 创建表，注意表级的 check 约束，注意每个字段的类型和大小、每个字段的属性（entity 标识、默认值）、check 约束、唯一值约束等，应该对照说明文档，确保每一项必要的约束都已实施。如果用 SQL 创建表，除了可以直接指定主外键约束外，还可以直接指定级联更新与级联删除。如果在 SQL Server Management Studio 中创建表，则可创建关系图，在关系图内实施参照完整性，根据逻辑设计，实施必要的级联更新和级联删除。事实上，亦可直接在关系图中创建表。

（3）对于复杂的业务规则，可通过视图、存储过程、自定义函数、触发器等来实现。

（4）随时可以修改各种约束。但要注意，修改时，已有的数据可能不符合新增的约束条款。

如果对 SQL 比较熟悉，最好直接使用 SQL 实现。但无论使用哪种方法，最后都应该写出完整的库表生成 SQL。这样，随时随地都可以创建数据库，为系统开发带来极大的便利。

输出关系图、SQL 脚本等文档说明如下。

表间关系在逻辑设计时便已确定，可用设计工具设计。但对于中小型数据库应用，可以直接在做物理实现时使用数据库管理系统提供的工具取得关系图。

至于生成库表的 SQL 脚本，可用图形界面工具生成库表，然后由工具自动生成 SQL。也可以手工书写简洁的 SQL，在试用改定后作为文档。

关系图

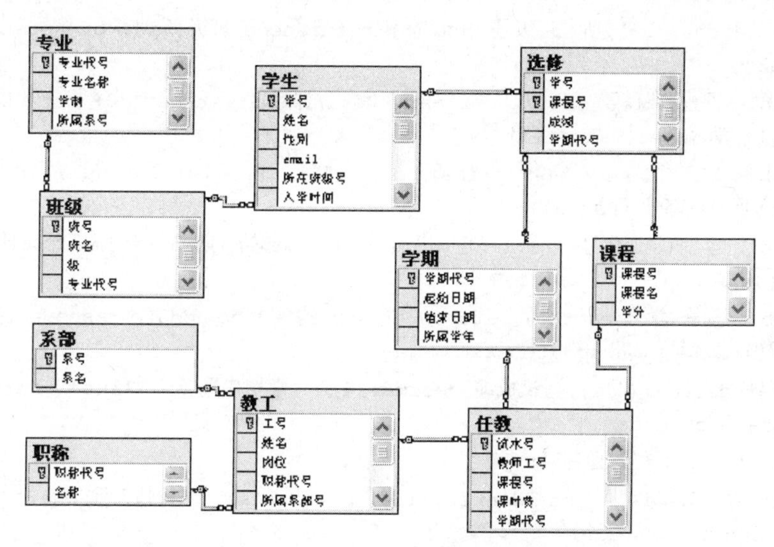

所有联系全部实施参照完整性和级联更新，但全部不实施级联删除。

库表生成的 SQL 脚本。

```
use master
--可预先侦测数据库是否存在,是则删除
if exists(select * from master..sysdatabases where name=N'学生选课与成绩管理')
 drop database 学生选课与成绩管理
go
create database 学生选课与成绩管理
on
primary
(
  name=ChooseData,
--注意,要改为自己机器上的可用目录
  filename='d:\LearningRDB\ChooseData.mdf'
)
log on
(
  name=ChooseLog,
--注意,要改为自己机器上的可用目录
  filename='d:\LearningRDB\ChooseLog.ldf'
)
go
```

```
use 学生选课与成绩管理
go
create table 职称(职称代号 tinyint primary key,名称 char(12) not null unique )
create table 系部(系号 char(3) primary key ,系名 char(16) not null unique)
create table 专业(专业代号 smallint primary key ,专业名称 char(12) not null unique ,
    学制 tinyint default 3 check(学制=2 or 学制=3),所属系号 char(3) references 系部(系号) on update cascade)
create table 班级(班号 char(6) primary key ,班名 varchar(20) not null unique,级 int,
    专业代号 smallint references 专业(专业代号) on update cascade)
create table 学生(学号 char(9) primary key ,姓名 char(10),出生年月日 datetime,性别 char(2) default '男' check(性别 in ('男','女')),
    Email varchar(50),所在班级号 char(6) references 班级(班号) on update cascade,入学时间 datetime)
create table 课程(课程号 char(4) primary key ,课程名 varchar(30) not null unique,学时 decimal(4,1),学分 decimal(4,1))
create table 教工(工号 char(4) primary key ,姓名 char(10) not null,岗位 char(10),职称代号 tinyint,所属系部号 char(3))
create table 学期(学期代号 smallint primary key ,起始日期 datetime,结束日期 datetime,所属学年 char(9) )
create table 选修(学号 char(9) references 学生(学号) on update cascade,课程号 char(4) references 课程(课程号) on update cascade,
    平时成绩 decimal(4,1),考试成绩 decimal(4,1),学期代号 smallint references 学期(学期代号) on update cascade
    primary key (学号,课程号))
create table 任教(流水号 int identity(1,1) primary key , 教师工号 char(4) references 教工(工号) on update cascade,
    课程号 char(4) references 课程(课程号) on update cascade,课时费 smallmoney,学期代号 smallint references 学期(学期代号)on update cascade)
```

【练习 5-29】为无涯书社图书进销存做物理实现，做一 Word 文档，包括关系图和生成库表的 SQL 脚本。

5.7 优化重构

需求分析、逻辑设计、物理实现都做完了，检查设计，逐一对照目前现实的需求和将来可能的需求，尽力找出其中的不足进行修正。

其实数据库设计的每一个阶段，可以说都是一个逐步求精的过程，都需要优化重构。越是经验不足的人，回头路走得越多。如果你初学数据库，则面对种种不佳的设计后果，应保持良好的心态，不厌其烦地修改设计，甚至在必要的时候推倒重来。

重构有时是为了需求正确地实现，有时则是为了更好的性能。一个快速检查数据库设计性能满不满足需求的方法是压力测试。

（1）根据设计目标，用 SQL 向数据库内各表输入足够多的数据，特别关注事务表。

比如，学生选课与成绩管理系统中，目标是学生数据保留 6 年（在校期 3 年，毕业后 3 年），现在和可以预见的未来，每年招生 5000 人以下，每个选课最多不超过 40 门，教工人数不超过 3000

人，专业不超过 300 个，班级不超过 300 个……于是，输入学生表 30000 条记录，选课表 1200000 条记录，教工表 3000 条记录……

注意初始化数据时的顺序，应该先做辅助表，然后做基础表，最后做事务表。总之，被引用的表要先做。

（2）用 SQL 实现学生表的插入/修改/查询、选课表的插入/修改/查询，重点关注大型的常用查询，评估其性能。

比如，学生选课与成绩管理系统中，关注“上一学期各班各人各科的成绩”这样经常用的大型查询，设计然后执行，查看性能可否接受。

另外，模拟新生到校，集中输入新生数据；模拟考试结束，教工输入学生成绩……这些都是必须关注的重点。

（3）模拟同时在线的并发查询，评估性能可否接受。

比如，用计算机程序，模拟 15000 个在校生的 30%，也就是 4500 个学生同时在线查询成绩。模拟时应注意，同时在线并非同一时刻运行。可这样做：每个学生 30min 内完成查询，在此 30min 内，理想的情况是 4500 个学生均匀地提交查询指令，不理想的情况是 4500 个学生几乎都在同一秒内提交查询指令。

评价软件的性能是一件复杂的事，它受到用户的数量、用户的忍受度、软件的使用状况等各种随机情况的影响。对于中小型非企业级的软件，并不需要太过复杂和严格的测试。

（4）如果性能不可接受，则应找出瓶颈所在，有针对地解决。可考虑以下几个方面。

① 进行数据库优化：提升硬件的 CPU/内存/硬盘等；把数据库文件分置在可并行的存储设备；根据查询需要增设索引；优化网络……

② 结转历史数据：按时间段给数据分类，把不常用的历史性的数据转到别处。例如，在数据库内，另设“历史学生”、“历史选课”等表，在学生毕业后，把其所有的数据转入其中，日常操作的，只是当前在校的学生。

③ 表重构：检查表的设计是否妥当，字段、联系、约束等是否妥当。

④ 必要的冗余，通过空间换时间，以提高性能。

注意，大多数教科书为了讲解的便利，在数据库设计上是很有可能有问题的。比如，本书学生表中，以“学号”做主键也许就不是什么好的选择。因为“学号”是一个很长的字符型字段，性能较差。实际可用的系统可能会这样设计：另设一个字段：学生内部号 bigint identity(1,1) 作为主键字段，设计聚集索引，让其他表引用它，而“学号”则只是作唯一性约束。

【练习 5-30】按如下步骤简单地测试无涯书社图书进销存的数据库设计。

（1）打开 SQL Server Management Studio，设置当前使用的数据库为“无涯书社图书进销存”，新建查询，执行以下命令：

```
Set statistics time on
```

（2）用 insert into 向销售表插入一条记录，记下消耗的时间。

（3）输入 15 个供应商，1 万种图书，3 万张进货单据和 60 万条进货明细记录，100 万条销售记录。

（4）再用 insert into 向销售表插入一条记录，与（1）对比消耗的时间。

（5）与“学号”类似，你认为你的设计中，哪些主键设计可能不是很恰当？

5.8 应对复杂性

真实可用的系统是复杂的，复杂性主要体现在两个方面，一是事物结构的复杂性，比如学生成绩管理中，学生成绩除了百分制外，还有五级等第制等；二是事物发展变化的复杂性，比如学生退学、免修、重考、重修。更复杂的是管理政策或流程的变革，比如 2006 年以前不及格的补考即可，2006 年以后却规定需要重修重考。政策和流程的变革，有时可能需要整个软件系统重构。当然，有一些复杂性可能包含多个方面的性质。

由于事物的千变万化，似乎很难给出一种统一的方法来处理，下面给出几个实例供读者参考。

1. 多种分制并存

假如在成绩管理中，百分制，优秀、良好、中、及格、不及格五级等第制并存，如何处理?

方法一：

在选修表中加上一个字段“总评成绩”，类型是 char(10)。百分制依本书前述方法处理，五级等第制则只填总评成绩。

如果百分制也想填充“总评成绩”，可按一般公式计算生成：总评成绩 = 平时成绩 × 0.3 + 考试成绩 × 0.7。

更周到的做法是：由用户给出计算总评成绩的表达式，然后程序负责处理。

统计成绩的数据时，在程序中对各种分制加以区分处理。

优点：简单明了。

缺点：弹性稍差；需要程序参与。

方法二：

（1）增设一个制式表：制式(<u>制式 ID</u> tinyint，制式名称 char(10)，优秀线 decimal(4,1)，良好线 decimal(4,1)，中线 decimal(4,1)，及格线 decimal(4,1))，如表 5-52 所示。

表 5-52 制式

制式 ID	制式名称	优秀线	良好线	中 线	及格线
1	百分制	90	80	70	60
2	五级等第制	−1	−2	−3	−4

（2）课程表中加上字段“制式 ID”

（3）选修表也加上字段“制式 ID”。这样，当一门课程的分制改变时，并不影响这门课以前的成绩。对于五级等第制，优秀的为-1，良好为-2，中为-3，及格为-4，不及格为-5。此时寻找不及格的学生可以参考如下 SQL：

```
select * from 学生、选修、制式内联 where 成绩<及格线
```

优点：比方法一更具弹性，性能亦更佳。

缺点：显示时需要把数字变换成对应的名称，如“-1”转为“优秀”。

2. 重修重考处理

以前，不及格需补考，现在，很多学校规定要重修重考。无论哪种情况，都牵涉一门课多个

成绩的记录，此时，显然选修表中一个学生一门课对应一条记录是不够的。怎么办？

一种想法是，取消（学号，课程号）的唯一性，让学生可以多次选修一门课，同时加上一个标志字段“性质”，取值为“正考”、“重修”、“补考”等，让（学号，课程号，性质）保持唯一，设其为主键。注意，为了更佳的性能，可为学生表加上字段：学生内部号 bigint identity(1,1)，为课程表加上字段：课程内部号 int identity(1,1)，为性质建立表：性质（性质代号 tinyint，性质名称），然后在选修表中，以（学生内部号，课程内部号，性质代号）为主键。

3. 大数据表处理

对于记录事务数据的表，很多时候数据量很大，最终影响性能。比如，选课表，读富职业技术学院 2 万人，每人每学期选课 10 门，则每学期 20 万条记录，一年 40 万，三年后是 120 万条记录；图书馆借阅图书，每天 3000 条借还记录，一个月约 10 万条记录，三年 300 万条；一个大型超市，每天销售商品 50 万项，收银记录 50 万条，一个月 150 万条，一年 1500 万条。

这些表都有一个共同的特点：数据增量巨大；以前的数据（所谓历史数据）只需查询，修改和删除都是极少甚至没有的。

SQL Server 2008 提供了一种叫“分区表”的技术来处理这种情况下的大数据表，即把数据按某个特定的字段的值分界，分成若干段，各段可以对应不同的物理文件组。

比如，对于大专院校的选课记录表，9 年之前的全部合并为一个段，9 年之内的，每 3 年一个段。如果当前为 2011 年，则分界值是 20030101,20060101,20090101。

又比如，对于图书馆的借还记录，可以一年存一个段，一年前的存为一个段；对于大型超市的收银记录，可以一月存一个段，一年前的存一个段。

详情可参阅相关资料，或在百度搜索关键字“SQL SERVER 分区表”。

5.9 小结

本章面向设计实务，介绍了数据依赖和三大范式、联系的表示、数据库设计的方法和原则，并就应对复杂性给出了实例。要真正学会数据库设计，还需更多的实战经验和对具体数据库平台的了解。

第6章 课程设计选题

本章重点

本章提供了一些课程设计或实训可用的选题。重点在于综合运用前面各章所学的知识和技能，解决较为完整或复杂的实际应用项目。

本章难点

运用SQL解决各种实际问题；实现真实可用的数据库设计。

教学建议

视学生情况和时间，选用一个项目或多个。或者基本要求做一个，而对优秀的则要求多一个，其中第二节的BOM也许是这“多一个”比较好的选项。

课程设计的目标在于综合运用前面各章的知识技能，进一步深入理解所学的数据库基础知识、SQL、存储过程、触发器、事务和数据库设计等，从而获得设计真实可用的完整的数据库系统的能力。

我们的重点在于数据库设计而不是编程。我们认为编程应该和具体的语言相结合，而这里完成的是数据库设计，是约束、存储过程、触发器、功能实现的思路和关键的SQL，至于完整的业务逻辑的实现，应由程序设计课程去完成。

在数据库设计完成后，如果想做完整的开发，可以参考相关的书籍。读者可以选择以下方法。

（1）用Access作为前端，SQL Server作为后端，做Client/Server架构下的开发，主要面向基于局域高速网络的应用。使用Access可极大地提升开发效率，使用SQL Server则可保证数据的安全和响应的性能。

（2）以SQL Server作为后端，以微软技术架构服务器，使用ASP.Net进行开发，主要面向广域网络的应用，如网上售书系统。

（3）基于.Net框架，以VB.Net为主打语言，开发基于互联网络的、Client/Server架构下的分布式应用，如连锁超市管理系统、物流管理系统、以呼叫中心为核心的同城多点业务管理等。

（4）采用 Java 平台构建 Browser/Server 架构下的应用。

当然，还可以把我们的设计应用到任何数据库系统，无论是哪个操作系统，哪家公司的产品，都是可以的。我们的焦点是数据库设计，而不是程序设计。

6.1 气站液化气销量统计

某气站想从手工改用计算机统计销量。该气站的情况如下。

（1）有批发商使用槽车进货，按吨计算。

（2）有终端销售商以瓶来充气，目前有 15kg 和 5kg 两种规格，不久还会增加新的规格。

（3）目前每天手工记录的数据如表 6-1 所示。

（4）所需报表如表 6-2 所示。

（5）核心需求是：

① 记录每天的销售数据；

② 统计每天销售的吨数、各种规格的瓶的数量、总金额；

③ 统计某个时间段内销售的吨数、各种规格的瓶的数量、总金额；

④ 统计某个客户某个时间段内进货的吨数、各种规格的瓶的数量、总金额；

⑤ 出月结报表；

⑥ 每天大致有 100 条出货记录。

表 6-1　　2006 年 6 月 3 日出货表

客　　户	数　　量	单价（元）	金额（元）
禅城九丰	25 吨	3000	75000
龙江阿标	30 个 15kg 瓶	70	2100
大良龙的	40 个 5kg 瓶	25	1000

表 6-2　　2006 年 6 月月结报表

客　　户	数量（吨）	金额（元）
禅城九丰	1000	¥3,000,000.00
龙江阿标	100	¥300,000.00
龙江阿标	50	¥150,000.00
合　　计	1150	¥3,450,000.00

请按第 5 章的方法进行逻辑设计和物理实施，最后进行测试并做必要的优化重构。请写出相关的文档。

6.2 BOM 初步——物料需求计算

BOM（Bill of Material，材料清单）是计算物料需求的依据，是 MRPII、ERP 等企业管理系统有效运作的基础，因而，科学精确地构建 BOM 数据库就显得尤为重要。而 BOM 数据库设计的核心，在于如何记录产品和零件的构成。

华宝电器公司是一家生产热水器、电饭煲等小家电的中小型公司，它的产品 A 的组成如图 6-1 所示。

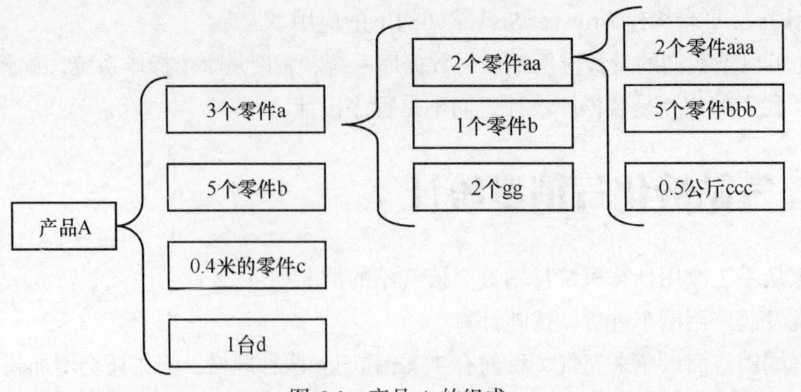

图6-1　产品A的组成

其中成本如表6-3所示。

表6-3　产品A的成本

零件编号	零件名称	单　位	成　本
301	aaa	个	10.00
302	bbb	个	2.00
303	ccc	kg	100.00
201	gg	个	20.00
101	b	个	0.50
102	c	米	200.00
103	d	台	1000.00

零件aa和a则由采购回来的零件组装。

核心需求如下。

（1）制订生产计划。比如，生产500台A，需要采购各种零件的数量和所需的金额。每次计划生产出来的产品，零件构成和成本是一样的，具有同一个批次号。

（2）快速计算成本。当某个零件采购价发生变化时，迅速计算产品的物料成本。

（3）一种产品由多少层零件构成是不确定的，并且可能在某个时候发生变化。

（4）零件的价格经常变化。但是即使目前零件的价格发生了变化，依然要查出以前各个批次的产品的零件构成、价格和产品的物料成本。

（5）快速查阅每个批次产品的物料成本。

请完成以下设计。

（1）设计库表，记录产品与零件的构成等信息。

（2）设计必要的视图和存储过程，以满足应用需求。

（3）写出核心功能实现的思路和关键的SQL。

（4）输出相关的文档。

6.3 影碟出租管理

某影碟出租店实施计算机管理，其核心需求如下。

（1）影碟管理。影碟的购入、注销等。影碟有各种类型：录像带（Tape）、VCD、DVD、LD 等。

（2）会员管理。会员卡的发放、注销、挂失等。会员分多种等级，每种等级所交的按金（预收费）不同，租碟时享受不同的价格。

（3）除了会员外，还有散客来租碟。

（4）出租。所租碟按一天的租金计算，总额不能超出所剩的按金余额。对于随机而来的散客，除了租价最高外，还需收以 50 元为单位，不低于进货价的押金，比如一张正版 DVD 60 元购入，则收取 100 元押金。

（5）归还。计算并记录租金。计算并显示预交费余额，少于 30 元时提醒客户续费。查出该客户喜欢什么类型（美国大片、港产片；言情片、警匪片、魔幻片；陈龙，李连杰……），以便店员进行推介。

（6）店员换班交接。计算机需计算出每个班次所收款项（开卡收费、租金、散客押金），以便店员换班时对照交接。

（7）查询统计。

① 按名称、明星、媒介类型等查找影碟，显示是否借出、被谁借去的信息。

② 按卡号查找会员信息，显示预交费用的余额。

③ 按卡号查找会员所借影碟信息。

④ 查出某会员未还的影碟信息。

⑤ 统计某会员一共消费的金额。

⑥ 列出租了 3 天还未还的影碟及其会员。

⑦ 列出某个会员某个时间段内的租、还、所交租金的清单，以便对账。

⑧ 列出每张碟所带来的毛利。

⑨ 列出本月租碟最多的 20 个会员，租碟最少的 30 个会员。

⑩ 计算还没有消费的预交费总额。

⑪ 统计每天/每月/某时间段内的开卡收入和租金收入。

6.4 图书借阅管理

某校图书馆实行计算机管理，其核心需求如下。

（1）图书管理。图书信息的维护，图书的入库、注销等。注销的原因可能是作废、读者丢失赔偿等。

（2）读者管理。借书证发放、回收等，读者必要信息的维护。

（3）借出。不同的读者所能借阅的数量不同。当有超期未还的书时，不能再借。

（4）归还。超期需罚款。

（5）预约。当书已被其他人借出，则可预约登记，该书归还时预约人得到通知，通知发出后该书为预约读者保留 3 天。

（6）续借。每本书可在所限借期的最后一周续借。

（7）图书检索。按书名、作者、出版社、主题词等查找，并显示图书当前的状况（在库、借出、注销）。

（8）其他查询统计：

① 根据编号查阅图书的状况；

② 根据图书编号查出该书目前被谁借去；

③ 根据借书证号查出读者所借图书；

④ 查出所有超期未还的图书，并按读者分类；

⑤ 查出最近一周即将超期的借出的图书，并按读者分类；

⑥ 时段内罚款总额的计算；

⑦ 入库半年从未借出过的图书列表；

⑧ 列出最近一年借书本次最多的读者。

请完成以下设计。

（1）设计库表。

（2）设计必要的视图和存储过程，以满足应用需求。

（3）写出核心功能实现的思路和关键的SQL。

（4）输出相关的文档。

6.5 网上图书销售管理

无涯书社实现网上售书，想开展以下业务。

（1）会员服务：会员可注册，登记相关信息。会员登录；会员注销。

（2）图书查找：可按书名、作者等图书相关信息查找该书。

（3）目录收藏：对于自己关注的图书可收藏，以便随时调阅。

（4）订单管理：会员可下订单，亦可在图书未被发出前取消订单。

（5）缺书登记：可登记会员的缺书信息。

（6）图书评论：会员可对图书加以评论，并且可以评分。

（7）部分阅读：会员可取得提要、目录等。对于一些书，还可阅读到前面的第1章、第2章或更多的章节。

（8）进货管理：一批书进来后，向登记缺书的会员发送到货信息。

（9）送书服务：同城直送，其他地方邮寄。

（10）查询统计：

① 按某段时间的销售额给图书排名；

② 按某段时间的销售数量给图书排名；

③ 当前畅销书排行榜前10名；

④ 下单一周还未收到汇款的会员及其单号；

⑤ 某段时间各书销售数量和金额合计，以及销售的总金额合计；

⑥ 按某段时间被浏览的次数为图书排名；

⑦ 统计一本书的平均评分；

⑧ 查找购买某本书的会员，同时还购买了哪些书。

请完成以下设计。

（1）设计库表。

（2）设计必要的视图和存储过程，以满足应用需求。

（3）写出核心功能实现的思路和关键的SQL。

（4）输出相关的文档。

附录 A　Access 2007 操作入门

Microsoft Office Access 2007 是 Office 2007 办公软件的一个重要组成部分，它可以用于开发简单的数据库应用。Access 是前后端合一的小型数据库系统，常常用于办公数据处理。在互联网时代，也是很多小型网站的首选。

（1）安装好 Office 2007 后，执行“开始”菜单→“程序”→“Microsoft Office”→“Access 2007”命令，启动 Access 2007，其主界面如图 A1 所示。

图 A1　Access 2007 主界面

（2）单击主界面中的“空白数据库”按钮，右侧出现修改数据库文件名和存储路径的对话框，如图 A2 所示。修改好后，单击“创建”按钮，就创建了一个空白的数据库。注意，Access 数据库在磁盘上以一个文件的形式存在。

（3）切换到“创建”选项卡，单击“表”按钮，创建一个新表，如图 A3 所示。

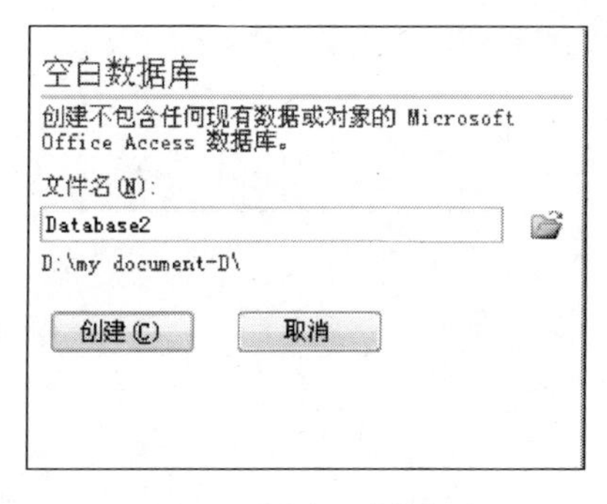

图 A2　创建空白数据库

图 A3　创建新表

（4）切换到“数据表”选项卡，单击“视图”→“设计视图”命令，弹出“保存表”对话框，输入表名称，单击“确定”按钮，即可保存新表。

（5）在设计视图中可以输入表中各字段的名称和数据类型，如图 A4 所示。单击“视图”→“数据表视图”命令，在弹出的对话框中单击保存表，如图 A5 所示。

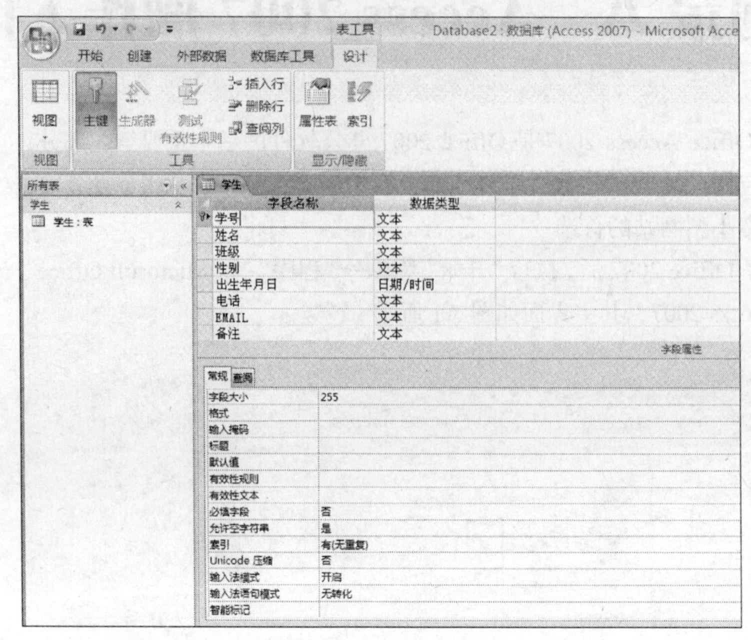

图 A4　设计表

（6）切换到“数据表视图”后，即可在表中直接输入数据。

（7）切换到“创建”选项卡，单击“其他”组中的“查询设计”命令，弹出查询设计窗口和“显示表”对话框，可以选择要查询的表以及表中的字段，如图 A6 所示。

图 A5　保存表

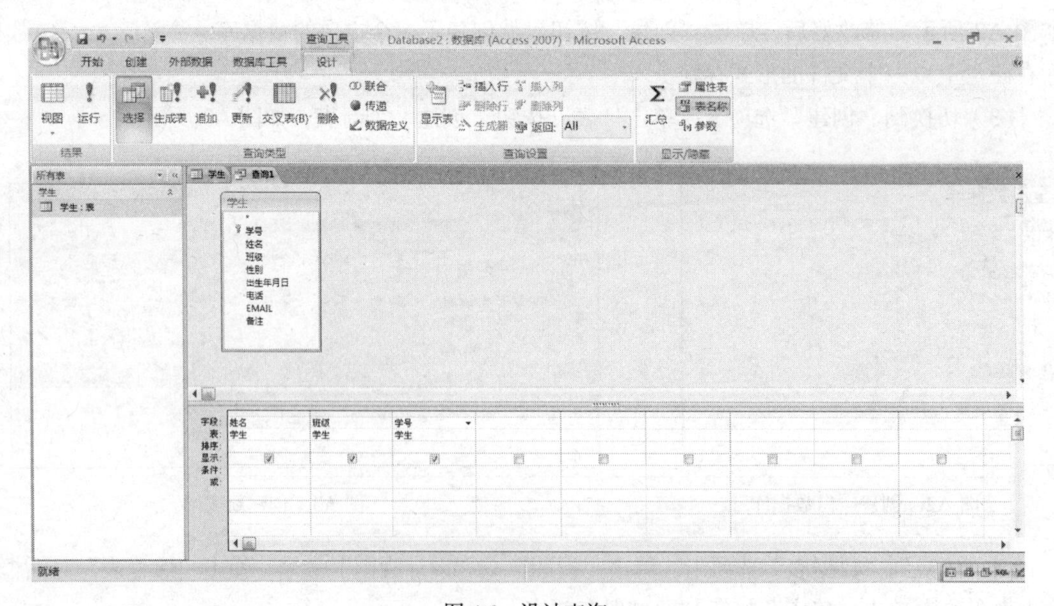

图 A6　设计查询

（8）切换到“视图”选项卡，单击“数据表视图”，则可以查看查询的结果，如图 A7 所示。

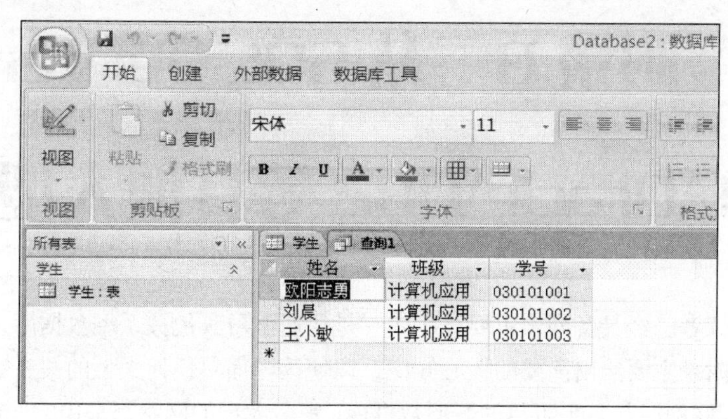

图 A7　查询执行结果

关于 Access 2007 的更多知识，读者可以查阅其他书籍或 Access 帮助文档。图 A8 所示为 Access 2007 帮助文档的界面图。

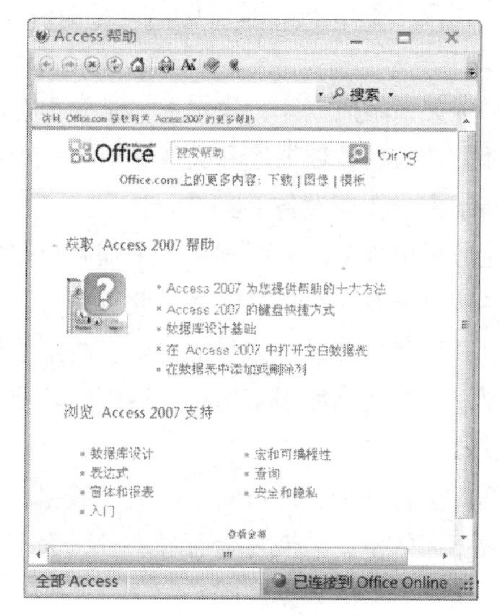

图 A8　Access 2007 帮助文档的界面图

附录 B　从 SQL Server 到 MySQL\Oracle\DB2 等其他大型数据库

学完本书，读者已经具备两项重要技术，一是快速学习其他关系型数据库，二是独立开发小型应用系统。本附录主要给出简要的核心知识，以使读者面对任何大型的关系数据库系统。

MySQL 是互联网时代炙手可热的开源数据库，很多大型的网站都采用它。流行的所谓 LAMP（Linux + Apache + MySQL + PHP）架构，M 正是指 MySQL。Oracle 和 DB2 则更受大型商用系统的青睐。还有其他一些数据库系统，在此不再一一赘述。

无论哪一种关系型数据库，请记住以下几点。

（1）标准 SQL。数据库大多支持标准的 SQL。所以，本书所介绍的 SQL，是 SQL 的核心，基本上都可以用到其他数据库中。

（2）关系型数据结构。每个关系型数据库，逻辑上，是库中有表，表间通过主键和外键相联系，数据则记录在表中；物理上，大多数数据库和文件对应，一个数据库对应一个或多个文件，同一个文件甚至可以分布存储于多个物理设备上。

（3）约束和索引。约束让数据更规范。索引则常用来提高数据检索的速度。

（4）超级账号。数据库系统总是有一个超级账号，此身份可以对数据库做任何事情。

要对数据库操作，必须以某个账号登录。账号的权限，决定了你可以做什么。

（5）前端管理，后端引擎。一般数据库引擎运行在后端，若要进行管理，需通过管理器，即一个用于数据库管理的软件工具。

一般可在管理器中对数据库进行管理，即可对库、表、数据、视图、存储过程等进行创建、修改、删除等操作。当然，数据库的备份与恢复等管理事务，大多亦在此。

有了本书的知识，如何快速学习新的数据库呢？

找一本书来快速看一遍，这当然是一个快速之道。若没有时间看书，想拿来就用，也不是不可以，这里以 MySQL 为例。下面的学习活动，以系统自带的帮助及搜索引擎找资料来辅助完成。

（1）找到最新版本的 MySQL 系统（登录 MySQL 官网），下载并安装，记下超级账户名和密码。

（2）找到最流行的管理工具，下载并安装。

（3）打开管理工具，以超级账户登录，尝试建库、建表、主外键与表间的联系，编辑数据，建立索引等。

（4）找一个有一定量数据的数据库，最适合 MySQL，否则尝试将数据导入 MySQL 中。

（5）尝试使用 SQL 进行工作。

（6）尝试备份与恢复，以及其他一些管理活动。